北大社·"十三五"普通高等教育本科规划教材
高等院校材料专业"互联网+"创新规划教材

高分子合成工艺

高春波　主　编

乔春玉　闫　鹏　刘　可　副主编

北京大学出版社
PEKING UNIVERSITY PRESS

内 容 简 介

　　"高分子合成工艺"是高分子化学专业与材料专业的主要必修课之一，是一门重要的专业课。 本书详尽地阐述了高分子合成原理及合成方法的工艺。 全书共分为 13 章，内容包括高分子发展过程、高分子合成与分子设计、生产单体的原料路线、自由基本体聚合原理及生产工艺、自由基悬浮聚合原理及生产工艺、自由基乳液聚合原理及生产工艺、自由基溶液聚合原理及生产工艺、阳离子聚合反应及其工业应用、阴离子聚合、配位聚合、线型缩聚原理及生产工艺、体型缩聚原理及生产工艺、逐步加成聚合反应原理及生产工艺。

　　本书可作为高等院校高分子化工等专业学生的教材，也可作为高分子材料合成研究人员的参考用书。

图书在版编目(CIP)数据

高分子合成工艺/高春波主编 . —北京： 北京大学出版社， 2021.4
高等院校材料专业"互联网+" 创新规划教材
ISBN 978 - 7 - 301 - 31836 - 2

Ⅰ. ①高… Ⅱ. ①高… Ⅲ. ①高分子化学—合成化学—高等学校—教材Ⅳ.①O63

中国版本图书馆 CIP 数据核字 （2020） 第 226038 号

书　　　　名	高分子合成工艺
	GAOFENZI HECHENG GONGYI
著作责任者	高春波　主编
策 划 编 辑	童君鑫
责 任 编 辑	孙　丹　童君鑫
数 字 编 辑	蒙俞材
标 准 书 号	ISBN 978 - 7 - 301 - 31836 - 2
出 版 发 行	北京大学出版社
地　　　　址	北京市海淀区成府路 205 号　　100871
网　　　　址	http://www.pup.cn　新浪微博:@北京大学出版社
电 子 邮 箱	编辑部 pup6@pup.cn　总编室 zpup@pup.cn
电　　　　话	邮购部 010 - 62752015　发行部 010 - 62750672　编辑部 010 - 62750667
印 刷 者	北京溢漾印刷有限公司
经 销 者	新华书店
	787 毫米×1092 毫米　16 开本　14.75 印张　348 千字
	2021 年 4 月第 1 版　2025 年 2 月第 2 次印刷
定　　　　价	49.00 元

前　言

材料、能源和信息是现代科学技术进步的三大支柱。其中材料是工业发展的基础，一个国家的材料品种和总产量是衡量其科学技术、经济发展和人民生活水平的重要标志。高分子材料包括塑料、橡胶、纤维、涂料、黏合剂及高分子基复合材料，与玻璃、陶瓷、水泥、金属等传统材料相比，高分子材料应用更广泛，已成为工业、农业、国防、科技等领域的重要材料。随着生产和科技的发展，人们对高分子材料的性能提出了新的要求，高分子材料总的发展趋势是高性能化、高功能化、复合化、智能化、绿色化。因此探索高分子材料的合成工艺，提高高聚物的性能，开发新型的高性能、复合化的高分子材料以扩大其应用范围具有重要的意义。

本书是编者在多年讲授"高分子合成工艺"课程的基础上，结合教学心得，参考大量文献书籍，融入了许多先进材料的应用实例编写完成的。书中详尽地阐述了高分子合成原理、高分子合成与分子设计及高分子合成工艺，包括自由基本体聚合、悬浮聚合、乳液聚合和溶液聚合生产工艺；阳离子聚合、阴离子聚合和配位聚合生产工艺；线型缩聚、体型缩聚和逐步加成聚合生产工艺。本书可作为高等院校高分子化工等专业学生的教材，也可作为高分子材料合成研究人员的参考用书，希望其能为相关领域的学生、教师、研究人员提供帮助。

本书由黑龙江工程学院高春波任主编，黑龙江工程学院乔春玉、黑龙江工程学院闫鹏、南京航空航天大学刘可任副主编，具体编写分工如下：第1、2、4、6、12章由高春波编写；第3、5、13章由闫鹏编写；第7、11章由刘可编写；第8、9、10章由乔春玉编写。

在本书的编写过程中，编者得到了黑龙江工程学院材料化学系教师的大力支持，在此表示衷心的感谢。

由于编者水平有限，书中难免存在疏漏之处，希望广大读者批评指正。

编　者
2020 年 12 月

【资源索引】

目　　录

第1章
高分子发展过程

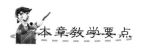
本章教学要点

知识要点	掌握程度	相关知识
高分子工业和高分子科学的发展	熟悉高分子工业和高分子科学的发展简史及发展趋势	高分子工业和高分子科学的发展
高聚物生产过程简介	掌握塑料、合成橡胶和合成纤维的特性及应用； 了解高分子合成工业与其他工业部门的关系； 掌握高分子化合物的生产过程	塑料、合成橡胶和合成纤维的性质、优缺点、用途； 高分子化合物的生产过程
高分子合成工业的三废处理与安全生产	了解安全生产的必要性，高分子合成工业的注意事项	三废的处理方法、爆炸极限、安全生产

导入案例

高分子材料的认识和利用

人类很早就开始加工利用天然高分子材料了，早在 14 世纪哥伦布第二次航行就有关于天然橡胶的记载。1530 年，恩希拉所著的《新世界记》中提到巴西、秘鲁等南美洲国家使用雨布、雨鞋等。然而如何使制备出的橡胶符合人们需要的性能一直是科学研究的重要课题。1763 年，马凯尔和赫利桑发现可用乙醚等溶剂溶解橡胶，又发现橡胶硫化后可以改变性能，制成人们需要的产品。1832 年，吕德斯杜夫把橡胶及松节油与 3% 的硫黄共煮，制得黏性较小的橡胶产品。在橡胶中加松节油、硫黄、白铅等后高温加热，可得到不黏又有弹性的制品。

天然纤维比天然橡胶的应用要早得多，中国马王堆汉墓中的丝织品具备 36 种色相。1832 年，勃莱孔诺用浓硝酸处理天然纤维。1845 年，拜恩用浓硝酸和硫酸处理天然

纤维，制成了硝化纤维。1872 年，海德进一步加工硝化纤维，制得了赛璐珞，其可以用来制作梳子和照片底片。1885 年，法国人用硫氢化铵对硝化纤维进行脱硝，制成了人造丝。1892 年，克洛斯和贝文对棉纤维进行化学处理，制得了粘胶纤维。1894 年以后，英国、美国、瑞士制成了醋酸纤维，这些纤维制品可制作照片底片、电影胶片等。

总之，19 世纪 30 年代以前还算不上高分子化学，只是为高分子化学的生产和发展做准备。

中国古代四大发明之一的造纸术，实际就是对麻布、植物纤维等天然高分子材料进行物理化学加工的过程。从这一点上讲，中国对天然高分子材料进行物理化学加工要比国外早得多。中国利用天然的树脂与油漆也比国外早，中国古代的漆器在世界文明中占有十分重要的地位。中国古建筑、壁画、墓葬中的油漆工艺水平是非常高的。中国较早使用的桐油和大漆后来被传到西方许多国家。

1.1　高分子工业和高分子科学的发展

自从 1832 年 Berzelius 首次提出 polymeric 一词，高分子工业和高分子科学不断发展。高分子科学的建立和发展不仅与高分子化学工业的建立和发展密切相关，还与众多科学技术工作者长期不懈的努力和辛勤劳动密切相关。高分子科学是理论与实践相结合，科研与生产相结合，由简单到复杂，由低级到高级，由少到多逐步发展的。高分子工业和高分子科学的发展历史大致分为以下四个阶段。

1.1.1　天然高分子材料的利用与改性阶段

19 世纪以前，人类仅局限于对天然高分子材料的加工利用。已经利用的天然高聚物有淀粉、蛋白质、棉花、亚麻、羊毛、蚕丝纤维、皮革、纸、天然橡胶、木材、竹材、虫胶等。

19 世纪中期以后，人类在认识和利用天然高分子材料的基础上，逐步研究人工合成高分子化合物。例如，对天然高分子材料的化学改性（如天然橡胶的硫化、纤维素硝化等）；建立人造丝工厂和粘胶纤维工厂；合成多种缩聚高聚物和加聚高聚物（如聚醚、聚己内酰胺、聚苯乙烯、聚甲基丙烯酸甲酯等）（polyether、polycaprolactam、polystyrene、polymethyl methacrylate）。

人们深入研究橡胶、蛋白质、纤维素、淀粉后，发现它们的分子量都非常大，逐步提出了"大分子"或"高分子"概念；逐步确定了天然橡胶的分解产物是异戊二烯，即天然橡胶的结构式与聚异戊二烯的结构式相同。

1.1.2　合成高分子工业的发展和高分子科学的创立阶段

20 世纪初，随着制造工业的发展，对绝缘材料提出了更高的要求，化学工业市场开始出现纯粹合成的第一种合成树脂（synthetic resins）与塑料——酚醛树脂与塑料。由于合成树脂与塑料的性能在某些方面超过天然有机材料，因此得到人们的重视。随着多种塑料、合成纤维和合成橡胶的开发，开始形成较完整的高分子工业体系。随后又出现了丁钠橡胶、醋酸纤维和塑料、醇酸树脂、脲醛树脂、聚醋酸乙烯、聚乙烯醇、聚甲基丙烯酸甲酯等合成树脂。此时期高分子的长链概念获得公认；认识到蛋白质是由氨基酸残基组成的多肽结构；确认纤维素和淀粉由葡萄糖残基组成；提出现代高分子概念——共价键连接的大分子；出现各种聚合反应理论。在此基础上诞生了"高分子化学"这门新兴学科。

二十世纪三四十年代是高分子工业和高分子科学创立时期。聚氯乙烯、聚碳酸酯、聚偏氯乙烯、聚苯乙烯、聚对苯二甲酸乙二醇酯、高压聚乙烯、ABS 树脂、聚氨酯、聚四氟乙烯和中压高密度聚乙烯相继被合成出来；合成纤维中已出现尼龙-66、尼龙-6、聚氯乙烯纤维、聚丙烯腈纤维、聚氨酯纤维、涤纶纤维和维纶纤维；合成橡胶中已出现氯丁橡胶、丁基橡胶和丁苯橡胶。

德国化学家施陶丁格在长期实验的基础上，率先提出高分子的明确定义，并于 1932 年出版了划时代巨著《高分子有机化合物》，标志着高分子科学的诞生。随后高分子溶液理论、乳液聚合理论及各种溶液法测定聚合物相对分子质量方法的建立，推动了高分子科学的进一步发展。

1.1.3　现代高分子科学阶段

20 世纪 50 年代以来，高分子科学发展到了一个新阶段，在此阶段，无论是单体原料还是高聚物性能、合成反应等都出现了新的突破。全世界高分子材料几乎以 12%～15% 的年增长率高速发展。其原因一是高分子材料本身品种繁多、性能优良、容易进行成型加工、成本低、用途广泛；二是石油化工的发展为高分子化工提供了廉价的原料；三是高分子化工与其他学科相互渗透，逐步扩展为一门体系完整的科学——高分子科学。高分子科学是一门以合成化学、物理化学、物理学、生物学等为基础，研究高分子化合物的合成、反应、结构、性能、应用、设计和工程的一门交叉性学科。因此，20 世纪 50 年代是现代高分子合成工业确立和高分子科学大发展时期，在该时期出现了高密度聚乙烯（HDPE）、聚丙烯（PP）、顺丁橡胶（BR）、聚甲醛（POM）、聚碳酸酯（PC）等新产品。

高分子科学方面，齐格勒-纳塔（Ziegler-Natta）引发剂和定向聚合、阴离子活性聚合和阳离子聚合，结晶聚合物研究的发展，聚乙烯单晶的获得，蛋白质 α-螺旋结构的提出，反螺旋结构的发现都极大地促进了高分子科学的发展。

20 世纪 60 年代是工程塑料发展及高分子物理大发展时期，如出现了芳香族聚酰胺、聚酰亚胺（PI）、聚苯醚（PPE/PPO）、聚对苯二甲酸丁二醇酯（PBT）；开发了耐高温的高分子化合物，以及异戊橡胶和乙丙橡胶等；发明了凝胶渗透色谱；测定了相对分子质量分布；应用了各种热谱、力谱和电镜等。

20 世纪 70 年代高分子工业以生产的高效化、自动化和大型化为标志。高分子科学中出现高分子共混物，高分子合金（如 ABS、MBS），高抗冲聚苯乙烯（HIPS），高分子复合材料（如碳纤维复合材料）等；开发了聚乙烯和聚氯乙烯本体聚合法，乙烯低压气相本体聚合；研制出聚乙烯和聚丙烯高效引发剂，发展了高分子共混体系。

20 世纪 70 年代合成纤维、化学纤维、天然纤维、合成橡胶、天然橡胶、塑料等产量巨大。

20世纪80年代是精细高分子、功能高分子和生物高分子的发展时期。三大合成材料超过10^8t，其中塑料为$8.5×10^7$t，以体积计已超过钢铁的产量。高分子设计方面，提出了基团转移聚合，如3-甲基-1-丁烯的阳离子聚合，其结果由1,2-聚合变为1,3-聚合，这种聚合是通过负氢离子转移或正电荷移位形成的，称为负氢转移的异构化聚合；又如丙烯酰胺的阴离子聚合，其聚合物为尼龙-3。

在高分子的结构与性能之间的关系方面积累的相当充分的知识，在合成原理、聚合方法、化学改性和加工工艺方面积累的理论基础和丰富的实践基础，为高分子设计提供了依据和条件。

20世纪80年代以来，高分子材料的发展，尤其是耐高温、耐辐射、耐烧蚀、高绝缘性和高强度的特种高分子材料，以及具有各种特殊物理、化学和生物功能的功能高分子材料的发展异常迅猛。在欧美国家、日本等兴起的以新型材料、信息技术和生物技术为主要标志的新技术革命发展极其迅速。我国积极跟进世界高新技术革命的进程，将功能材料作为重点研究项目。现在功能材料中已包括离子交换树脂、高分子试剂、高分子催化剂、导电高分子材料、电活性高分子材料、光敏高分子材料、高分子功能膜材料、高分子吸附剂、吸水性高分子材料、医用高分子材料、高分子药物、高分子压电体和热电体等。

总之，20世纪高分子科学从无到有，再到系统形成乃至推动高分子工业的形成与发展，速度非常之快。现在高分子材料已成为人类社会文明的标志之一。全世界塑料、纤维、橡胶的年产量已达3亿吨，在整个材料工业占有重要的地位，对提高人类生活质量、创造社会财富、促进国民经济发展和科学进步作出了巨大贡献。

2015年中国化学纤维产量为5037.7万吨，同比增长7.35%，全球占比扩大到75.80%，同比增长3%。印度为全球第二大化学纤维生产国，全球占比仅为6.40%，同比下降0.4%。2015年全球化学纤维产量占比如图1.1所示。

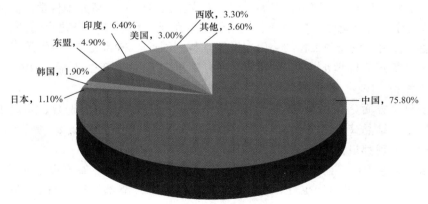

图1.1　2015年全球化学纤维产量占比

2016年全球塑料总产量为2.80亿吨，2015年为2.69亿吨，比2015年增加了0.11亿吨，年增长率为4%。

1.1.4　21世纪的高分子科学发展阶段

随着生产和科技的发展，人们对高分子材料的性能提出了新的要求，高分子材料向着高性能化、高功能化、复合化、智能化、绿色化的方向发展。在高分子合成方面，探索新的聚合反应和聚合方法；探索和提高高分子链结构有序合成的能力及特定聚集态结构的合成技术；在分子设计基础方面，采用共聚方法由普通单体合成高性能的新聚合物。

1. 高性能化（high performance）

进一步发展耐高温、耐磨、耐老化、耐腐蚀、机械强度高的高分子材料是高分子科学的重要发展方向，对汽车工业、家用电器、航空航天、电子信息技术等领域有极其重要的作用。

【吸水树脂】

高分子材料高性能化的发展趋势如下：创造新的高分子聚合物；改变催化剂和催化体系，改进合成工艺，通过共聚、共混、交联等方法改变聚合物的聚集态结构，从而对高分子进行改性。

2. 高功能化（high functional）

功能高分子材料是材料领域最具活力的，医用高分子材料、高分子吸水性材料、光致抗蚀性材料、导热导电高分子材料、高分子分离膜、高分子催化剂等都是功能高分子材料的研究方向。

【保水剂】

3. 复合化（compound）

复合材料集合了不同材料的优点，扩大了高分子材料的应用范围。复合材料的主要研究方向如下。

(1) 高性能、高模量的纤维增强材料的研究与开发。

(2) 合成具有高强度、优良成型加工性能和优良耐热性的基体树脂。

(3) 提高与改进界面性能、黏结性能。

4. 智能化（intelligent）

高分子材料的智能化是使材料本身带有生物所具有的高级智能，如预知预告性、自我诊断、自我修复、自我识别等特性，可以对环境的变化做出合乎要求的解答；根据人体的状态，控制和调节药剂释放的微胶囊材料，根据生物体生长或愈合的情况以及继续生长或发生分解的人造血管、人工骨等医用材料。由功能材料到智能材料是材料科学的又一次飞跃，智能材料是新材料，是分子原子级工程技术、生物技术、人工智能等学科相互融合的产物。

5. 绿色化（greening）

虽然高分子材料对我们的日常生活起了很大的促进作用，但是我们不能忽视高分子材料带来的污染。因此，节约能源、对环境污染小又能循环利用的高分子材料备受关注。

📖 阅读材料1-1

三大合成材料

塑料、合成橡胶、合成纤维是重要的三大合成材料。合成材料的主要特点是原料来源丰富，品种繁多，性能多样化，某些性能远优于天然材料，可适应现代科学技术、工

农业生产及国防工业的特殊要求；加工成型方便，可制成各种形状的材料与制品。因此，合成材料已成为人们生产生活中不可缺少的材料。

1. 塑料

【塑料】

塑料是以合成树脂为基本成分，在加工过程中可制成一定形状，而最后产品能保持形状不变的材料。它具有质量轻、绝缘、耐腐蚀、美观、制品形式多样等特点。

根据受热后的情况，塑料可分为热塑性塑料和热固性塑料两大类。前者可反复受热软化或熔化，因而可以反复进行成型加工；后者经固化成型后，再受热不能熔化，强热则分解，因而只能进行一次成型加工。按产量和使用情况，塑料可分为量大面广的通用塑料和用作工程材料的工程塑料。通用塑料产量大、生产成本低、性能多样，主要用来生产日用品或一般工农业用材料，如聚氯乙烯塑料可制成人造革、塑料薄膜、泡沫塑料、耐化学腐蚀用板材、电缆绝缘层等。工程塑料产量不大，成本较高，但具有优良的机械强度及耐摩擦、耐热、耐化学腐蚀等特性，可作为工程材料，制成轴承、齿轮等机械零件以代替金属、陶瓷等。此外，近年来还发展了具有优异性能的高性能塑料、耐高温塑料等。

塑料的主要缺点是绝大多数塑料制品都可燃烧，在长期使用过程中由于光线、空气中氧的作用及环境条件和热的影响，其制品的性能可能逐渐变差甚至损坏到不能使用，即发生老化现象。

2. 合成橡胶

【合成橡胶】

合成橡胶是室温下具有高弹性的高聚物，加入硫化剂、硫化促进剂、防老剂、软化剂、增强剂、填充剂等助剂（配合剂），经塑炼、硫化后可以制成橡胶制品的高分子材料，通常与天然橡胶混合使用。某些合成橡胶具有比天然橡胶更耐热、耐磨、耐老化、耐腐蚀、耐油的性能。

合成橡胶经硫化后可以消除永久变形，变形后能够迅速、完全恢复原状。合成橡胶分为通用合成橡胶和特种合成橡胶两大类。通用合成橡胶主要替代部分天然橡胶来生产轮胎、胶鞋、胶管、胶带等制品，如丁苯橡胶、顺丁橡胶、丁基橡胶、乙丙橡胶、异戊橡胶等。特种合成橡胶主要用于制造耐热、耐老化、耐油、耐腐蚀等特殊用途的橡胶制品，如氟橡胶、有机硅橡胶、氯丁橡胶、丁腈橡胶、聚氨酯橡胶等。

合成橡胶主要用来生产具有弹性的橡胶制品。由于合成橡胶发生老化现象时，其弹性会受到严重影响甚至消失，因此合成橡胶中必须加防老剂。

3. 合成纤维

【合成纤维】

线型结构的高分子合成树脂，经过适当方法纺丝得到的纤维称为合成纤维。理论上，生产热塑性塑料的各种线型高分子合成树脂都可经过纺丝过程制得合成纤维，但有些品种的合成纤维强度太低或软化温度太低，或者分子量范围不适合加工为纤维而不具备实用价值。因此工业生产的合成纤维品种远少于热塑性塑料品种。

工业生产的合成纤维品种有聚酯纤维（涤纶）、聚丙烯腈纤维（腈纶）、聚酰胺纤维（锦纶或尼龙）、聚乙烯醇缩甲醛纤维（维纶）、聚丙烯纤维（丙纶）、聚氯乙烯纤维（氯纶）等。此外，还有耐高温、耐腐蚀、耐辐射等特殊用途的合成纤维，如聚芳酰胺纤维和聚酰亚胺纤维等。

合成纤维与天然纤维相比，具有强度高、耐摩擦、不易被虫蛀、耐化学腐蚀等优点；其缺点是不易着色、未经处理时产生静电、吸湿性和透气性差等。因此，合成纤维制成的衣物易污染、不吸汗，夏天穿着时感到闷热。

1.2 高聚物生产过程简介

1.2.1 高分子合成工业与其他工业部门的关系

合成高分子材料的最基本的原料是石油、煤和天然气。从天然气、石油矿藏中开采出天然气、油田气和原油的工业称为石油开采工业。天然气和原油（或炼制原油得到的炼厂气和汽油）经裂解得到裂解气和裂解轻油，裂解气经分离精制得到乙烯、丙烯、丁烯和丁二烯，裂解轻油和煤油经重整加工得到重整油，再经抽提得到苯、甲苯、二甲苯和萘的工业称为石油炼制工业。

为高分子工业提供最重要的原料——单体、溶剂、塑料的添加剂及橡胶的配合剂等辅助原料的工业称为基本有机合成工业。

高分子合成工业的任务（the task of polymer synthesis industry）是将单体经聚合反应合成高分子化合物，从而为高分子合成材料的成型加工提供基本原料。因此，基本有机合成工业、高分子合成工业和高分子材料的成型加工工业是密切相关的三个工业部门。

1.2.2 高分子化合物的生产过程

能够发生聚合反应的低分子化合物有三类：乙烯（ethylene）及其衍生物（derivatives），含有两个或两个以上官能团的低分子化合物，某些环状化合物。

在乙烯及其衍生物单体中，单烯烃经过连锁聚合得到相对分子质量高的线型高分子化合物——合成树脂，其主要用来做塑料和合成纤维的基本原料（基材）；双烯烃则主要用来生产合成橡胶；含有两个官能团的单体和环状化合物经过逐步聚合或开环聚合得到线型的相对分子质量高的缩聚物，主要用来做塑料和合成纤维的基材；若缩聚体系中有一种单体含有两个以上官能团，则它们按相应聚合机理聚合后得到体型交联的聚合物，这种聚合体系称为体型缩聚体系。在体型缩聚体系中，要求首先合成相对分子质量很低的具有反应活性的低聚体，以便进行成型加工，生产热固性塑料。

合成高分子化合物的反应主要分为不饱和单体和二烯烃类单体的加成聚合反应及活性单体的逐步聚合反应两大类。从生产工艺上考虑，加成聚合反应生产过程较复杂，品种多，而且规模大。

大型高分子化合物合成主要包括以下生产过程。

（1）原料准备与精制过程（raw material preparation and refining process）：包括单体、溶剂、去离子水等原料的贮存、洗涤、精制、干燥、调整浓度等过程。

（2）催化剂（或引发剂）配制过程［preparation of catalyst (initiator)］：包括聚合用催化剂、引发剂和助剂的制造、溶解、贮存、调整浓度等过程。

（3）聚合过程（polymerization process）：包括聚合和以聚合反应釜为中心的有关热交换设备及反应物料输送过程。

（4）分离过程（separation process）：包括未反应单体的回收、脱除溶剂、催化剂、脱除低聚物等过程。

（5）聚合物后处理过程（polymer post processing）：包括聚合物的输送、干燥、造粒、均匀化、贮存、包装等过程。

（6）回收过程（the recycling process）：主要是未反应单体、溶剂的回收和精制过程。

对于某种高聚物的生产而言，生产工艺条件不同，可能不需要通过上述全部生产过程；而且各过程所占的比重因品种的不同、生产方法的不同而有所不同。

1. 原料准备与精制过程

高分子合成工业的最主要的原料是单体和催化剂（或引发剂），其次是溶剂和介质水。生产线型高分子合成树脂与合成橡胶时，单体和所需加入的溶剂中都可能含有杂质。这些杂质可能对聚合反应产生阻聚作用和链转移反应，使产品的平均分子质量降低；或对聚合催化剂产生毒害与分解，使聚合催化作用大大降低；或使逐步聚合反应过早地封闭端基而降低产品平均分子量，产生有损于聚合物色泽的副反应等。因此要求单体和溶剂具有很高的纯度，聚合前必须对单体和溶剂进行精制，使其纯度达到要求，一般要求单体纯度达到99％以上。如果单体不含有影响聚合反应的杂质，而是含有惰性杂质，则单体纯度要求可适当降低。溶剂应当不含有害杂质。单体除要考虑精制以外，还要考虑贮存。由于大多数单体是易燃、有毒、与空气混合后易爆炸的有机气体或液体，并且在贮存过程中有些单体容易自聚，因此贮存单体时应当考虑以下问题。

（1）为了防止单体贮存过程中发生自聚现象，必要时应当添加少量阻聚剂。但在此情况下，单体进行聚合反应前又应脱除阻聚剂，以免影响聚合反应的正常进行。

（2）防止单体与空气接触，产生易爆炸的混合物或过氧化物。

（3）在任何情况下贮罐不应产生过高的压力，以免贮罐爆破。

（4）防止有毒、易燃的单体从贮罐、管道和泵等输送设备中泄漏。

（5）贮罐应当远离反应装置，贮罐区严禁明火以避免着火。

（6）贮存气态单体（如乙烯）或经压缩冷却液化为液体的单体（如丙烯、氯乙烯、丁二烯等）的贮罐应当是耐压容器。为了防止贮罐内进入空气，高沸点单体的贮罐应当用氮气保护。为了防止单体受热后产生自聚现象，单体的贮罐应当防止阳光照射并且采取隔热措施；或安装冷却水管，必要时进行冷却。有些单体的贮罐应当装有注入阻聚剂的设施。

反应介质（如聚合用水）最好用去离子水。在离子聚合过程中微量水可能破坏催化剂，使其失去活性，使聚合反应无法正常进行，或者由于链转移而使产品分子量严重下降。因此在离子聚合和配位聚合过程中，反应体系中水的质量分数应降至百万分之一以下。因此离子聚合多采用有机溶剂，如苯、汽油等。由于作为聚合反应介质的有机溶剂多数是易燃液体，其蒸气与空气混合后可产生易爆混合物，因此溶剂的贮存、输送等注意事项与单体的基本相同，差别是溶剂不会产生自聚现象。

2. 催化剂（或引发剂）配制过程

在乙烯基单体或二烯烃单体的聚合过程中，常需要使用催化剂（离子聚合反应及配位聚合反应）或引发剂（自由基聚合反应）。常用的催化剂有路易斯酸、烷基金属化合物、金属卤化物等。常用的引发剂包括过氧化物、偶氮化合物、过硫酸盐等。

多数引发剂受热后有分解爆炸的危险，其稳定程度因种类的不同而不同。干燥、纯粹的过氧化物最易分解。因此，工业上过氧化物采用小包装，贮存在低温环境中，并且防火、防撞击。

常用引发剂及其化学性质、贮存方法见表1-1。

表1-1　常用引发剂及其化学性质、贮存方法

引　发　剂	化　学　性　质	贮　存　方　法
过氧化二苯甲酰（BPO）	受热、撞击、摩擦时会爆炸，干燥后密闭贮存会分解及爆炸	加入适量水，一般为20%，保持潮湿状态
烷基金属化合物（如三乙基铝）	对空气中的氧和水很敏感，接触空气中的水会自燃，遇水发生强烈反应而爆炸	加入惰性溶剂（加氢汽油、苯和甲苯的溶液），其质量分数一般为15%～25%，并且用惰性气体（如氮气）予以保护
过渡金属卤化物（如三氯化钛 $TiCl_3$）	接触潮湿空气易水解，生成腐蚀性烟雾；还易与空气中的氧反应	应当严格防止其接触空气，用惰性气体（如氮气）予以保护

由于引发剂容易分解，尤其是高活性引发剂在较低温度下会逐步分解，因此除了必须按要求在低温条件下贮存、运输外，还必须对贮存时间过长或可能经历非低温放置的引发剂进行有效浓度的分析，再确定聚合的实际用量。对于偶氮类引发剂，可根据其分解释放氮气的特性测定纯度。

3. 聚合过程

聚合过程（polymerization process）是高分子合成工业中主要的化学反应过程，反应产物与一般化学反应的产物不同，不是简单的一种成分，具有特点如下。

（1）聚合物的分子量具有多分散性。分子量的分布不同，产品的性能差别很大。虽然化学成分可以用较简单的通式表示，但通式相同的高分子结构并非完全相同，它们实际是分子量不相等的同系物的混合物。

（2）聚合物的形态可分为坚硬的固体、粉状、粒状和高黏度的溶液。

（3）聚合物不能用一般产品精制的方法（如蒸馏、重结晶、萃取等）进行精制提纯。

由于高分子化合物的平均分子量、分子量分布及结构会对高分子合成材料的物理机械性能产生重大影响，而且生产出来的成品不能用一般的方法进行精制提纯，因此生产高分子量的合成树脂与合成橡胶时，对聚合反应工艺条件和设备的要求很严格。不仅要求单体

纯度高，而且对所有分散介质（如水、有机溶剂）和助剂的纯度都有严格要求，它们不含有不利于聚合反应的杂质及影响聚合物色泽的杂质。反应条件应当稳定不变或控制在允许的最小波动范围内。反应条件的变化将影响产品的平均分子量与分子量分布，进而影响产品质量的稳定性。因此为了控制产品的反应条件，要求采用高度自动化的控制系统（先进的工厂采用动态稳定控制系统）。由于产品形成之后，不能进行精制提纯，因此对反应设备和管道要求严格，要求聚合反应生产设备和管道在多数情况下应当采用不锈钢、搪玻璃或不锈钢/碳钢复合材料等制成。

高分子合成工业不仅要求生产出某种具有一定分子量和分子量分布的产品，而且要求通过控制反应条件或其他手段获得不同牌号（主要是平均分子量不同）的产品，如生产高密度聚乙烯的装置通过改变反应条件或配方可以生产出十几种不同牌号。获得不同牌号的产品的主要方法如下。

（1）使用分子量调节剂，通过改变其种类或用量获得不同牌号的产品。

（2）改变温度或压力等反应条件获得不同牌号的产品。

（3）改变稳定剂、防老剂等添加剂的种类获得不同牌号的产品等。

根据反应机理的不同，合成高分子化合物的化学反应分为加聚反应和逐步聚合反应。加聚反应又分为自由基聚合反应和离子聚合及配位聚合反应。在工业生产中，不同的聚合反应机理对单体、反应介质、催化剂（或引发剂）有不同的要求，应根据产品的用途、所要求的产品形态和产品成本选择适当的聚合方法。

自由基聚合方法主要有本体聚合（bulk polymerization）、溶液聚合（solution polymerization）、乳液聚合（emulsion polymerization）、悬浮聚合（suspension conjugation）4 种方法。本体聚合是除单体外仅加入少量引发剂，甚至不加入引发剂，依赖受热引发聚合而无反应介质存在的聚合方法。溶液聚合是单体溶于适当溶剂中进而引发聚合的方法。乳液聚合是单体在存在乳化剂的条件下分散于水中成为乳液，然后被水溶性引发剂引发聚合的方法。悬浮聚合是在机械搅拌下使不溶于水的单体分散为油珠状悬浮于水中，经引发剂引发而聚合的方法。

4 种自由基聚合方法所用原材料及产品形态见表 1-2。

表 1-2 4 种自由基聚合方法所用原材料及产品形态

聚合方法	所用原材料				产品形态
	单体	引发剂	反应介质	助剂	
本体聚合	+	+	—	—	粒状树脂、粉状树脂、板、管、棒材等
溶液聚合	+	+	有机溶剂	分子量调节剂	聚合物溶液、粉状树脂
乳液聚合	+	+	水	乳化剂等	聚合物乳液、高分散性粉状树脂、合成橡胶胶粒
悬浮聚合	+	+	水	分散剂等	粉状树脂

由表 1-2 可知，不同的自由基聚合方法所用原材料不同，产品形态也不同。原则上，各种乙烯基单体或二烯烃类单体都可用上述 4 种聚合方法中的任一种来进行生产。但是实际工业生产中，需要根据产品的用途、所要求的产品形态和产品成本选择适当的聚合方法。

离子聚合及配位聚合方法主要有本体聚合（bulk polymerization）和溶液聚合（solution polymerization）两种。在溶液聚合方法中，如果所得聚合物在反应温度下不溶于反应介质，则称为淤浆聚合（slurry polymerization）。因为离子聚合中引发剂对水非常敏感，所以聚合体系中不能存在介质水。离子聚合及配位聚合方法所用原材料和产品形态见表 1-3。

表 1-3　离子聚合及配位聚合方法所用原材料和产品形态

聚合方法	所用原材料			产品形态
	单体	催化剂	反应介质	
本体聚合	+	+	—	粉状树脂
溶液聚合	+	+	有机溶剂	高聚物溶液

聚合反应分为两种方式：间歇聚合和连续聚合，其对比见表 1-4。

表 1-4　间歇聚合和连续聚合的对比

因素	间 歇 聚 合	连 续 聚 合
物料	聚合物在聚合反应器中分批生产，当达到规定的转化率时停止聚合、出料	单体和催化剂（或引发剂）等连续进入聚合反应器
优点	反应条件易控制，升温、恒温时可精确控制在一定温度，容易改变产品品种和牌号	反应条件是稳定的，容易实现操作过程的全部自动化、机械化；设备密闭，减少污染；所得产品的质量规格稳定，成本较低
缺点	操作过程不易实现全部自动化，每批产品的规格难以控制严格一致	不宜经常改变产品牌号
应用	适合小规模生产	适合大规模生产

进行聚合反应的设备称为聚合反应器。聚合反应器按形状主要可分为管式聚合反应器（tubular polymerization reactor）、塔式聚合反应器（tower polymerization reactor）、流化床聚合反应器（fluidized bed polymerization reactor）和釜式聚合反应器（kettle polymerization reactor）。此外，还有特殊形式的聚合反应器，如螺旋挤出机式反应器、板框式反应器等。

【流化床聚合反应器】

众多反应器中，釜式聚合反应器应用最普遍，常称聚合反应釜。为了生产符合要求规格的高分子产品，聚合反应器应当具有良好的热交换能力和优良的反应参数控制系统，如温度控制系统、压力控制系统和安全连锁装置。对于聚合反应釜，还应当具有适当转速和适当形式的搅拌装置。

【釜式聚合反应器】

聚合反应是放热反应（exothermic reaction），为了控制产品的平均分子量，要求反应体系的温度波动不能太大，因此聚合反应器首先要解决的问题是如何有效排除聚合反应热以保持规定的反应温度。聚合反应釜的排热很重要，否则自动加速现象严重时易造成局部过热而引起爆聚，导致聚合失败。聚合反应釜的排热方式有多种，如夹套冷却、夹套附加内冷管冷却、内冷管冷却、夹套附加反应物料釜外循环冷却、夹套附加回流冷凝器冷却、反应物料部分闪蒸等，效果最好的是夹套冷却和夹套附加回流冷凝器冷却。其他排热方式有不同的缺点，如夹套附加内冷管冷却过程中有粘壁现象，聚合物不易清除，妨碍清釜操作。

为了使聚合反应中的传热和传质正常进行，聚合反应釜中必须安装搅拌器。常见的搅拌器有带导流筒的螺轴式、螺带式、平桨式、推进器式、透平式、锚式、涡轮式、旋桨式等。

聚合反应釜内的物料是均相体系时，随着单体转化率的提高，物料的黏度明显提高，此时搅拌器的作用非常重要。搅拌使反应物料强烈流动，各部分物料温度均匀，增大对器壁的给热系数，使聚合热及时传导给冷却介质，避免产生局部过热现象。

【搅拌器】

对于非均相体系（heterogeneous system），搅拌器不仅可以加速热交换并使物料温度均匀，而且可使反应物料始终保持分散状态，以避免发生结块现象。在熔融缩聚和溶液缩聚过程中还可以不断更新界面，使小分子化合物及时从反应区域排出，以加速反应进行。搅拌器的应用见表1-5。

表1-5 搅拌器的应用

低黏度的流体	高黏度的流体	黏度很高、流动性差的流体
涡轮式搅拌器 旋桨式搅拌器	平桨式搅拌器 锚式搅拌器	螺带式搅拌器

4. 分离过程

经聚合反应得到的物料，多数情况下不单纯是聚合物，还含有未反应单体、催化剂（或引发剂）残渣、反应介质（水或有机溶剂）等，必须将其与聚合物分离。分离方法与物料的形态有关。各种聚合方法及分离方法见表1-6。

表1-6 各种聚合方法及分离方法

聚合方法	产品特点	分离过程	分离方法
本体聚合与熔融缩聚	不含有反应介质，聚合物较洁净	不需要经过分离过程	在低于聚合温度下减压，用高真空脱除单体的方法脱除未反应的单体
乳液聚合	直接用作涂料、黏合剂	不需要经过分离过程	
	得到粉状树脂做合成橡胶	加入电解质进行破乳	经过滤、水洗、干燥等过程，以除去乳化剂等杂质
溶液聚合	用于黏合剂和涂料	不需要经过分离过程	
	固体聚合物	分离溶液	水蒸气蒸馏（水析凝聚法）进行分离
悬浮聚合	产品中含有少量反应单体和分散剂	脱除未反应单体	沸点低的单体：进行闪蒸（迅速减压）；沸点较高的单体：蒸汽蒸馏，使单体与水共沸以脱除。然后用离心机过滤，使水与固体粉状聚合物分离
离子聚合	聚合物淤浆通常含有较多溶剂、未反应单体和引发剂残渣	除去未反应单体和溶剂、引发剂残渣	用闪蒸法除去未反应单体和溶剂；除去引发剂残渣则需加入甲醇或乙醇（用水析凝聚法）破坏金属有机化合物，再用水洗以溶解金属盐或卤化物，最后经离心机离心过滤

5. 聚合物后处理过程

【聚合物分
离过程】

经分离得到的聚合物中通常含有少量水分或有机溶剂，必须经干燥以脱除，从而得到干燥的聚合物。

工业上采用的合成树脂干燥方法主要是气流干燥（airflow drying）和沸腾干燥（boiling drying）。潮湿的合成树脂用螺旋输送机送入气流干燥管的底部，被热气流夹带在干燥管内上升。干燥后的物料被吹入旋风分离器，粉料沉降于旋风分离器底部，气体夹带不能沉降的物料自旋风分离器进入袋式过滤器，以捕集气流中带出的粉料。当合成树脂含水时，通常用加热的空气做载热体进行气流干燥。为了提高干燥效果，有的工厂采用将两个气流干燥器串联，或将一个气流干燥器与一个沸腾干燥器串联的方式进行合成树脂干燥。干燥后的合成树脂含水量约为 0.1％。当合成树脂含有机溶剂或粉状树脂对空气的热氧化作用灵敏时，用加热的氮气做载热体进行气流干燥；否则，用空气干燥可能产生易爆混合物，有发生事故的危险。由于用氮气做载热体时，氮气需回收循环使用，因此气流干燥装置应附加氮气脱除和回收溶剂的装置，整个系统应闭路循环。

经分离操作得到的合成橡胶通常是直径为 10～20mm 的颗粒，易黏结成团，含水量为 40％～50％，不能用气流干燥或沸腾干燥的方法进行干燥，而采用箱式干燥机（box dryer）或挤压膨胀干燥机（extrusion expansion dryer）进行干燥。箱式干燥机采用双层履带输送物料，消除了对物料表面的破损，采用 50％～95％ 的热风及保温箱体，极大地降低了能耗和生产成本。挤压膨胀干燥机是将潮湿的合成橡胶胶粒送入螺杆式压缩挤水机中脱水至含水量约 10％，然后进入膨胀干燥机干燥到含水量为 0.5％ 以下，接着经充分干燥并冷却后进入压块机压制成 25kg 大块，最后包装为商品。

6. 回收过程

回收过程主要是对溶剂进行精制，以便循环使用。溶剂中的主要杂质是水分、分解引发剂时加入的甲醇或乙醇及少量未反应单体。在用聚丙烯淤浆聚合时，溶液中含有少量溶于溶剂的无规聚丙烯，其精制的方法是利用溶剂与水（包括溶于水的一些化合物）在油水分离罐中密度不同，将水层定时从下面排出，再用精馏方法将单体与溶剂分开。而溶于溶剂的无规聚丙烯加入高沸点的溶剂中，在高温下无规聚丙烯溶于高沸点的溶剂后排出。

合成树脂生产中回收的溶剂通常是经离心机过滤（centrifuge filtration）与聚合物分馏（polymer fractionation）得到的。其中可能有少量单体、破坏催化剂用的甲醇或乙醇等，还可能溶解有聚合物（如聚丙烯生产中得到的无规聚合物）。聚丙烯生产中的溶剂回收操作最复杂。

合成橡胶生产中回收的溶剂是在橡胶凝聚釜中与水蒸气一起蒸出来的，不含有不挥发物，而含有可挥发的单体和终止剂（如甲醇等）。经冷凝后，水与溶剂通常形成二层液相，可溶于水的组分（如醇类）则溶解于水中，溶剂层中可能含有未反应单体、防老剂、填充油等。然后用精馏方法使单体与溶剂分离，防老剂等高沸点物则做废料处理。

归纳上述高分子化合物生产过程可知：虽然高分子合成材料可分为合成橡胶、合成纤维、塑料、涂料、黏合剂等，但在原料上只分为合成树脂与合成橡胶两种。高分子合成工业的任务就是以单体为原料生产这两种原料。大型的高分子合成生产的过程大致可划分为

原料准备及精制、催化剂（或引发剂）配制、聚合反应、分离、聚合物后处理、回收等，其核心是聚合反应过程。合成树脂与合成橡胶的生产过程在原料准备及精制、催化剂（或引发剂）配制、聚合反应和回收过程中是没有什么差别的，只是合成橡胶生产中所用的聚合方法主要限于自由基聚合反应的乳液聚合法和离子聚合及配位聚合反应的溶液聚合法两种；而合成树脂的聚合方法有多种。合成树脂与合成橡胶性质不同，生产上的差别主要体现在分离过程和聚合物后处理过程。

1.3　高分子合成工业的三废处理与安全生产

1.3.1　三废处理

高分子合成工业所使用的主要原料（单体、溶剂、催化剂、引发剂、添加剂等）中，大多数是有毒物质，甚至是剧毒物质。回收过程、干燥过程或设备的泄漏会产生有害或有臭味的废气、粉尘而污染环境。聚合物分离和洗涤排出的废水中可能有催化剂残渣、溶解的有机物质、混入的有机物质及悬浮的固体微粒。如果这些废水不经处理排入河流，则将污染水质。此外，生产设备中的结垢聚合物和某些副产物（如聚丙烯的无规聚合物）会形成残渣。因此高分子合成工业与其他化学工业相似，存在废气、废水和废渣（三废）问题。

废气主要来自气态和易挥发单体及有机溶剂或单体合成过程中使用的气体。这些废气可能是有毒物质，甚至是剧毒物质，如氯乙烯单体、丙烯腈单体、氯化氢气体。另外，有些气态单体可能对人体健康没有明显的危害，但对植物的生长有不良影响，如乙烯气体可使农作物过早成熟。

高分子合成工厂中，单体污染大气的途径大致有以下三个方面：一是生产装置的密闭性不足，造成泄漏；二是清釜操作或生产间歇中聚合反应釜内残存的单体浓度过高；三是干燥过程中聚合物残存的单体逸入大气。因此在生产过程中应当严格避免设备或操作不善而造成泄漏；并且提高监测仪表的精密度，以便尽早察觉逸出废气并采取相应措施，使废气减少到允许浓度之下。例如技术先进国家要求氯乙烯单体的允许体积浓度为 10^{-6}，为此使用了性能优良的监测仪表，可以使工人及时检查氯乙烯浓度。

高分子合成工厂中污染水质的废水主要来源于聚合物分离和洗涤操作中排放的废水及清洗设备产生的废水。例如，合成树脂生产过程中，使用悬浮聚合法会有大量废水排放出来，其中可能存在悬浮的聚合物微粒和分散剂；合成纤维湿法纺丝过程中，用水溶液做沉降液时，虽然可以回收一部分沉降液循环使用，但仍有一定量的废水排放出来，其中可能存在较多杂质；在合成橡胶生产过程中，橡胶胶粒经破乳凝聚析出（乳液聚合法）或热水凝聚（配位聚合法）后都有大量废水排出，其中可能含有少量的防老剂、残存的单体，而乳液凝聚废水中尚含有废酸和食盐等杂质。热水凝聚废水中则含有催化剂残渣。

在进行工厂设计时就应当考虑在生产过程中消除三废问题，不得已时考虑尽可能减少三废的排放量，如工业上采用先进的不使用溶剂的聚合方法或采用密闭循环系统。必须排放三废时，应当了解三废中所含各种物质的种类和数量，有针对性地进行回收利用和处理，然后排放到综合废水处理场所。不能用清水冲淡废水来降低废水中有害物质的浓度。

处理含有不溶于水的油类废水时，利用密度的不同，流经上部装有挡板的水池以清除浮油，然后进行生物氧化处理（biological oxidation treatment）。含有固体微粒的废水应流经沉降池，使微粒自然沉降，然后送往处理中心。如果废水中有较多有机溶剂，则不适合生化处理，需要焚烧处理（incineration disposal）。废水中含有重金属时，应当用离子交换树脂（ion exchange resin）进行处理。送往处理中心的废水应当被中和为中性水。有机废渣通常作为锅炉燃料进行焚烧。

1.3.2　安全生产

高分子合成工厂中最易发生的安全事故是引发剂分解爆炸、催化剂引起的燃烧与爆炸，以及单体、有机溶剂的燃烧与爆炸。为了避免单体或溶剂的浓度积累造成空气混合物爆炸而危及工人健康，可以加强操作区通风和排风，甚至局部封闭。

当可燃气体、可燃液体的蒸汽或有机固体与空气混合，达到一定的浓度范围时，遇火花就会引起激烈爆炸。可发生爆炸的浓度范围称为爆炸极限（the explosion limit），其最低浓度称为低限（或下限），其最高浓度称为高限（或上限）。浓度低于低限或高于高限都不会发生爆炸。爆炸极限一般用可燃性气体或蒸汽在混合物中的体积百分数来表示。例如，乙烯的爆炸极限是 2.7%（低限）～34.0%（高限）；氢的爆炸极限是 4.0%（低限）～74.2%（高限）。显然氢的爆炸危险性大于乙烯，因为它在很大的浓度范围内都可能发生爆炸。当高分散性的有机粉尘在空气中的混合物浓度达到爆炸范围时，遇火花后同样可以发生爆炸。因此在贮存、运输和使用可燃性物质时，都必须注意其爆炸极限，避免发生危险事故。

高分子合成工业所用的化学品（如单体、溶剂、聚合用助剂、加工助剂等）中，有些已知为剧毒物质、致癌物质，具有腐蚀性，可长期积累中毒；有些尚未确定具有毒性和对人身健康的影响。它们可通过呼吸道、黏膜、皮肤接触渗透而进入身体，造成危害。为了健康着想，除生产装置采取措施防泄漏，加强通风、排风，工作人员除穿工作服外，应配备防护眼镜、防毒口罩、防护手套等防护用品，加强化学品防范知识和防火安全教育。

习　题

1. 高分子合成工业与其他工业部门的关系是怎样的？
2. 发生聚合反应的化合物有哪几类？
3. 简述高分子化合物的生产过程。
4. 贮存单体、有机溶剂及引发剂时应注意什么问题？请说明原因。单体贮存的设备应考虑哪些问题？请说明原因。
5. 如何进行聚合物的分离和聚合物的后处理？
6. 选择聚合方法的原则是什么？
7. 简述高分子合成工业三废的危害。

第**2**章
高分子合成与分子设计

 **本章教学要点**

知识要点	掌握程度	相关知识
高分子合成、结构与性能的关系	掌握高分子合成、结构与性能的关系	高分子宏观性能与微观结构的关系、高分子的结构与性能的关系
高分子合成与分子设计方法	掌握高分子合成与分子设计方法	高分子结构与物理性质及化学性质的关系

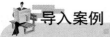 **导入案例**

高分子的改性：互穿网络聚合物

共混聚合物是指两种或两种以上均聚物或共聚物的混合物，通常又称聚合物合金。聚合物共混改性是实现高分子材料功能化和开发新材料的重要途径。

互穿聚合物网络（interpenetrating polymer network，IPN）是一种利用新型改性技术制备的共混聚合物。由于互穿聚合物网络两相的混合较广泛而又不完全，因此材料在横跨两组分的转变温度之间具有连续平坦的、高的阻尼特性。高分子阻尼减振材料是新发展起来的一种新型材料，它利用高分子的高黏性来吸收振动能量，将吸收的机械能或声能部分转换为热能散逸掉，从而起到降低振幅的作用。在动态力学谱上也已证明互穿聚合物网络存在两相，在两相的玻璃化转变区发生偏移并明显变宽，同时伴随阻尼作用的增大（尤其在两个玻璃化转变区之间增大较多），因而互穿聚合物网络在较宽的温度范围内具有消声或减振的功能。互穿聚合物网络也与其他热固性材料相同，交联固化后不能再次成型，这是它的缺点。高分子阻尼材料用作吸振材料，能防止或减轻机械振动对部件的破坏，已广泛应用于人造卫星、火箭、导弹、精密机床、精密仪器，以及预防地震对高层建筑的破坏、斜拉大桥钢索的颤振保护。

互穿聚合物网络以其独特的拓扑结构和协同效应，充分发挥多组分网络的优势，通过合成方法来控制形态结构，具有新型理化性能，为制造特殊性能的聚合物材料开辟了崭新的途径。

随着人们生活质量的提高，人们对新材料、新品种的需求进一步提高，并认识到分子设计对新材料、新品种的开发具有重要的意义。

2.1 高分子合成、结构与性能的关系

高分子合成、结构与性能的关系是分子设计中应首先考虑的问题。高分子合成反应过程就是在不同的条件下制得不同类型、不同分子量、不同结构、不同性能的大分子的过程。每种方法随单体引发剂、催化剂、调节剂、乳化剂等助剂的不同而合成出不同的高分子，它们的结构、分子组成及物理性能有很大的不同。聚合时，有的是均聚物，有的是两种或多种单体进行共聚。制得的共聚物又有无规共聚、交替共聚、接枝共聚、嵌段共聚（random copolymerization、alternating copolymerization、graft copolymerization、block copolymerization）等。

高分子材料分子设计中，先提出对新合成材料的性能要求，然后根据性能要求明确聚合物分子组成，再拟定聚合物配方，最后设计合成聚合物的工艺，一般从以下三个方面考虑。

（1）聚合机理与动力学：连锁聚合包括自由基聚合、离子聚合、配位聚合；逐步聚合包括缩合聚合、加成聚合、开环反应等。

（2）聚合过程的实施方法：包括本体聚合、溶液聚合、悬浮聚合和乳液聚合。

（3）聚合反应器：要考虑流体的流动特性，包括传热、传质及反应器构造；操作方式包括间歇生产、连续生产及半连续生产。

2.1.1 高分子微观结构

对性能起决定性作用的是高分子微观结构（microstructure of polymer）。高分子微观结构包括高分子一次结构、二次结构、三次（高次）结构，分子量及其分布，大分子上的官能团，链节组成等，这些微观结构直接影响高分子的性能。

1. 分子量的影响

对不同性能的产品，分子量要求不同。要求橡胶及纤维材料具有高的分子量，塑料、涂料及黏合剂具有低一些的分子量，液体高分子及浇注和灌封材料具有较低的分子量。

分子量及其分布具有多分散性（polydispersity），高分子的分子量及其分布直接影响力学性能、溶解性能、流动性能等。分子量分布决定了产品的性能及成型加工的难易程度。

2. 高分子链结构的影响

高分子链结构通常分为线型结构（linear structure）、支链结构（branch chain structure）和交联结构（crosslinking structure）。在合成过程中，这三种结构都可能生成，由

于支链的存在可提高材料的韧性（toughness）、曲挠性（flexibility）、耐寒性（cold resistance），因此增加支链结构可以改善高分子材料的性能。低密度聚乙烯因增加了支链度而改善了柔韧性、耐应力破裂性、透明性及伸长性。在合成反应中，不同的引发剂可以催化制备不同序列结构的大分子，等规大分子和无规大分子的性能差异很大；顺式聚丁二烯是很好的弹性体，而反式聚丁二烯是热塑性的树脂。如主链中含有 OCO—、—NHCO—等极性基团，分子间作用力增大，容易结晶；如大分子支链多，极性弱，就不易结晶。一般要求成纤材料分子链具有高的结晶度（high crystallinity），弹性体具有低的结晶度。

大分子的一次结构是由合成反应（the synthesis reaction）的条件决定的。分子量及其分布、分子链节组成、分子链的基团及活性官能团、大分子空间立体结构等是由合成的配方、组成、催化剂及反应条件决定的。大分子的一次结构又对二次结构、三次（高次）结构及物性起决定性的作用。

一次结构是指与聚合物的结构单元（the structural unit）有关的结构，包括以下几个部分。

（1）结构单元的化学组成。由于结构单元的化学组成不同，因此聚合物种类繁多，聚合物的种类就是以结构单元的化学组成为基础来划分的。

（2）结构单元的序列结构。结构单元的序列结构是指结构单元之间的键接次序。在自由基聚合过程中，虽然均聚物分子中大部分结构单元是以头—尾连接，但也有部分结构单元是以头—头或尾—尾连接。

共聚物中 M_1、M_2、M_3 等单体的用量比不同，不同单体在分子链上变化，可合成不同用途的产品。例如，采用不同配比的丁二烯和苯乙烯可以制备出通用丁苯胶、高苯乙烯树脂和高苯乙烯耐磨胶。高分子生产中很多品种都有系列牌号，共聚单体组成不同，高分子产品的牌号就不同。

（3）结构单元的构型（几何立构）。构型也称分子的空间结构，是大分子中各原子特有的空间排列，由一种构型转变为另一种构型要经过共价键的断裂、原子的重排和新共价键的形成。例如 1,3-丁二烯的聚合反应有以下三种构型。

二次结构是指单个大分子的构象（the conformation of a single macromolecule）的结构。构象（conformation）与构型（configuration）不同，构象属于二次结构范畴，来源于单键内旋转，因而决定了高分子链的柔性；构型属于一次结构范畴。分子的构象是指具有相同构型的分子中的原子空间位置发生变化而产生的各种内旋异构体。

三次（高次）结构是指高分子链的几何排列（geometric arrangement of polymer chains）来源于分子间作用力。在单个大分子的二次结构的基础上，许多大分子聚集成聚合物材料而产生三次结构。高聚物的聚集态（三次结构）包括晶态结构、非晶态结构、取向结构、织态结构。结晶可提高高聚物的密度、硬度及热变形温度，减弱溶解性及透气性，增强耐溶剂性，提高抗张强度，降低聚合物的高弹性、断裂伸长、抗冲击强度等。

2.1.2　高分子宏观性能与微观结构的关系

高分子设计的主要目的是开发出预定性能的新材料。新材料的宏观性能包括力学性能、柔顺性和刚性、流变性能、黏弹性能、耐化学溶剂、耐低温、耐光、耐老化、耐油等物化性能。其宏观性能与分子结构、分子组成、分子链的官能团有关。因此宏观性能不仅与合成有关，而且与加工密切相关。

1. 高分子的力学性能

大分子链的结构决定了材料的强度、抗撕裂性能（tear resistance）、永久变形性能、抗冲性能、曲挠性能（flexural property）等。高分子分子量大的，分子结构交联的，结晶度大的强度就高；有极性基团的高分子，分子间作用力大，强度也高。柔性链大分子比刚性链大分子的强度低一些。另外，在加工成型过程中，固化、硫化、交链或加入补强助剂可提高材料的力学性能。

高分子材料具有高弹性，这是由于大分子链很长、有柔性，在外力作用时便会表现出高弹性。与普通材料不同，普通材料变形主要是由内能变化引起的，而高弹性材料变形的主要原因不是内能，而是其构象熵的改变。

产生结晶、分子发生移动或断裂产生变形为不可逆变形。塑料需要可逆变化；橡胶需要大的可逆变化；而纤维经过拉伸结晶定型后不希望有大的可逆变化，以便保证纤维在使用时不发生大的收缩变形。

2. 高分子链的柔顺性和刚性

高分子链的柔顺性是指由于分子内旋转而使高分子链表现出不同程度卷曲的特性。高分子链的柔顺性和刚性由大分子链的结构决定。

全部由单键组成时，柔顺性好，属于柔顺链。

主链有孤立双键时，柔顺性比不含双键时的好，如聚异戊二烯橡胶。

主链上有一定数量的芳杂环（aromatic heterocycle）时，由于芳杂环不能内旋转，因此分子链的柔顺性很差，如聚甲基丙烯酸甲酯。

如果分子链上的氢被其他基团取代，使大分子链内旋转受阻，或主链上不完全是 C—C 连接，有极性键—NHCO—、—COO—或其他键，则改变了大分子链的旋转和分子间作用力。大分子柔顺性降低，刚性增强。

极性越大，柔顺性越差；侧基越大，柔顺性越差；对称性越好，柔顺性越好。

常见高分子主链的柔顺性规律如下。

$$—O—>—S—>—N—>—C\equiv C—C>非共轭—C=C—>$$
$$—C—O—>—CH_2—>—C—>—O—C—NH—>NH—C—NH—$$

含共轭双键的大分子链不能内旋转，具有极大的刚性。

3. 高聚物的流变性能

塑料成型、纤维纺织、橡胶的硫化混炼等过程都与流变性能有关。高聚物的流变行为取决于高分子的玻璃化温度 T_g 和熔点 T_m。当线型分子温度超过 T_g 时就具有流变性能，超过 T_m 时呈熔融状态。高分子的 T_g 和 T_m 取决于分子量及其分布、分子间的作用力、支链长度及数量、分子链交联情况。

4. 高聚物的热行为

高聚物的热行为是高分子设计中要研究的另一个主要问题，绝大多数高分子材料的综合性能在较高和较低的温度下变化较大。

由于 $T_m = \Delta H / \Delta S$（$\Delta H$ 和 ΔS 分别是晶态聚合物的熔融热和熔融熵），因此如果要求高聚物能耐高温（T_m 大），就应设法降低大分子自由度（ΔS 小）或者增大 ΔH 值。要求键能高即大分子链的作用力要大，氢键要多。因此在主链上避免弱键连接，减少单键，选择键能高的原子或较稳定的原子组合进入主链，增加环状结构（包括酯环、芳环和杂环），引入极性基团，提高立构规整性，提高结晶度，合成梯形、螺旋形、石墨型的高分子，就可以提高分子间的作用力。可以通过交联或加入其他助剂来提高聚合物热稳定性。

要求某些高分子材料（如二烯类弹性体、硅橡胶）的耐低温性能优异，在分子设计中应增加分子活动的自由度来增强主链柔顺性，减少分子间氢键，适当增加链及其长度，也可加入软化剂或增塑剂，提高在低温时分子链段及分子间的活动能力。

2.2　高分子合成与分子设计方法

对高分子材料进行分子设计时，希望得到满足人们要求的新高分子结构。在高聚物合成工艺中，不同的合成条件可以合成出不同类型、不同结构、不同性能的大分子，通过合成反应使生成的高分子的结构组成满足设计的要求。

高聚物的改性工艺（polymer modification process）主要是指共聚改性工艺，其次是共混改性工艺，包括单体共聚改性、两种聚合物共混改性、合成互穿聚合物网络和聚合物化学改性。高聚物的改性工艺如图 2.1 所示。

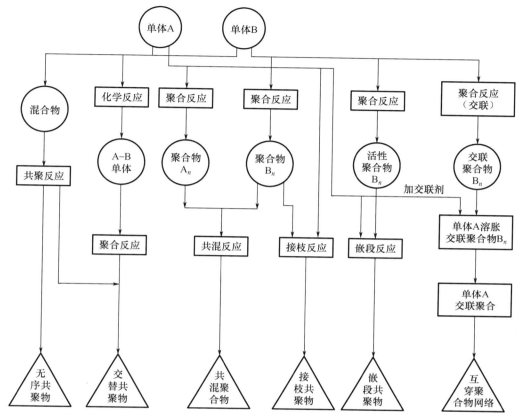

图 2.1 高聚物的改性工艺

1. 共聚改性

很多高分子材料是通过共聚反应制成的，新材料及特种功能高分子也是采用这种方法制成的。从分子设计的方法来看，共聚反应在理论和实践方面均有代表性。

共聚反应可以改善聚合物的很多性能，其性能的改变程度取决于参加共聚的两种单体的种类、用量及结构单元的排列方式。共聚是改进聚合物性能和用途的重要途径。共聚改性扩大了单体的原料来源，如顺丁烯二酸酐难以均聚，却易与苯乙烯共聚。

共聚物分子设计中要解决以下问题。

（1）共聚物中各种单体在大分子中的组成比和在分子链中的分布。

（2）共聚物中大分子链上的活性基团及官能团的分布。

（3）共聚物中支链及交联的情况。

（4）共聚物分子量及其分布。

（5）共聚物的综合性能，包括物理性能及加工使用性能。

典型共聚单体及其共聚性能见表 2-1。

表 2-1　典型共聚单体及其共聚性能

单体 A	单体 B	共 聚 性 能
乙烯	丙烯	破坏结晶，增强柔顺性和弹性，如乙丙橡胶
异丁烯	异戊二烯	引入双键，供交联用，如丁基橡胶
丁二烯	苯乙烯	增大强度，如通用橡胶
丁二烯	丙烯腈	增强耐油性，如丁腈橡胶
苯乙烯	丁二烯	提高抗冲强度，如增韧塑料
四氟乙烯	六氟丙烯	破坏结构规整性，增强柔顺性，如特种橡胶
丙烯腈	亚甲基丁二酸	改善柔顺性和染色性能，如合成纤维
甲基丙烯酸甲酯	苯乙烯	改善流动性能和加工性能，如塑料
乙烯	醋酸乙烯酯	增强柔顺性，如软塑料
氯乙烯	醋酸乙烯酯	增强塑性和溶解性能，如塑料和涂料

对于二元共聚，按照两种单体在大分子链中的排列方式不同，共聚物分为四种类型：无规共聚物、交替共聚物、嵌段共聚物、接枝共聚物。

（1）无规共聚物。A、B 两种单体在高分子链上的排列是无规的，如丁二烯-苯乙烯无规共聚物（丁苯橡胶）、氯乙烯-醋酸乙烯共聚物。

$$\sim ABAABABBBAA \sim$$

（2）交替共聚物。A、B 两种单体交替排列，严格相间，如苯乙烯-马来酸酐共聚物。

$$\sim \sim ABABABAB \sim \sim$$

（3）嵌段共聚物。共聚物分子链由较长的 A 链段和较长的 B 链段构成，如苯乙烯-丁二烯-苯乙烯共聚物。

$$\sim \sim AAAAAA \sim \sim BBBBBB \sim \sim AAAAAA \sim \sim$$

根据 A、B 两种链段在分子链中出现的情况，分为 AB 型、ABA 型和（AB）$_n$ 型。

（4）接枝共聚物。共聚物主链由单体 A 组成，而支链由单体 B 组成，如丁二烯-苯乙烯接枝共聚物。

$$
\begin{array}{c}
BBBB \sim \sim \\
\wr \\
\sim \sim AAAAAA \sim \sim \sim \sim AAAA \sim \sim \sim AAAAAA \sim \sim \\
\wr \\
BBBBB \sim \sim
\end{array}
$$

2. 共混改性

化学结构不同的均聚物或共聚物的物理混合物称为共混聚合物（polymer blend），又称聚合物合金（polymer alloy）。聚合物共混是为了改进聚合物某个方面的性能，而不显著降低其他性能。共混改性可以改进高聚物成型加工时的熔融流动性能和聚合物的物理机械性能，如抗冲性能、刚性、抗火焰性能、热变形温度、耐热性能等。

共混改性有四种，分别是由两种弹性体组成的共混橡胶，由两种热塑性塑料组成的共混塑料，用弹性体做分散相填充塑料的增韧塑料，用塑料做分散性的聚合物填充橡胶。共混聚合物的混合方法通常为高温熔融混合、胶乳混合、溶液混合等。表2-2列出了共混聚合物及其改进的性能。

表2-2 共混聚合物及其改进的性能

共混聚合物		改进的性能
ABS 共混聚合物	ABS/PVC	抗火焰性能
	ABS/PC	抗冲性能、耐热性能和加工性能
PVC 共混聚合物	PVC/MBS, PVC/ABS	抗冲性能和耐气候性能
	PVC/CPE, PVC/E-丙烯酸乙酯	抗冲性能
PPO 共混聚合物	PPO/PS	加工性能
PC 共混聚合物	PC/ABS	耐环境应力开裂性能

3. 互穿聚合物网络

互穿聚合物网络是两种交联结构的聚合物相互紧密结合，但两者之间不存在化学键的聚合物体系。互穿聚合物网络的理想结构如图2.2所示。

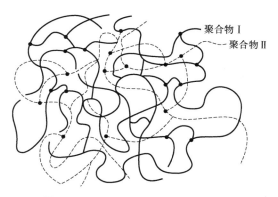

图2.2 互穿聚合物网络的理想结构

互穿聚合物网络的合成方法有两种：一是用加有交联剂和活化剂的聚合物Ⅱ溶胀聚合物Ⅰ，使聚合物Ⅱ进行聚合交联；二是将聚合物Ⅰ、聚合物Ⅱ与交联剂混合后同时反应，生成两种交联聚合物。

互穿聚合物网络主要由乙烯基聚合物和二烯烃聚合物组成，其性能和组成与两种交联物的配比有关。如果在使用温度下，一种交联聚合物是弹性体，另一种聚合物是塑性体，两种聚合物彼此交叉渗透交联，使得它们的性能表现为协同作用，则其物理性能与两者含量的关系表现如下：如弹性体占优势，则产品为性能增强的橡胶，与热塑性橡胶相近；如塑性体占优势，则产品为高抗冲塑料；如两者配比相近，则产品的性能与皮革的类似。

作为一种新型的多相聚合物材料，互穿聚合物网络以其独特的化学共混方法和网络互穿结构，以及强迫互容、界面互穿、协同作用和加工性能复合的特点，广泛应用于燃料电池、黏合剂、涂料、导电材料、阻尼材料、物控释体系、功能膜材料等。

4. 化学改性

化学改性是将已合成的高聚物经化学反应后转变为新品种材料或新性能材料的特性。

化学改性在高分子试剂、高分子催化剂、高分子医药、水处理剂等方面有广泛应用。化学改性举例如图 2.3 所示。

图 2.3 化学改性举例

习 题

1. 高分子材料分子设计中对新合成材料提出的性能要求,设计合成聚合物一般从哪几个方面考虑?

2. 高分子的三次结构是指什么?

3. 高聚物的一次结构、二次结构及三次结构对聚合物的性能有哪些影响?

4. 应如何设计具有耐高温性能的高聚物的微观结构?

5. 高聚物改性工艺有哪几种?

6. 高聚物的共聚改性主要解决哪些问题?

7. 互穿聚合物网络有哪些应用?

第3章
生产单体的原料路线

本章教学要点

知识要点	掌握程度	相关知识
生产单体的原料路线概述	了解高聚物及单体概念，掌握生产单体的原料路线	高聚物、单体的基本概念，石油化工路线、煤炭路线
石油化工原料路线	了解石油裂解生产烯烃、芳烃的过程	原油概念，裂解的原料，裂解装置
丁二烯的制取	掌握由 C_4 馏分制取丁二烯的方法	萃取精馏法
煤炭及其他原料路线	了解煤炭及其他原料路线生产的单体和过程	煤焦油、焦炭，糠醛

导入案例

乙　烯

乙烯是由两个碳原子和四个氢原子组成的化合物，其分子模型如图3.1所示。两个碳原子之间以双键连接，是合成纤维、合成橡胶、合成塑料、合成乙醇的基本化工原料，也用于制造氯乙烯、苯乙烯、环氧乙烷、醋酸、乙醛、乙醇、炸药等，还可用作水果和蔬菜的催熟剂（图3.2），是一种已被证实的植物激素。

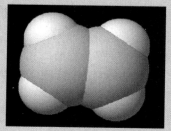

图 3.1　乙烯分子模型

【乙烯】

图 3.2　乙烯促进植物发育

通常情况下，乙烯是一种无色、稍有气味的气体，密度为 1.25g/L，比空气的密度略小，难溶于水，易溶于四氯化碳等有机溶剂。

乙烯的主要用途如下。

1. 工业用途

乙烯是重要的有机化工基本原料，也是石油化工最基本的原料之一。在合成材料方面，乙烯被大量用于生产聚乙烯、氯乙烯、聚氯乙烯、乙苯、苯乙烯、聚苯乙烯、乙丙橡胶等；在有机合成方面，乙烯被广泛用于合成乙醇、环氧乙烷、乙二醇、乙醛、乙酸、丙醛、丙酸及其衍生物等基本有机合成原料；乙烯经卤化可制得氯代乙烯、氯代乙烷、溴代乙烷；乙烯经齐聚可制得 α-烯烃，进而生产高级醇、烷基苯等。

2. 生态用途

早在20世纪初人们就发现用煤气灯照明时有一种气体能够促进绿色柠檬变黄而成熟，这种气体就是乙烯。但直至20世纪60年代初，人们用气相层析仪从未成熟的果实中检测出极微量的乙烯后，乙烯才被列为植物激素。乙烯广泛存在于植物的各种组织、器官中，是由蛋氨酸在供氧充足的条件下转化而成的。乙烯的产生具有"自促作用"，即乙烯的积累可以刺激更多的乙烯产生。乙烯可以促进核糖核酸（RNA）和蛋白质的合成，在高等植物体内使细胞膜的透性增强，使生长素在低等植物和高等植物中普遍存在，加速呼吸作用。因而果实中乙烯含量增大时，已合成的生长素又可被植物体内的酶或外界的光分解，促进其中有机物质的转化，加速成熟。乙烯也有促进器官脱落和衰老的作用，用乙烯处理黄化幼苗茎可使茎加粗、叶柄偏上生长，吲哚乙酸通过酶促反应从色氨酸合成。乙烯还可使瓜类植物雌花增加，可促进橡胶树、漆树等排出乳汁。一种能释放乙烯的液体化合物2-氯乙基膦酸（商品名为乙烯利）已广泛应用于果实催熟、棉花采收前脱叶和促进棉铃开裂吐絮、刺激橡胶乳汁分泌、水稻矮化、增加瓜类雌花、促进菠萝开花等。

3.1 生产单体的原料路线概述

【生产单体的
原料路线概述】

工业上生产的高聚物主要是加聚高聚物（addition polymer）和缩聚高聚物（condensation polymer）。加聚高聚物包括 α-烯烃聚合物、乙烯基聚合物、二烯烃类聚合物等。缩聚高聚物包括聚酯、聚氨酯类、有机硅聚合物、酚醛树脂、环氧树脂等。

合成聚合物的原料称为单体（monomer），多数是脂肪族化合物，少数是芳香族化合物。特殊性能（如耐高温、导电、光敏）聚合物等的原料主要是芳香族化合物。常见单体见表3-1。

表3-1 常见单体

名称	分子式	沸点/℃	名称	分子式	沸点/℃
乙烯	$H_2C = CH_2$	−103.8	丙烯腈	$H_2C = CHCN$	77.3
丙烯	$H_2C = CH-CH_3$	−47.7	甲醛	HCHO	−19

续表

名称	分子式	沸点/℃	名称	分子式	沸点/℃
1-丁烯	$H_2C=CH-C_2H_5$	-6.26	己二酸	$HOOC(CH_2)_4COOH$	264~266 (13.33kPa)
1,3-丁二烯	$H_2C=CH-CH=CH_2$	-4.4	己二胺	$NH_2-(CH_2)_6-NH_2$	200
异戊二烯	$H_2C=\underset{\overset{\vert}{CH_3}}{C}-CH=CH_2$	34.07	己内酰胺	$(CH_2)_5\begin{smallmatrix}CO\\ \backslash\\ NH\end{smallmatrix}$	120~125 (13.33kPa)
氯丁二烯	$H_2C=\underset{\overset{\vert}{Cl}}{C}-CH=CH_2$	59.4	环氧氯丙烷	$H_2C-CH_2-CH_3Cl$ (环氧)	113~118
苯乙烯	$H_2C=CH-C_6H_5$	145.0	环氧乙烷	H_2C-CH_2 (O)	10.5
氯乙烯	$H_2C=CHCl$	-13.37	苯酚	C_6H_5OH	181.8
偏二氯乙烯	$H_2C=CCl_2$	31.56	四氟乙烯	$F_2C=CF_2$	-76.3
乙酸乙烯酯	$CH_3COOH=CH_2$	72.7	丙烯酸	$H_2C=CH-COOH$	140~142
甲基丙烯酸	$H_2C=\underset{\overset{\vert}{CH_3}}{C}-COOH$	159~163	甲基丙烯酸甲酯	$H_2C=\underset{\overset{\vert}{CH_3}}{C}-COOCH_3$	100~101
尿素	$\underset{\overset{\vert}{NH_2}}{\overset{NH_2}{C}}=O$	132.7 (熔点)	对苯二甲酸二甲酯	$H_3COOC-\bigcirc-COOCH_3$	>300(升华)

生产高分子材料要求单体来源丰富、成本低。因为单体的成本在高分子材料的生产成本中占比很大,所以要求生产单体的原料路线简单且经济合理。原料路线主要有以下三种。

1. 石油化工路线

开采石油可得到油田气和原油。原油经石油炼制得到汽油、石脑油、煤油、柴油等馏分和炼厂气。然后用它们做原料进行高温裂解,得到裂解气和裂解轻油。裂解气经分馏精制得到乙烯、丙烯、丁烯、丁二烯等。裂解轻油和煤油经加氢催化重整可转化为芳烃,经抽提得到苯、甲苯、二甲苯、萘等芳烃化合物。可将它们直接用作单体或进一步经化学加工生产出一系列单体。

石油化工路线是最重要的单体原料路线。

2. 煤炭路线

开采煤矿可得到煤炭。煤炭经炼焦生成煤气、氨、煤焦油和焦炭。煤焦油经分离可得到苯、甲苯、苯酚等。焦炭与石灰石在高温炉中反应得到电石(CaC_2),电石与水反应得

到乙炔。乙炔可合成氯乙烯、醋酸乙烯等一系列乙烯基单体或其他有机化工原料。

20 世纪 50 年代以前，高聚物单体的原料路线主要是乙炔路线，也就是煤炭路线，后来逐渐改为石油化工路线。我国已由石油和化学工业大国向石油和化学工业强国转变。

3. 其他原料路线

其他原料路线主要以农副产品或木材工业副产品为基本原料，直接用作单体或经化学加工为单体。这种原料路线原料不足、成本较高，但可充分利用自然资源生产单体。

以木材或棉短绒等天然高分子化合物为原料，加工后可制得纤维素塑料和人造纤维（cellulose plastics and man-made fiber）。

3.2 石油化工原料路线

3.2.1　概述

【石油】

自然界最丰富的有机原料是石油。我国有丰富的石油资源，为石油化工和高分子合成工业提供了丰富的原料。石油主要是存在于地球表面以下的一种有气味的、从褐红色到黑色的、流动或半流动状黏稠液体。从油田开采出来未经加工的石油称为原油，原油一般是褐色至黑色的黏稠液体，比水轻，不溶于水，主要为碳、氢两种元素组成的各种烃类混合物，并含有少量的含氮化合物、含硫化合物、含氧化合物。在开采原油过程中可能混入一些水分、泥沙和盐。不同生产地区生产的原油，其化学组成和物理性质有所不同。根据所含主要碳氢化合物的类别，原油可分为石蜡基石油、环烷基石油、芳香基石油和混合基石油。我国所产石油大多属于石蜡基石油。

原油加工主要是常压蒸馏（300～400℃以下）分出石油气（liquefied petroleum gas）、石油醚（petroleum ether）、汽油（gasoline）、煤油（kerosene）、轻柴油（light diesel oil）等馏分。高沸点部分再经减压蒸馏得到柴油、变压器油、含蜡油等馏分。不能蒸馏出的部分称为渣油。石油炼制得到的各类油品的沸点范围、大致组成及用途见表 3-2。

表 3-2　石油炼制得到的各类油品的沸点范围、大致组成及用途

油　品		沸点范围	大致组成	用途
石油气		40℃以下	$C_1 \sim C_4$	燃料、化工原料
粗汽油	石油醚	40～60℃	$C_5 \sim C_6$	溶剂
	汽油	60～205℃	$C_7 \sim C_{12}$	内燃机燃料、溶剂
	溶剂油	150～200℃	$C_9 \sim C_{11}$	溶剂（溶解橡胶、油漆等）
煤油	航空煤油	145～245℃	$C_{10} \sim C_{15}$	喷气式飞机燃料油
	煤油	160～310℃	$C_{11} \sim C_{18}$	煤油、燃料、工业洗涤油
柴油		180～350℃	$C_{16} \sim C_{18}$	柴油机原料
机械油		350℃以上	$C_{16} \sim C_{20}$	机械润滑

续表

油 品	沸点范围	大致组成	用 途
凡士林	350℃以上	$C_{18} \sim C_{22}$	制药、防锈涂料
石蜡	350℃以上	$C_{20} \sim C_{24}$	制皂、制蜡烛、蜡纸、脂肪酸等
燃料油	350℃以上	大部分石油成分均可	船用燃料、锅炉燃料
沥青	350℃以上	氢化合物及其非金属衍生物	防腐绝缘材料、铺路材料及建筑材料
石油焦	无	石油在 $500 \sim 550$℃下裂解焦化生成的黑色固体焦炭	制电石、炭精棒等

3.2.2 石油裂解生产烯烃

1. 裂解的原料

裂解是指在高温及催化剂（铝硅酸盐、钙沸石等）作用下发生分解的反应过程。石油裂解（petroleum cracking）是将沸点为350℃以下的液态烃，在水蒸气存在的情况下（目的在于减小烃类的分压，抑制副反应并降低结焦的速度），于 $750 \sim 800$℃高温裂解为低级烯烃和二烯烃的过程。

石油裂解所用的原料主要是液态油品和裂解副产物（乙烷、C_4 馏分），也包括含有乙烷、丙烷、丁烷的可液化天然气等。裂解产物是复杂的，包括氢、甲烷、乙烷、乙炔、乙烯、丙烯、C_4 馏分等裂解气及裂解汽油、燃料油等。图3.3所示为轻柴油裂解流程。

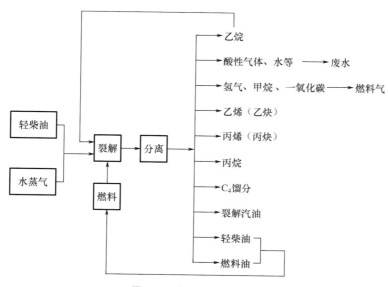

图 3.3 轻柴油裂解流程

图3.3仅粗略地表示了裂解流程的主要工序，实际生产中要复杂得多。

2. 石油裂解装置

石油裂解装置主要是指以生产乙烯、丙烯、芳烃为主要产品的装置。其生产规模通常以年产的乙烯量为标准，因此石油裂解装置称为乙烯装置，大型乙烯装置年产量可达 140 万吨。石油裂解装置是复杂的大型化装置，主要由管式裂解炉（裂解）、蒸馏塔、热交换器、油水分离器、干燥装置、急冷锅炉和制冷装置（冷箱）组成。

急冷锅炉实际上作为热交换器，用水冷却温度高达 800℃ 的裂解气，同时水被加热成高温高压的水蒸气，作为驱动汽轮和压缩机的动力。冷箱使用绝热材料封闭的制冷装置系统，包括节流膨胀阀、高效板式热交换器、气液分离器等低温制冷设备。

高温裂解产物包括低级烯烃和烷烃混合物、炔烃、氢气、少量的酸性气体（二氧化碳、硫化氢等）和水蒸气。因此生产高纯度单一烯烃产品时，必须进行精制及脱除酸性气体，消除炔烃并干燥，进行分离操作。

3. 裂解气精制分离

【乙炔】

精制过程中，首先用 3%～15% 氢氧化钠溶液洗涤裂解气，以脱除酸性气体（二氧化碳、硫化氢等）。用钯催化剂进行选择性加氢，把炔烃（主要是乙炔和甲基乙炔）转化为烯烃。大部分水蒸气在气体压缩过程中冷凝除去，少量的水蒸气用 3A 分子筛进行干燥。干燥后的裂解气露点要达到 −70℃。

裂解气除含有低级烯烃和烷烃外，还含有氢气。要想得到高纯度的聚合基乙烯和丙烯，就要采用深度冷冻分离法。将干燥的裂解气冷冻到 −100℃ 左右，使除甲烷和氢气以外的低级烃全部冷凝液化，然后利用各种烃的挥发度，用精馏法使其在适当温度和压力下逐一分离。再将氢气和甲烷冷冻至 −165℃，使甲烷液化，得到氢气含量很大的富氢气体。

裂解气精制分离得到的主要产品收率均以裂解炉进料液态烃为准：乙烯的收率为 25%～26%；丙烯的收率为 16%～18%；C_4 馏分的收率为 11%～12%。

3.2.3　石油裂解生产芳烃

【苯】

苯、甲苯、二甲苯等芳烃是重要的化工原料，过去主要来自煤焦油，现在则开发了由石油烃裂解—催化重整制取芳烃的路线，为大规模生产芳烃提供了丰富的原料。全馏程石脑油是由原油经常压法直接蒸馏得到的沸点小于 220℃ 的直馏汽油，也称粗汽油、石脑油（化工轻油）。石油裂解生产芳烃是将石脑油放入管式炉中，在 820℃ 下裂解生产芳烃的过程。石脑油裂解生产芳烃流程如图 3.4 所示。

该生产流程的特点是截取石脑油中 C_6～C_9 的烃类进行加氢，其中的烯烃被氢饱和，含有硫、氮、氯的化合物被加氢而脱除，反应如下。

烯烃饱和　　　　　$R—CH=CH_2 + H_2 \longrightarrow R \cdot CH_2—CH_3$

脱氮　　　　　　　$R—NH_2 + H_2 \longrightarrow R \cdot H + NH_3$

脱硫　　　　　　　$R \cdot SH + H_2 \longrightarrow R \cdot H + H_2S$

脱氯　　　　　　　$2R—Cl + H_2 \longrightarrow 2RH + 2HCl$

然后在多组分催化剂的作用下，在重整反应器中，于 1.4～1.7MPa 压力下，520℃ 下

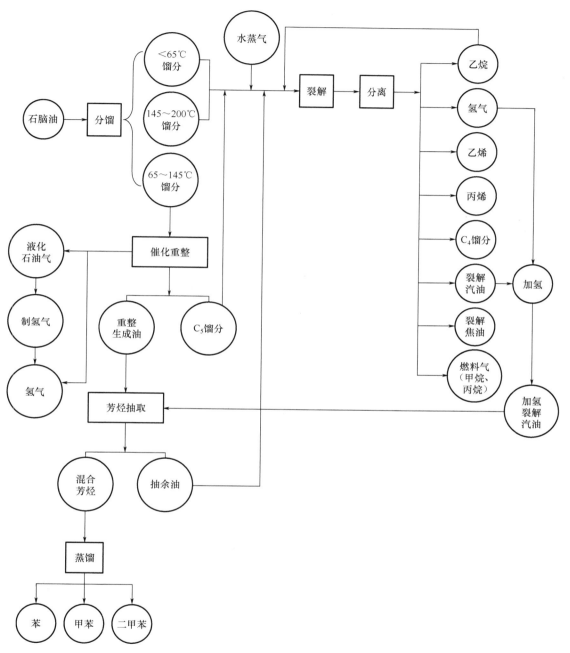

图 3.4　石脑油裂解生产芳烃流程

进行高温反应，烃类发生脱氢、环化、异构化和裂解反应，生成芳烃、氢气、液化石油气和 C₅ 馏分，经分离后制得含芳烃浓度很高的重整油（reforming oil）。

经裂解得到的裂解轻油中含有近 50% 的芳烃和 28% 的烯烃及二烯烃。因为烯烃及二烯烃易氧化和聚合生成酸性物质或树脂状物质，并且烯烃干扰芳烃抽提，所以裂解轻油要在镍催化剂作用下，使二烯烃加氢转化为单烯烃。然后用含镍钼和钴钼的双床催化剂使所

含烯烃完全加氢转化为烷烃；同时脱除硫、氮、氯等杂质，分离出燃料气，得到加氢裂解轻油。

将以上得到的重整油与加氢裂解轻油混合，其中含芳烃 80% 左右。以含水的二甲基亚砜为溶剂抽提芳烃（Aromatic hydrocarbons were extracted using aqueous dimethyl sulfoxide as solvent），再以丁烷为反抽提剂抽出溶解在二甲基亚砜中的芳烃，分别洗涤抽出油和混合芳烃产物，以回收其中的二甲基亚砜。然后分别进行蒸馏，分离出丁烷后得到抽余油和混合芳烃。二甲基亚砜经抽提后的组分为抽余油，为 $C_5 \sim C_{10}$ 的烷烃、环烷烃和少量芳烃的混合物，沸点为 $60 \sim 130℃$。抽余油可以进一步裂解制备加氢裂解轻油，也可以作为 1,3-丁二烯溶液聚合制备顺丁橡胶的溶剂。混合芳烃的收率为石脑油总量的 $30\% \sim 33\%$。

3.2.4 由 C_4 馏分制取丁二烯

在石油炼制和液态烃高温裂解过程中，都会产生容易液化的 C_4 馏分，它是由丁烷、丁烯、丁二烯及其异构体组成的混合物。其中丁二烯是合成橡胶的主要单体之一，利用它可以生产丁苯胶、丁腈胶、顺丁胶、丁吡胶、丁羧胶、液体丁腈及一系列胶乳产品；1,3-丁二烯是非常重要的合成橡胶原料；1-丁烯是塑料聚 1-丁烯的原料；异丁烯是丁基橡胶的原料，还可以用来合成其他有机化工原料。

石油炼制的炼厂气的 C_4 馏分中，丁烷的含量超过 40%，丁烯的含量超过 50%，不含丁二烯。石脑油裂解的 C_4 馏分中，丁烷很少，主要是丁烯和丁二烯。由 C_4 馏分制取丁二烯的途径如下。

（1）从裂解气分离得到的 C_4 馏分中抽取丁二烯，采用萃取精馏方法（extractive distillation）。

（2）用从炼厂气或轻柴油裂解气的 C_4 馏分中分离出来的丁烯为原料进行氧化脱氢，制取丁二烯。

由于以丁烯为原料氧化脱氢制取丁二烯的方法需要高活性和高选择性的催化剂，副反应较多，产生的含氧化合物易腐蚀设备、污染环境，因此多采用萃取精馏方法制取丁二烯。裂解气的 C_4 馏分中含有 1-丁烯、2-丁烯、1,2-丁二烯、1,3-丁二烯、丁烷、乙烯基乙炔、乙基乙炔、C_5 馏分等。各组分的沸点非常相近，不能用一般的精馏方法进行分离，只能采用存在适当溶剂的情况下以萃取精馏方法制得纯 1,3-丁二烯。工业上应用的溶剂主要有二甲基甲酰胺、乙腈、二甲基亚砜、N-甲基吡咯烷酮、丙酯、糠醛、丁胺、丁内酯等，这些溶剂是萃取剂。萃取剂分子极性越大，选择性就越高，一般用有效偶极矩、介电常数和溶解度来评价萃取剂的选择性。国内外工业上常用的是二甲基甲酰胺、乙腈、N-甲基吡咯烷酮。乙酯在工业上十分可靠，能阻止双烯烃的热聚合，生产工艺中不需要压缩机，易操作控制，原料来源较丰富，成本不高。

萃取精馏是用来分离恒沸点混合物或组分挥发度相近的液体混合物的特殊精馏方法。其基本原理是在液体混合物中加入较难挥发的第三组分溶剂，以增大液体混合物中各组分挥发度的差异，使挥发度相对变大的组分可由精馏塔顶馏出，挥发度相对变小的组分则与加入的溶剂从塔底流出，最后进行分离。

以二甲基甲酰胺为溶剂从 C_4 馏分中萃取精馏制取 1,3-丁二烯的流程如图 3.5 所示。

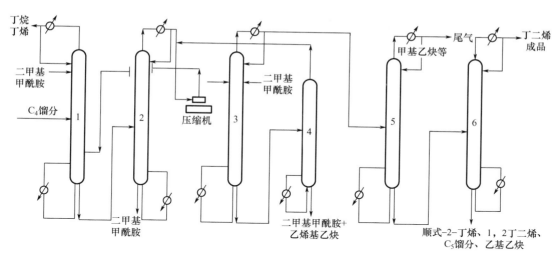

图 3.5　以二甲基甲酰胺为溶剂从 C_4 馏分中萃取精馏制取 1,3-丁二烯的流程

C_4 馏分从第一萃取塔的中部进入塔内，用二甲基甲酰胺萃取蒸馏除去丁烷和丁烯。丁二烯与其他组分溶于二甲基甲酰胺中进入第一汽提塔（塔2）；在塔2中 1,3-丁二烯与二甲基甲酰胺分离，粗 1,3-丁二烯经压缩液化进入第二萃取塔（塔3），在塔3中进行二次萃取；1,3-丁二烯从塔顶流出进入第一精馏塔（塔5）进行第一次精馏；除去甲基乙炔的丁二烯再进入塔6进行第二次精馏，塔顶得到精制 1,3-丁二烯成品，塔底高沸点物为 2-顺丁烯、1,2-丁二烯、乙基乙炔、C_5 馏分等。从塔3底部流出的溶剂中含有部分丁二烯和乙烯基乙炔，送入塔4回收丁二烯。含有乙烯基乙炔的二甲基甲酰胺在精制后回收以循环利用。

　阅读材料3-1

合成高分子材料的单体

氯乙烯又称乙烯基氯，是一种应用于高分子化工的重要单体，可由乙烯或乙炔制得，为无色、易液化气体，沸点为 $-13.9℃$，临界温度为 $142℃$，临界压力为 $5.22MPa$。氯乙烯的结构如图 3.6 所示。氯乙烯是分子内包含氯原子的不饱和化合物。由于它存在双键，因此能发生一系列化学反应，工业中最重要的化学反应是其均聚与共聚反应。氯乙烯是聚氯乙烯的单体，在引发剂的作用下，其易聚合成聚氯乙烯。氯乙烯也可以与其他不饱和化合物共聚，生成高聚物，这些高聚物在工业和日用品生产上具有广泛的用途。因此，氯乙烯的生产在有机化工生产中有重要的地位。

苯乙烯是用苯取代乙烯的一个氢原子而形成的有机化合物，苯乙烯的结构如图 3.7 所示。苯乙烯不溶于水，溶于乙醇、乙醚，暴露于空气中逐渐发生聚合和氧化。苯乙烯与丙烯腈、丁二烯共聚制得的 ABS 树脂，广泛应用于各种家用电器上；与丙烯腈共聚制得的苯乙烯丙烯腈是耐冲击、色泽光亮的树脂；与丁二烯共聚制得的苯乙烯系嵌段共聚物是一种热塑性塑料，广泛用作聚氯乙烯、聚丙烯的改性剂等。苯乙烯主要用于生产苯乙烯系列树脂及丁苯橡胶，也是生产离子交换树脂及医药品的原料之一。

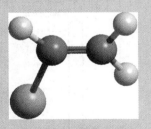
图 3.6　氯乙烯的结构

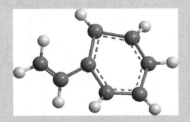
图 3.7　苯乙烯的结构

丙烯腈是一种无色的有气味液体，属基本有机化工产品，是三大合成材料（合成纤维、合成橡胶、塑料）的基本且重要的单体，在有机合成工业和国民经济生活中用途广泛。由丙烯腈制得的聚丙烯腈纤维（即腈纶），其性质极似羊毛，因此也称合成羊毛。丙烯腈与丁二烯共聚可制得丁腈橡胶，具有良好的耐油性、耐寒性、耐磨性和电绝缘性能，并且在大多化学溶剂、阳光和热作用下性能比较稳定。丙烯腈与丁二烯、苯乙烯共聚制得的 ABS 树脂，具有质量轻、耐寒、抗冲击性能较好等优点。丙烯腈水解可得到丙烯酰胺和丙烯酸及其酯类，它们是重要的有机化工原料。丙烯腈还可以电解加氢偶联制得己二腈，由己二腈加氢又可制得己二胺，己二胺是生产尼龙-66 的原料。

3.3　煤炭原料路线及其他原料路线

3.3.1　煤炭原料路线

煤炭是自然界蕴藏丰富的资源。高分子合成工业的发展初期是以煤为主要原料的，后来由于石油化工工业的发展，原料路线的方向逐渐转向石油化工产品。煤炭在高温下干馏会产生煤气、氨、煤焦油和焦炭。煤焦油经分离可以得到苯、甲苯、二甲苯、萘等芳烃及苯酚、甲苯酚等，它们都是重要的有机化工原料和生产单体的原料。

焦炭与生石灰在 2500～3000℃电炉中强热会生成碳化钙（电石），碳化钙与水作用生成乙炔。我国大部分氯乙烯单体和部分醋酸乙烯、丙烯腈等单体都是以乙炔为原料生产的，反应如下。

$$5C + 2CaO \longrightarrow 2CaC_2 + CO_2$$

$$CaC_2 + 2H_2O \longrightarrow Ca(OH)_2 + HC{\equiv}CH$$

$$HC{\equiv}CH + HCl \longrightarrow H_2C{=}\underset{H}{C}{-}Cl$$

$$HC{\equiv}CH + CH_3COOH \longrightarrow H_2C{=}\underset{H}{C}{-}OCOCH_3$$

$$HC{\equiv}CH + HCN \longrightarrow H_2C{=}\underset{H}{C}{-}CN$$

由于生产碳化钙需要大量电能，因此以乙炔为原料生产单体在经济上是不合理的，考虑到历史原因和我国资源情况，乙炔仍是高分子合成工业中的重要基本原料。

3.3.2 其他原料路线

除了石油（包括天然气）、煤炭以外，其他高分子单体的原料是自然界存在的植物、农副产品。人们不仅可以用它们提炼单体，也可以用天然高分子化合物为原料，经化学加工制备塑料和人造纤维。从农副产品中得到的最重要的单体是糠醛，糠醛由稻草、米糠、棉籽壳等制得。这些原料中所含的五碳多糖经酸性水解生成五碳糖，五碳糖再经脱水反应得到糠醛。用糠醛制备其他高分子材料的过程如图 3.8 所示。

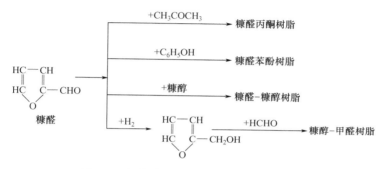

图 3.8 用糠醛制备其他高分子材料的过程

糠醛类树脂（furfural resins）的特点是耐化学腐蚀性能优良，主要用来制造耐酸涂层和耐酸腻子等。

植物的主要化学成分是天然高分子化合物——纤维素。棉花纤维的纤维素含量最高。木材经化学加工脱除胶质和木质素等，得到的纸浆也是较纯粹的纤维素原料。纤维素分子通式为 $[C_6(H_2O)_5]_n$，一个纤维素大分子中含有三个羟基，其为反应性基团，在适当的条件下可以进行化学转换，形成新的聚合物，其结构式如下。

由纤维素结构式可知，纤维素分子由纤维素双糖分子链节组成。纤维素双糖水解得到二分子葡萄糖。所以纤维素分子也可以看作由葡萄糖的环状半缩醛链节组成的高分子化合物。每个环状半缩醛含有三个游离的羟基，它可以发生化学反应而不改变大分子结构。经醚化反应或酯化反应生成相应的纤维素醚或纤维素酯。用纤维素制备其他高分子材料的过程如图 3.9 所示。

淀粉（starch）是葡萄糖（glucose）的高聚体，是植物体中储藏的养分，来源植物主要有玉米、土豆、木薯、甘薯、小麦、大米等，其中产量最大的是玉米淀粉（80%）。由淀粉可生产乙醇、丙醇、丙酮、甘油、甲醇、甲烷、醋酸、柠檬酸、乳酸等一系列化工产品。淀粉衍生物工业生产的有磷酸淀粉、醋酸淀粉、醚化淀粉、氧化淀粉等，作为新型化

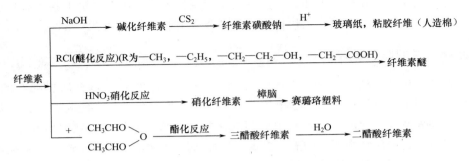

图 3.9　用纤维素制备其他高分子材料的过程

工材料广泛应用于食品、造纸、纺织、医药、涂料、塑料、环保和日用化妆品等。淀粉也可以用来生产可降解塑料、薄膜制品等。

习　题

1. 生产单体的原料路线有几条？试比较它们的优缺点。
2. 简述用最基本的原料（石油、天然气和煤炭）制造高分子材料的过程。
3. 如何由 C_4 馏分制取 1,3-丁二烯？
4. 可以由乙炔制备哪些单体？进而可以制备哪些高聚物？
5. 可以由纤维素制备哪些高分子产品？

第**4**章
自由基本体聚合原理及生产工艺

本章教学要点

知识要点	掌握程度	相关知识
自由基本体聚合原理	掌握自由基本体聚合的优缺点；掌握自由基聚合反应的影响因素	自由基适用对象、自由基聚合的引发剂、自由基聚合反应的影响因素
甲基丙烯酸甲酯自由基本体聚合生产工艺	掌握甲基丙烯酸甲酯自由基本体聚合反应的影响因素；了解甲基丙烯酸甲酯的应用	本体浇注法生产板、棒、管状有机玻璃，影响聚合反应的因素（反应温度、压力等）
乙烯高压气相自由基本体聚合——低密度聚乙烯的生产工艺	掌握聚乙烯自由基气相本体聚合反应的控制要点；了解聚乙烯的应用	温度、压力对低密度聚乙烯结构的影响
苯乙烯熔融本体聚合和溶液-本体聚合	分析聚苯乙烯的生产工艺；了解聚苯乙烯的结构、性能及应用	引发剂、反应温度、转化率及单体配比对聚合反应的影响；聚苯乙烯的改性及技术进展

导入案例

聚乙烯的发展及应用

聚乙烯是结晶热塑性树脂，其化学结构、分子量、聚合度及其他性能很大程度上取决于使用的聚合方法，聚合方法决定了支链的类型和支链度。1933 年，英国卜内门化学工业公司发现乙烯可在高压下聚合生成聚乙烯，并于 1939 年工业化，这种方法称为高压法。

【低密度聚乙烯】

【高密度聚乙烯】

【线性低密度
聚乙烯】

1953年有机化学家齐格勒发现以 $TiCl_4 - Al(C_2H_5)_3$ 为催化剂，乙烯在较低压力下也可聚合，这种方法称为低压法。在中等压力（15～30个大气压）有机化合物催化条件下进行齐格勒-纳塔聚合而成的是高密度聚乙烯（high density polyethylene，HDPE）。这种条件下聚合的聚乙烯分子是线性的，且分子链很长，分子量高达几十万。

低密度聚乙烯（low density polyethylene，LDPE）俗称高压聚乙烯，密度较低，材质较软，主要用于制造塑胶袋、农业用膜等。

高密度聚乙烯俗称低压聚乙烯，与低密度聚乙烯相比，具有较强耐温性、耐油性、耐蒸汽渗透性，而耐环境开裂性不如低密度聚乙烯，特别是热氧化作用会使其性能下降，所以树脂需加入抗氧剂和紫外线吸收剂等来改善这方面的不足。另外，其电绝缘性、抗冲击性及耐寒性很好，主要用于吹塑、注塑等领域。

线性低密度聚乙烯（linear low density polyethylene，LLDPE）是乙烯与少量α-烯烃在催化剂作用下聚合的共聚物。线性低密度聚乙烯的外观与低密度聚乙烯的相似，但透明性较差，表面光泽好，具有低温韧性、高模量、抗弯曲和耐应力开裂性，低温下抗冲击性较好。

药用聚乙烯薄膜及聚乙烯复合管如图4.1和图4.2所示。

图4.1 药用聚乙烯薄膜

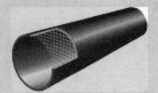
图4.2 聚乙烯复合管

4.1 自由基本体聚合原理

【自由基】

自由基聚合（radical polymerization）反应是单体借助光、热、辐射、引发剂的作用，单体分子活化为活性自由基，再与单体连锁聚合形成高聚物的化学反应。

自由基聚合反应在高分子合成工艺中有极重要的地位，高压聚乙烯、聚氯乙烯、聚苯乙烯、聚乙酸乙烯酯、聚甲基丙烯酸甲酯、聚丙烯腈、丁基橡胶、丁腈橡胶、ABS树脂等均采用自由基聚合反应。自由基聚合反应与离子聚合反应及配位聚合反应都属于连锁聚合反应，包括链引发、链增长、链终止等基元反应。

4.1.1 自由基聚合工艺基础概述

1. 自由基聚合反应的特征

大多数自由基聚合反应是不可逆的连锁反应，其增长反应主要通过单体逐一加在链的活性中心上；反应中单体浓度逐渐降低，反应中迅速生成高聚物，分子量很快达到定值；反应时间增加，产率增大，分子量变化不大。

2. 自由基聚合反应的单体

自由基聚合反应常用乙烯基单体（vinyl monomer），通常单体聚合时通过双键中的 π 键断裂来完成，而影响其断裂的主要因素是取代基的共轭效应、极性效应和位阻效应。

乙烯基单体（$CH_2\!=\!CHX$）的聚合反应性能主要取决于双键上取代基的电子效应。

（1）X 为给（推）电子基团。

给（推）电子基团增大了相连的碳电子云密度，易与阳离子活性种结合，从而分散正电性，稳定阳离子。因此带给电子基团的烯类单体易进行阳离子聚合，如 X＝—R，—OR，—SR，—NR_2 等。

（2）X 为吸电子基团。

吸电子基团降低了相连的碳电子云密度，易与富电性的活性种结合，从而分散负电性，稳定活性中心。由于阴离子与自由基都是富电性的活性种，因此带吸电子基团的烯类单体易进行阴离子聚合与自由基聚合，如 X＝—CN，—COOR，—NO_2 等。

（3）具有共轭体系的烯类单体。

π 电子云流动性大，易诱导极化，可随进攻试剂性质的不同而取不同的电子云流向，可进行多种机理的聚合反应，如苯乙烯、丁二烯等。

3. 自由基聚合的引发剂

自由基聚合的引发剂通常是可在聚合温度下具有适当的热分解速率，分解生成自由基，并能引发单体聚合的化合物。

自由基聚合体系中所用引发剂有两类：一类是水溶性引发剂，主要为氧化还原体系；另一类是油溶性引发剂，多为有机过氧化物和偶氮化合物。

（1）氧化还原体系（redox system）。

氧化还原体系由过氧化物和还原剂组成，除了有机物/有机物氧化还原体系是油溶性的外，一般氧化还原体系的引发剂都是水溶性的。氧化还原引发体系利用还原剂和氧化剂之间的电子转移所生成的自由基引发聚合反应。由于氧化还原体系分解活化能很低，常用

于引发低温聚合反应。

① 无机物/无机物氧化还原体系。

$$HO\overset{\curvearrowleft}{\cdot\cdot}OH + Fe^{2+} \longrightarrow HO\cdot + OH^- + Fe^{3+}$$

同时有以下反应发生。

$$HO\cdot + H_2O_2 \longrightarrow H-O-O\cdot + H_2O$$

$$H-O-O\cdot + H_2O_2 \longrightarrow HO\cdot + H_2O + O_2$$

$$HO\cdot + Fe^{2+} \longrightarrow OH^- + Fe^{3+}$$

由于影响了 H_2O_2 的效率，因此多被过硫酸盐体系替代。

② 过硫酸盐与低价盐氧化还原体系。

$$^-O_3SOOSO_3^- + HSO_3^- \longrightarrow SO_4^{2-} + SO_4^- \cdot + HSO_3\cdot$$

$$^-O_3SOOSO_3^- + Fe^{2+} \longrightarrow SO_4^{2-} + SO_4^- \cdot + Fe^{3+}$$

过硫酸盐与低价盐氧化还原体系生成的硫酸可使 pH 降低，在丁苯乳液聚合中应用较多；常用的还原剂为亚硫酸盐、甲醛化亚硫酸氢盐（雕白粉）、硫代硫酸盐、连二亚硫酸盐、亚硝酸盐、硫醇等。

③ 有机物/无机物氧化还原体系：由有机过氧化物与低价盐组成。

$$R-O-O-R + Fe^{2+} \longrightarrow RO^- + RO\cdot + Fe^{3+}$$

$$R-O-O-H + Fe^{2+} \longrightarrow OH^- + RO\cdot + Fe^{3+}$$

$$\underset{\underset{O}{\|}}{R-O-O-C}-R' + Fe^{2+} \longrightarrow R'COO^- + RO\cdot + Fe^{3+}$$

低价盐一般为 Fe^{2+}、Cu^+、Cr^{3+}、V^{2+} 等。

④ 有机物/有机物氧化还原体系。

有机物/有机物氧化还原体系是油溶性的，如过氧化二苯甲酰/N,N-二甲基苯胺。

由于 N,N-二甲基苯胺使聚合物泛黄，且反应中先形成极性络合物，后分解产生自由基，引发效率较低，因此通常不用于生成线型高聚物。

⑤ 其他引发作用。

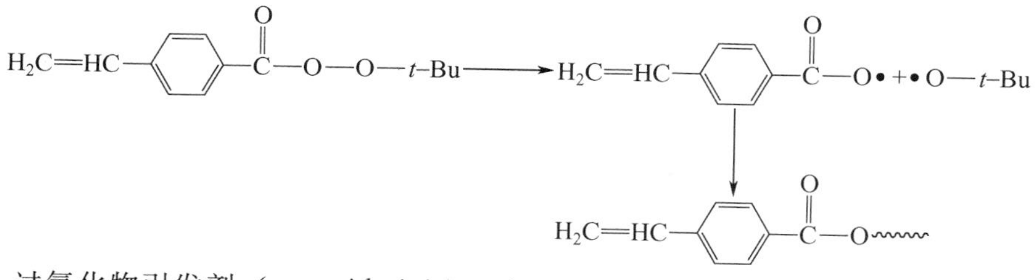

（2）过氧化物引发剂（peroxide initiator）。

常用的过氧化物包括无机过氧化物和有机过氧化物。无机过氧化物分解活化能高，较少单独使用。

过氧化合物的通式为 R—O—O—H 或 R—O—O—R，可被看作过氧化氢 H—O—O—H 的衍生物，—R 为烷基、芳基、酰基/碳酸酯基、磺酰基等。

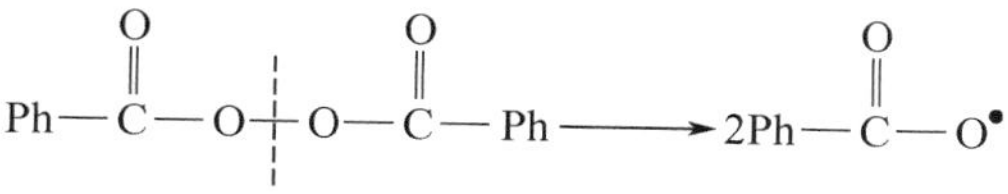

过氧化二苯甲酰

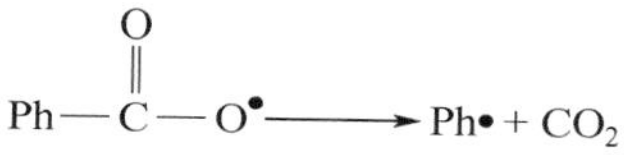

与一般有机化合物不同，有机过氧化物不稳定，其不稳定程度因化学结构的不同而不同。在自由基聚合反应中，引发剂分解形成的初级自由基除主要与单体作用产生单体自由基外，还会发生链转移反应、歧化、两个初级自由基偶合或与未分解的引发剂作用产生诱导分解作用。特别在溶液聚合反应中，初级自由基被溶剂分子包围，两个初级自由基未能扩散而终止偶合，称为笼形效应。

（3）偶氮化合物引发剂（azo initiators）。

偶氮化合物引发剂的通式如下。

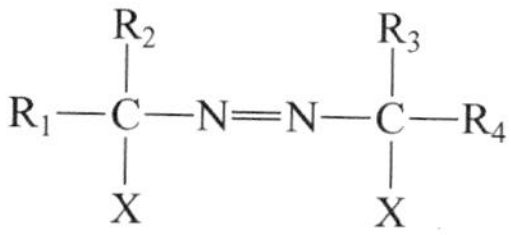

式中，$R_1 \sim R_4$ 为烷基，可以相同，也可以不相同；X 为硝基、酯基、羧基、腈基等吸电子基团。工业上常用腈基，其有助于偶氮化合物的稳定。

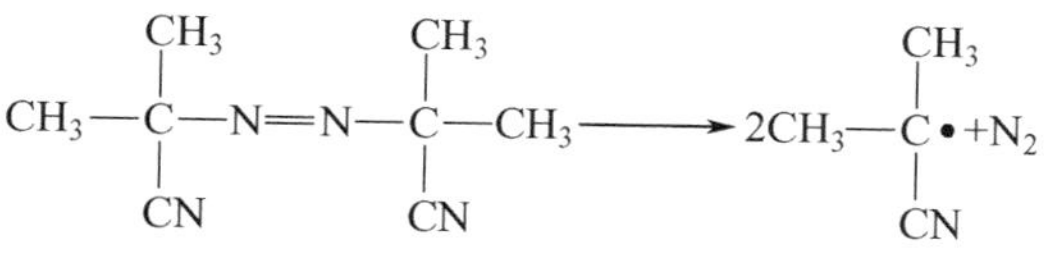

偶氮二异丁腈

偶氮化合物引发剂的笼形效应比过氧化合物引发剂的严重，但偶氮化合物引发剂不发生诱导分解，在不同溶剂中，分解速度常数相差不大，均是一级反应，常作为动力学研究的引发剂。

除上述引发剂外，还可由光引发剂直接引发，过氧化物、偶氮化合物、二硫化物、苯甲酸、二苯基乙二酮等可以由热分解或光照产生自由基，成为光引发剂。另外，α 射线、β 射线、γ 射线和 X 射线的能量比紫外线的大得多，分子吸收辐射能后往往脱去一个电子成为离子自由基，也可用于高能辐射聚合，也称离子辐射。由于分子吸收辐射能后可能在各种键上断裂，因此不具备通常光引发的选择性，产生的初级自由基是多样的。

$$Ph-\overset{\overset{O}{\|}}{C}-\overset{\overset{OH}{|}}{CH}-Ph \xrightarrow{h\nu} Ph-\overset{\overset{O}{\|}}{C}\bullet + \bullet \overset{\overset{OH}{|}}{HC}-Ph$$

苯甲酸

4. 引发剂的选择

在自由基聚合反应中，必须正确、合理地选择和使用引发剂，这对提高聚合反应速度、缩短聚合时间有重要的作用。选择引发剂的基本原则如下。

(1) 按照聚合方法选择引发剂。

由于本体聚合、悬浮聚合和溶液聚合的聚合引发中心在单体相或有机相中，因此选用偶氮化合物和过氧化物类油溶性引发剂。如果是水溶液聚合，则应选用水溶性引发剂。由于乳液聚合的聚合引发中心在水相中，因此必须选用水溶性引发剂。

(2) 根据聚合反应温度选择引发剂。

引发剂的温度使用范围见表 4-1。

【偶氮二异丁腈】

表 4-1 引发剂的温度使用范围

引发剂类型	温度范围/℃	引发剂分解活化能/(kJ/mol)	实　例
高温引发剂	>100	138~188	异丙苯过氧化氢，叔丁基过氧化氢，过氧化二异丙苯，过氧化二特丁基
中温引发剂	30~100	108~138	过氧化二苯甲酰，过氧化双十二酰，过硫酸盐，偶氮二异丁腈
低温引发剂	-10~30	62~108	过氧化氢-亚铁盐，过硫酸盐-酸性亚硫酸钠，异丙苯过氧化氢-亚铁盐，过氧化二苯甲酰-二甲基苯胺

若聚合温度低于室温，则需选用氧化还原体系引发剂，如低温丁苯在 5℃ 聚合。氧化剂可以是水溶性引发剂或油溶性引发剂（如异丙苯过氧化氢），但还原剂一般是水溶性引发剂。

(3) 根据分解活化能选择引发剂。

具有高活化能的引发剂比具有低活化能的引发剂的分解温度范围小。由此说明，在一定温度下，具有高活化能的引发剂产生的自由基数目比低活化能的多。因此，若要求引发剂的分解温度范围小，则选用高活化能的引发剂；若要求引发剂缓慢分解，则选用低活化能的引发剂。

(4) 根据半衰期选择引发剂 (Initiators are selected according to half-life)。

工业上常用某一温度下引发剂半衰期长度或相同半衰期所需温度来比较引发剂的活性。将分解 50% 引发剂所需的时间定义为引发剂半衰期 $t_{0.5}$，即

$$t_{0.5} = \frac{1}{k_d}\ln\frac{[I]_0}{[I]_{1/2}} = \frac{0.693}{k_d} \tag{4.1}$$

式中：$t_{0.5}$——引发剂半衰期；

k_d——引发剂的分解速率常数；

$[I]_t$——引发时间 t 时引发剂浓度。

根据 60℃ 时的半衰期将引发剂分为高活性、中活性、低活性三大类：高活性 $t_{0.5}<1h$，

中活性 1h $<$ $t_{0.5}$ $<$6h，低活性 $t_{0.5}$ $>$6h。

k_d 和 $t_{0.5}$ 都与温度有关，因此相同引发剂在不同温度下有不同的 $t_{0.5}$，在相同反应介质和相同分解温度下，k_d 大者，$t_{0.5}$ 小，分解速度快，引发剂活性高。

在间歇聚合过程中，反应时间应当为引发剂半衰期的 2 倍以上；间歇悬浮聚合过程中，氯乙烯的聚合时间为所用引发剂于相同温度下半衰期的 3 倍，而苯乙烯的聚合反应时间为 6～8 倍，其倍数因单体种类而异。如采用复合引发剂，其半衰期具有加和性，即

$$t_{0.5m}[I_m]^{\frac{1}{2}} = t_{0.5A}[I_A]^{\frac{1}{2}} + t_{0.5B}[I_B]^{\frac{1}{2}} \tag{4.2}$$

式中：$t_{0.5m}$——复合引发剂半衰期；

$\quad\quad t_{0.5A}$——引发剂 A 的半衰期；

$\quad\quad t_{0.5B}$——引发剂 B 的半衰期；

$\quad\quad [I_A]$——引发剂 A 的浓度；

$\quad\quad [I_B]$——引发剂 B 的浓度。

此外，在选用引发剂时，还需考虑过氧化物是否具有氧化性、是否易使聚合物着色。

5. 自由基聚合反应的影响因素分析

自由基聚合反应的影响因素主要有原料纯度（raw material purity）与杂质、温度、聚合压力、引发剂、链转移反应等。

（1）原料纯度与杂质对聚合的影响。

一般聚合级的单体纯度为 99.9%～99.99%，杂质含量为 0.01%～0.1%。杂质分为爆聚杂质、缓聚杂质、阻聚杂质等，会降低引发效率、产生诱导期、使单体失去活性，从而对聚合产生影响，并影响产物的质量与加工性能。

（2）温度对聚合的影响。

虽然自由基聚合反应的速率随温度的升高而增大，但不能超过其极限温度，同时要有极限浓度限制。超过极限温度或单体浓度低于极限浓度时，都会使聚合无法进行。例如，甲基苯乙烯在 25℃时，浓度低于 2.2mol/L；或纯单体，温度高于 61℃，将不能发生聚合反应。

引发剂引发聚合时，产物的平均聚合度将随温度的升高而降低。热引发时，温度对聚合度的影响与引发剂引发时类似。光引发和辐射引发时，温度对聚合度和聚合速率的影响很小，其聚合可在较低的温度下进行。

温度对大分子微观结构的影响表现在对大分子支链和对立体异构的影响两方面。

① 温度对大分子支链的影响（effect of temperature on branched chains of macromolecules）。

由于支化度随温度的升高而增加，因此大分子链上支链数目也随温度的升高而增大。例如，-45℃下合成的聚氯乙烯无支链，45℃下合成的聚氯乙烯有支链；180～200℃，147～245MPa 下合成的聚乙烯含有许多支链。

② 温度对立体异构的影响（effect of temperature on stereoisomerism）。

单烯烃聚合：温度降低，对间同产物有利。

双烯烃聚合：温度降低，对反式 1.4 结构产物有利。

（3）聚合压力对聚合的影响。

增大压力，气相单体浓度增大，聚合速率增大。压力对聚合速率的影响要比温度对聚

合速率的影响小。压力增大，聚合极限温度增大。

（4）引发剂对聚合的影响（effect of initiator on polymerization）。

用引发剂引发自由基聚合的动力学链长为

$$\nu = K \frac{[M]}{[I]^{\frac{1}{2}}}$$ (4.3)

式中：ν——动力学链长；

$\quad K$——聚合速率常数；

$\quad [M]$——单体浓度；

$\quad [I]$——引发剂浓度。

由式（4.3）可以看出，动力学链长与单体浓度成正比，与引发剂浓度的平方根成反比。

（5）链转移反应对聚合的影响。

自由基聚合反应中，链转移反应与平均聚合度的关系如下。

$$\frac{1}{P_n} = \frac{2K_t}{K_P^2} \frac{R_P}{[M]^2} + C_M + C_I \frac{K_t}{f K_d K_P^2} \frac{R_P^2}{[M]^3} + C_S \frac{[S]}{[M]}$$ (4.4)

式中：右边四项分别代表正常聚合、向单体转移、向引发剂转移及向溶剂转移对平均聚合度的贡献，取决于各转移常数值。

式（4.4）中右边前三项合成 $\frac{1}{P_0}$，代表无溶剂时聚合度的倒数，即

$$\frac{1}{P_n} = \frac{1}{P_0} + C_S \frac{[S]}{[M]}$$ (4.5)

式中：C_S——链转移常数；

$\quad [S]$——溶剂或链转移剂浓度（mol/L）；

$\quad [M]$——单体浓度。

除氯乙烯聚合过程主要是向单体转移外，多数情况是加入易发生链转移的物质利用链转移来调节聚合物分子量，甚至可以控制聚合物分子的构型，消除支链结构或交链结构，从而得到易于加工的聚合物。式（4.5）表明，调节剂链转移系数越大，聚合物平均聚合度越低；当确定调节剂后，若调节剂浓度越大，即 $[S]/[M]$ 增大，则聚合物平均聚合度降低。

综上所述，要控制聚合物平均分子量应严格控制引发剂用量（initiator dosage），一般引发剂用量仅为单体用量的千分之几；或严格控制反应温度在一定范围内，也可以选用适当的分子量调节剂，但应严格控制其用量。

在实际生产中，聚合物品种不同，采用的控制方法各有所侧重。

自由基聚合方法分为本体聚合、乳液聚合、悬浮聚合和溶液聚合，它们的主要组分见表4-2。

表4-2　四种聚合方法的主要组分

聚合方法	本体聚合	乳液聚合	悬浮聚合	溶液聚合
主要组分	单体本身，加入（或不加入）少量引发剂的聚合	单体在水中以乳液状态进行的聚合，体系主要由单体、引发剂、水、乳化剂等组成	单体以液滴状悬浮于水中的聚合，体系主要由单体、引发剂、水和分散剂组成	将单体和引发剂溶于适当溶剂中进行的聚合

4.1.2 自由基本体聚合原理

本体聚合是指单体在少量引发剂（甚至不加引发剂而在光、热或辐射能）的作用下聚合为高聚物的过程。聚合过程中无其他反应介质，只加少量引发剂或不加引发剂，工艺简单，无回收工序。单体转化率高时，可省略单体分离工序。本体聚合方法最简单，但放热量较大，有自加速效应，形成的聚合物分子量分布宽。

为控制放出的反应热引起温度升高，可采取以下措施。

（1）采用紫外线或辐射引发聚合，以降低反应温度，利于热传递。

（2）采用较低的反应温度、较低浓度的引发剂进行聚合。

（3）使反应进行到一定转化率就分离出聚合物。

（4）聚合过程分步进行，控制转化率及自加速效应，使放热均匀。

（5）加强聚合设备的传热性能。

本体聚合工艺分为预聚（prepolymerization）和聚合（polymerization）两个阶段。预聚是聚合初期采用较高的温度，在较短的时间内利用搅拌加速反应，使自动加速提前，这样就要降低温度以降低正常的聚合速率，使反应基本在平稳的条件下进行，避免局部过热，以保证产品的质量。

高分子合成工业中本体聚合的体系有高压聚乙烯、聚苯乙烯、聚甲基丙烯酸甲酯和 PVC。

4.2 甲基丙烯酸甲酯自由基本体聚合生产工艺

自由基引发的聚合物为无规结构。采用本体聚合方法合成的聚甲基丙烯酸甲酯的短链区中间隔排列全同立构或间同立构。通常聚甲基丙烯酸甲酯的分子量为 50 万～100 万。低温（−78～0℃）下用 γ 射线照射甲基丙烯酸甲酯进行自由基聚合，可得到以间同立构为主的聚甲基丙烯酸甲酯。

【有机玻璃】

甲基丙烯酸甲酯的均聚物或共聚物的片状物称为有机玻璃，是高度透明的热塑性高分子材料，具有优异的光学性能，透光率达 90％～92％，还具有良好的电绝缘性和机械强度，耐老化性十分突出，且易于染色等。

4.2.1 聚甲基丙烯酸甲酯的聚合方法（polymerization method of polymethyl methacrylate）

甲基丙烯酸甲酯的聚合反应主要按自由基聚合机理进行，其引发方式可以是光、热或引发剂，可以按本体聚合、悬浮聚合、溶液聚合、乳液聚合等方法实施工业生产。

甲基丙烯酸甲酯主要采用本体聚合方法生产有机玻璃，其结构简式如下。

$$\begin{array}{c} CH_3 \\ | \\ \text{---}CH_2\text{---}C\text{---}{}_n \\ | \\ C=O \\ | \\ OCH_3 \end{array}$$

一般采用悬浮聚合方法生产模塑粉；采用乳液聚合方法生产皮革或织物处理剂；采用溶液聚合方法生产油漆，但应用较少。

1. 主要原料

聚合的主要原料是甲基丙烯酸甲酯，其结构简式为

$$CH_2=C-COOCH_3$$
$$\quad\quad | $$
$$\quad\quad CH_3$$

甲基丙烯酸甲酯是一种高活性且易于均聚和共聚的单体。它主要用于制造有机玻璃，也广泛用于制造模塑料、工程塑料、涂料、黏合剂等的原料。

2. 甲基丙烯酸甲酯本体聚合的特点

（1）凝胶效应（gel effect）。甲基丙烯酸甲酯聚合过程中转化率达 20% 时黏度上升很快，聚合速率增大，以致发生局部过热，甚至产生爆聚，这种现象称为凝胶现象。该过程中增长链活动受到限制，而单体的扩散速率影响不大。因此链增长速度增大，终止速度减慢，导致分子量明显增大，甚至超过 100 万。聚合过程中必须严格控制升温速度，掌握自加速效应发生的规律。

（2）爆聚（implosion）。聚合中体系变稠，局部温度上升，聚合速率增大，以致产生大量的热量，这种现象从局部开始，扩大甚至全部沸腾，称为爆聚。

（3）聚合物体系的收缩率大。由单体转变为聚合物时，许多分子间的物理力被共价键替代，引起体积收缩，收缩量与单体的结构有关，一般单体的侧链越长，取代基越多，体积越大，聚合物收缩越大。

3. 浇注本体聚合

浇注本体聚合（pouring bulk polymerization）是指在模具中进行的本体聚合反应，聚合与成型一次完成。生产板、棒、管状有机玻璃时，为缩短聚合时间、提高生产率、保证产品质量，会先制成预聚浆灌模，使一部分单体进行聚合，减小模型中聚合时产生的收缩，增大黏度，从而减轻模内漏浆现象。

有机玻璃板材的生产分为配料、制浆（预聚）、制模与灌浆（灌模）、聚合四个工段。制造有机玻璃板材的流程如图 4.3 所示。

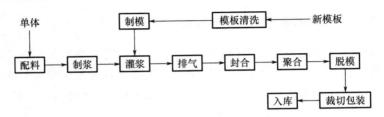

图 4.3　制造机玻璃板材的流程

按配方将纯度为 99.5% 以上的单体与引发剂、增塑剂、脱模剂等加入预聚釜内，逐渐升温至 85℃后停止加热，进行预聚合，让反应液自动升温，温度保持为 90~94℃，转化率达 10% 左右，再用冰水冷却至 40℃。制造有机玻璃板材的模具是用两块表面经过抛光

的硅酸盐玻璃板制成的。与单体发生作用的弹性材料 [如聚氯乙烯软带、软管或用玻璃纸（再生纤维素）包扎的橡皮带] 隔开两片玻璃板，使其具有一定的间隙，防止其与单体接触。然后将浇有预聚浆液且完全密闭的模具置于热空气烘房或热水相中进行聚合。将灌好预聚浆液的模子放入恒温水箱中静置 1～2h，逐步升温至 40～70℃ 进行低温聚合，保温一定时间后至聚合物基本固化，单体转化率达 93%～95%。随即升温至水浴沸腾（即采用水浴法，水浴法一般用于生产民用产品），或空气浴聚合（即采用空气浴法，空气浴法大多用于生产力学性能要求高、抗银纹性能好的工业产品及航空用有机玻璃）时，可加热至 120℃，再保温一定时间，使残余单体充分聚合，热处理后，冷却至 40℃ 以下方可脱模、修边成有机玻璃。灌浆卧车如图 4.4 所示。水压法灌浆如图 4.5 所示。

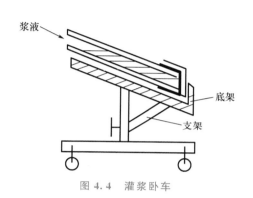

图 4.4　灌浆卧车

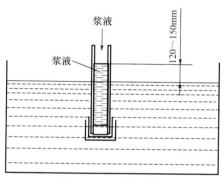

图 4.5　水压法灌浆

4.2.2　影响甲基丙烯酸甲酯聚合的因素

浇注本体聚合中，随板材厚度的增大，引发剂用量减小，保温温度降低，保温时间延长，最后还要高温聚合，同时有一定的冷却速度。初级转化率小于 10%～15% 时，聚合速率遵循微观动力学方程为

$$R_p = k_p \left(\frac{f k_d}{k_t} \right)^{1/2} c(I)^{1/2} c(M) \tag{4.6}$$

式中：R_p——聚合速率 [mol/(L·s)]；

　　　k_p——增长反应速率常数 [L/(mol·s)]；

　　　k_t——终止反应速率常数 [L/(mol·s)]；

　　　k_d——引发剂分解反应速率常数（s^{-1}）；

　　　f——引发剂引发效率；

　　$c(M)$——单体浓度（mol/L）；

　　$c(I)$——引发剂浓度（mol/L）。

由式（4.6）可以看出，反应温度升高，聚合速率增大，转化率提高；当温度过高时，终止反应速率高于增长反应速率，链转移速率增大会导致高分子短链增加；温度不均时会使聚合反应局部过热，出现气泡。

通常转化率随时间的增加而增大，转化率小于 20% 时聚合速率快，转化率大于 45% 时聚合速率逐渐减小，转化率大于 90% 时聚合反应几乎停止，因此聚合结束后保温 1～

3h，使聚合反应进行完全。加压使单体沸点升高，减少单体气化而产生爆聚；加压减少因体积收缩而产生的收缩纹；加压使分子间距缩小，增加活性链与单体的碰撞概率使反应加快。引发剂可使用过氧化物引发剂和偶氮化合物引发剂。聚合物分子量随引发剂用量的增大而减小。

如果体系中有氧气存在，则氧与自由基生成稳定的基团，使诱导期延长，转化率降低。

如单体含有甲醛、水、阻聚剂等，易造成有机玻璃局部密度不均或有微小气泡和皱纹，影响有机玻璃的性能。

4.2.3　有机玻璃的主要性能

聚甲基丙烯酸甲酯（polymethyl methacrylate）是高度透明的无定型热塑性塑料（amorphous thermoplastic），具有十分优异的光学性能，透光率可达 90%～92%，折射率为 1.49，并可透过大部分紫外线和红外线。聚甲基丙烯酸甲酯的氧指数为 17.3，属于易燃塑料，燃烧时有花果臭味；耐热温度不高，长期使用温度仅为 80℃。聚甲基丙烯酸甲酯是一种质量轻而坚韧的材料，表面硬度一般，易划伤，耐磨性和抗银纹能力较差。聚甲基丙烯酸甲酯具有良好的综合力学性能，在通用塑料中居前列，拉伸强度、弯曲强度、压缩强度等均高于聚烯烃，也高于聚苯乙烯、聚氯乙烯等。用浇注本体聚合方法制得的聚甲基丙烯酸甲酯板材（如航空用有机玻璃板材），其拉伸、弯曲、压缩等力学性能更高，可以达到聚酰胺（polyamide）、聚碳酸酯（polycarbonate）等工程塑料的水平。

聚甲基丙烯酸甲酯的耐热性一般，它的玻璃化温度虽然达到 104℃，但最高连续使用温度随工作条件不同而在 65～95℃ 之间改变，热变形温度约为 96℃（1.18MPa 下）。可以用单体与甲基丙烯酸丙烯酯或双酯基丙烯酸乙二醇酯共聚的方法提高耐热性。聚甲基丙烯酸甲酯的耐寒性也较差，脆化温度约为 9.2℃。

4.2.4　有机玻璃的用途

有机玻璃的用途极为广泛，除了在飞机上用作座舱盖、风挡和弦窗外，也可用作车风挡和车窗、大型建筑的天窗、电视和雷达的屏幕、仪器和设备的防护罩、电信仪表的外壳、望远镜和照相机上的光学镜片。

用有机玻璃制造的日用品种类繁多，如用珠光有机玻璃制成的纽扣，各种玩具、灯具也都因为有了彩色有机玻璃的装饰而显得格外美观。有机玻璃在医学上还有一个绝妙的用处，就是制造人工角膜。在建筑方面，有机玻璃主要应用于采光体、屋顶、棚顶、楼梯、室内墙壁护板等。

4.2.5　有机玻璃的改性

有机玻璃虽具有极好的透光性、良好的尺寸稳定性和成型性，但表面耐磨性差、耐热性不足、抗银纹性不佳、易溶于有机溶剂、强度不高等，因此出现了许多有机玻璃的改性方法和改性品种。

1. 耐热有机玻璃

（1）改变甲基丙烯酸甲酯的侧链特性。碳链异构、成环方式可提高聚合物的强度和耐热性，还可在酯基引进其他元素。

（2）改变 α 位置上的取代基。甲基丙烯酸甲酯的 α 位置上的甲基被氟取代而成为 α-氟代丙烯酸甲酯时，其软化点可达 146℃，具有良好的热稳定性。当它与甲基丙烯酸甲酯共聚时，随着氟代基含量的增大，聚合物的拉伸强度和冲击强度有一定的改善，软化温度有较大的升高。

（3）交联。为提高有机玻璃的耐热性及表面耐磨性，可将聚合物的线型结构改变为网状结构。

2. 防射线有机玻璃

在配比合适的甲基丙烯酸甲酯、甲基丙烯酸、甲基丙烯酸羟乙酯等组分配成的单体料液中，加入一定量的甲基丙烯酸铅、辛酸铅，制成的含铅有机玻璃具有防射线功能，用于透明度要求高的射线防护装置的放射线屏蔽材料及防护罩等。

4.3 乙烯高压气相自由基本体聚合——低密度聚乙烯的生产工艺

4.3.1 聚乙烯生产工艺概述

聚乙烯（polyethylene）是由乙烯单体经自由基聚合或配位聚合后获得的高聚物，产量居世界首位，占总树脂量的 20% 左右。聚乙烯生产方法的比较见表 4-3。

表 4-3 聚乙烯生产方法的比较

比较项目		高 压 法	中 压 法	低 压 法
操作条件	聚合压/MPa	98.1～245.2	2～7	＜2
	聚合温度/℃	150～330	125～150	60
	引发剂	微量氧或有机过氧化物	金属氧化物 CrO_3 载于 Al_2O_3-SiO_2	齐格勒-纳塔引发剂
转化率/(%)		16～27	接近 100	接近 100
反应机理		自由基型	配位离子型	配位离子型
实施方法		气相本体聚合	液相悬浮聚合	液相悬浮聚合
工艺流程		简单	复杂	复杂
结构性能	大分子支化程度	高	介于高压法与中压法之间	大分子排列整齐
	相对密度	低（0.910～0.925）	居中（0.926～0.940）	高（0.941～0.970）
	纯度	高	基本与低压法相同	产品含有引发剂残基
	热变形温度/℃	50℃，较软	基本与低压法相同	78℃，较硬
建设投资成本		高	低	低
操作费用		低	高	高

乙烯气相本体聚合的特点

（1）聚合热大。乙烯聚合热约为95.0kJ/mol，部分乙烯基单体的聚合热见表4-4。

表4-4　部分乙烯基单体的聚合热

乙烯基单体	乙烯	氯乙烯	丙烯腈	苯乙烯	甲基丙烯酸甲酯	丙烯酸甲酯
聚合热/(kJ/mol)	95.0	95.8	72.4	69.9	54.4～56.9	78.3～84.6

（2）基于乙烯高压聚合的转化率较低（20%～30%），即链终止反应非常容易发生，聚合物的平均分子量小。

（3）乙烯高温高压聚合，链转移反应容易发生，乙烯的转化率越高和聚乙烯的停留时间越长，长链支化数越大。聚合物的分子量分布幅度越大，产品的加工性能越差。

（4）以氧为引发剂时，存在压力和氧浓度的临界值，在此临界值下，乙烯几乎不发生聚合，超过此临界值（即使氧含量低于2×10^{-6}）时会急剧反应。在此情况下，乙烯的聚合速率取决于乙烯中氧的含量。

（5）提高转化率对温度影响很大，转化率提高1%，则温度升高1～13℃。应及时散去热量，乙烯在350℃以上易爆炸分解。

低密度聚乙烯的生产工艺

在微量氧或有机过氧化物存在的情况下，将乙烯压缩到14.7～245.2MPa以下，在150～290℃的条件下，乙烯经自由基聚合反应转变为低密度聚乙烯。

1. 原料

乙烯是最简单的烯烃，常温常压下是略带芳香气味的无色气体；偶极距为零；纯度超过99.95%。乙烯中的杂质乙炔容易引起爆炸，一氧化碳和硫化物会影响产品的电绝缘性能。乙炔和甲基乙炔能参与反应，使聚合物的双键增加，影响产品的抗老化性能。循环部分气体中含有惰性杂质（氮、甲烷等）时，多次循环后，杂质含量累积，此时应部分放空或送回乙烯精制车间。

乙烯高压聚合中单程转化率为15%～30%，生产低密度聚乙烯的主要原料除乙烯外，还有引发剂、分子量调节剂。此外，还有若干添加剂，将添加剂配制成浓度约10%的白油（脂肪族烷烃）溶液或分散液，用计量泵注入低压分离器或在二次造粒时加入。

2. 聚合方法

乙烯高压聚合的方法有釜式法（kettle methods）和管式法（tube methods）两种。釜式法与管式法的比较见表4-5。

表4-5　釜式法与管式法的比较

项　目	釜　式　法	管　式　法
引发剂	有机过氧化物	氧或过氧化物
压力	108～245.2MPa下可保持稳定	约为323.6MPa，管内产生压力降

续表

项　目	釜　式　法	管　式　法
温度	可严格控制在 130～280℃	可高达 330℃，管内温度差较大
平均停留时间	10～120s 之内	与反应器的尺寸有关，为 60～300s
反应热的移除	靠连续通入冷乙烯和连续排出热物料的方法调节，少量反应热通过连续搅拌和夹套冷却带走	管壁外部冷却
产品相对分子质量的分布	窄	较宽，适合制作薄膜用产品及共聚物
缺点	反应器结构较复杂，搅拌器的设计与安装均较困难，聚合物易粘釜	单程转化率较高，反应器结构简单，传热面大；主要缺点是聚合物粘管壁而导致堵塞现象

3. 乙烯高压聚合生产聚乙烯的过程

高压生产聚乙烯的过程包括乙烯压缩、引发剂配制和注入、聚合、聚合物与未反应的乙烯分离、挤出和后序处理（包括脱气、混合、包装、贮存等）。二次造粒是为了增加聚乙烯塑料的透明性，减少聚乙烯塑料中的凝胶微粒。乙烯聚合反应温度为 130～350℃，反应压力为 122～303MPa。乙烯高压聚合生产聚乙烯的流程如图 4.6 所示。

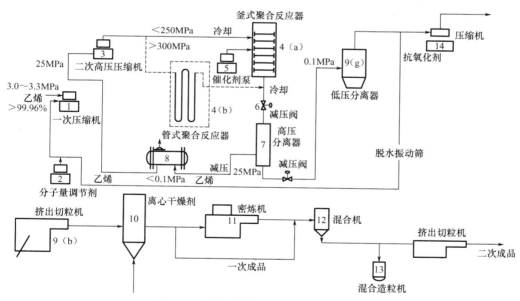

图 4.6　乙烯高压聚合生产聚乙烯的流程

高压生产聚乙烯的影响因素

1. 乙烯纯度（purity of ethylene）

乙烯纯度≥99.9%，其他杂质（如甲烷、乙烷、二氧化碳、氧气、乙炔、氢气、硫等）不超过 0.1%。

2. 引发剂（initiator）

管式聚合反应器中以氧为引发剂，氧的用量严格控制在0.003％～0.007％。以氧为引发剂的优点：①价格低，可直接加入乙烯进料；②低于200℃时，氧是阻聚剂，不会在压缩机系统中或乙烯回收系统中引发聚合；③以氧为引发剂时引发温度高于230℃，因此要求反应温度高于200℃。

以有机过氧化物为引发剂时，将其溶解在液体石蜡中，配制成1％～25％的溶液。引发剂用量通常为聚合物质量的万分之一。在釜式聚合反应器操作中依靠引发剂的注入量控制反应温度。

3. 相对分子质量调节剂（链转移剂，chain transfer agent）

调节剂主要加入丙烯、丙烷、乙烷等，但对纯度有严格要求。若反应温度高于150℃，丙烷能平稳地控制聚合物的分子量。对于反应温度低于170℃的聚合，氢的链转移能力较强，温度高于170℃时反应很不稳定。丙烯也可做调节剂，丙烯和乙烯可共聚，其中丙烯起调节分子量和降低聚合物密度的作用，丙烯调节会使某些聚乙烯链端出现$CH_2{=}CH{-}$结构，影响聚合物的端基结构。丙醛做调节剂时会在聚乙烯链端部出现羰基（carbonyl）。

除以上主要原料外，还有一些必要的助剂。例如防老剂（抗氧化剂）：2,6-二叔丁基对甲酚与防紫外线吸收剂；邻羟基二苯甲酮，可以防止聚乙烯在成型过程及使用过程中受热氧化；抗静电剂：含氨基或羟基等极性基团，可溶于聚乙烯中，如环氧乙烷与长链脂肪族胺或脂肪醇的聚合物；润滑剂：如油酸酰胺或硬脂酸铵、油酸铵、亚麻仁油酸铵的混合物；开口剂：如高分散性硅胶、铝胶或其混合物。

4. 聚合温度（polymerization temperature）

聚合温度取决于引发剂的种类，以氧为引发剂时，温度控制在230℃以上；以有机过氧化物为引发剂时，温度控制在150℃左右。

5. 聚合压力（polymerization pressure）

聚合压力为108～245MPa，取决于聚乙烯生产牌号。聚合压力越大，产物相对分子质量越大。

6. 聚合转化率与产率（conversion rate and yield of polymerization）

乙烯单程聚合转化率为16％～27％，未反应单体经冷却循环使用，总产率为95％。乙烯进料温度为40℃，乙烯-聚乙烯混合物的出料温度为160～280℃。大部分反应热由未反应的单体带走，反应器夹套冷却只带走少量反应热。

4.3.5 乙烯的共聚改性及高压聚乙烯的技术进展

1. 乙烯-乙酸乙烯酯共聚物

乙烯-乙酸乙烯酯共聚物（EVA）与聚乙烯相比，结晶度低，弹性高，同时含有足够的起物理交联作用的聚乙烯结晶,因此具有热塑性弹性体的特点。由于乙烯-乙酸乙烯酯共聚物具有良好的拉伸强度、抗冲击强度及热熔黏接性,因此常用于制作板材、软管、电缆和电线包覆材料、鞋底、热熔胶、嵌缝材料等。

2. 乙烯-丙烯酸乙酯共聚物

乙烯-丙烯酸乙酯共聚物(EEA)的制法与高压聚乙烯的制法相似,但需要增加丙烯酸乙酯的注入系统。乙烯-丙烯酸乙酯共聚物与乙烯-乙酸乙烯酯共聚物性能相似,但其热稳性比乙烯-乙酸乙烯酯共聚物的好,且低温柔软性好,与烯类树脂的黏接性良好。乙烯-丙烯酸乙酯共聚物可做玩具、日用品、软管、黏合剂等。

3. 乙烯-(甲基)丙烯酸共聚物及其离子聚合物

乙烯-(甲基)丙烯酸共聚物(EMAA 和 EAA)是乙烯与甲基丙烯酸或丙烯酸的共聚物,由于乙烯-(甲基)丙烯酸共聚物具有优良的耐磨性、低温抗冲击性、良好的透明度和着色性、突出的黏接性,因此适合制造薄膜、涂层材料、黏合剂。

4. 高压聚乙烯的技术进展

利用冷乙烯降温,以减少反应热引起的热量增高。聚合反应器采用多区、多段聚合,在反应区的不同位注入引发剂,控制不同压力和温度,一套装置可生产多种牌号的产品。在管式反应器中采用脉冲操作方法,每隔一段时间(3s~1min)利用快速启闭阀,对反应物料施加一定的脉冲,周期性地改变反应物料的线速度,可有效改善堵管问题。

4.4 苯乙烯熔融本体聚合和溶液-本体聚合

聚苯乙烯是苯乙烯系树脂的主要品种之一,通常称为通用级聚苯乙烯,采用本体聚合法和悬浮聚合法生产。聚苯乙烯现已成为世界上仅次于聚乙烯、聚氯乙烯的第三大塑料品种。透明性好是聚苯乙烯的最大特点,透光率可达88%~92%,是非常优秀的透明塑料品种。聚苯乙烯的折射率为1.59~1.60,但因存在苯环,其双折射率较大,不能用于高档光学仪器。

【聚苯乙烯】

苯乙烯为无色或微黄色易燃液体;有芳香气味和强折射性;不溶于水,溶于乙醇、乙醚、丙酮、二硫化碳等有机溶剂(Styrene is a colorless or yellowlish flammable aromatic liquid. It has strong refraction, insoluble in water, and soluble in ethanol, diethylether, acetone and carbon disulfide)。

由于苯乙烯分子中的乙烯基与苯环形成共轭体系,电子云在乙烯基上流动性大,使得苯乙烯的化学性质非常活泼,不但能进行均聚合,还能与其他单体(如丁二烯、丙烯腈等)发生共聚合反应。苯乙烯是合成塑料、橡胶、离子交换树脂和涂料等的主要原料。在贮存、运输苯乙烯单体过程中,需要加入少量的间苯二酚或叔丁基间苯二酚等阻聚剂,以防止其发生自聚。

影响聚苯乙烯生产工艺的因素

苯乙烯能按离子型（包括配位离子型）聚合、自由基型聚合机理进行聚合，应用较多的是本体聚合和悬浮聚合。

工业上本体聚合聚苯乙烯大多不用引发剂，而是用热引发。在热引发聚合过程中，聚合反应的影响因素主要是单体纯度、聚合速率、分子量、反应温度、转化率、惰性气体保护等。

1. 单体纯度（monomer purity）

苯乙烯的纯度对聚合反应速率有很大的影响。为增强贮存稳定性，苯乙烯单体一般含有酚类阻聚剂。聚合前可用10％氢氧化钠水溶液洗涤，分离掉溶有酚类阻聚剂的碱液后，用水洗至中性，经干燥处理后可用于聚合。对叔丁基邻苯二酚阻聚效果优良，用量较少，通常为10^{-5}即可。这种情况下可直接投料，不必处理单体。

2. 聚合速率（polymerization rate）

单体一旦加热，苯乙烯经过一个诱导期才开始聚合，诱导期随苯乙烯纯度增大和温度升高而缩短。在聚合早期，反应速率随温度升高而迅速增大。

3. 分子量（molecular weight）

分子量对聚苯乙烯的力学性能影响很大，粘均分子量低于5万，则产品机械强度低；粘均分子量高于10万，则产品加工性能很差，因此通用级聚苯乙烯的分子量必须控制在5万～10万。

4. 反应温度（reaction temperature）

苯乙烯热聚合反应时，温度越高，形成的活性中心越多；反应速率越快，聚合物分子量越低，反应温度每上升20℃，分子量成倍地下降。为了制得分子量合适而剩余单体最少的聚合物，工业生产上先在80～110℃下进行聚合反应，当转化率达到35％左右时，再逐渐将温度升高至230℃，使反应完全。

5. 转化率（conversion rate）

苯乙烯热聚合反应中，应尽可能使单体转化，否则残余单体因具有增塑作用而使聚合物软化温度降低；单体迁移到制品表面引起制品变暗与开裂；单体所含双键与空气中的氧作用而使聚合物变黄。在平衡系统中，开始时单体含量随温度升高而降低，但在更高温时，由于聚苯乙烯热解聚，分子量降低。

6. 惰性气体保护（inert gas protection）

反应系统中采用氮气保护，尤其是脱氧氮气保护，可抑制聚苯乙烯热氧化而变黄，有利于提高聚苯乙烯的透明度。

生产聚苯乙烯的主要设备

生产聚苯乙烯的主要设备有预聚釜和聚合塔。

1. 预聚釜

预聚釜是带有球形盖及球形底的铝质或不锈钢的圆筒形设备，外壁有钢质夹套，并装有不锈钢的锚式搅拌器或框式搅拌器。预聚釜的容积视生产能力而定。

2. 聚合塔

聚合塔是用不锈钢制成的圆柱形设备，全塔由 7 个塔级、锥形底、塔盖、螺旋挤出机等组成，2～7 塔节分别附有夹套，供循环载热体加热用。

预聚釜温度控制在 115～120℃，物料停留时间为 4～5h。转化率约为 50% 的物料进入改进后的聚合塔中，塔顶温度保持 140℃，塔底为 200℃。物料在塔中的停留时间为 3～4h，出口产物含 97%～98% 的聚苯乙烯。从塔顶可以蒸出部分苯乙烯，有助于维持塔温。蒸出的苯乙烯经冷凝，循环至预聚釜重复使用。

苯乙烯本体聚合反应器如图 4.7 所示。

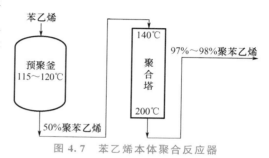

图 4.7　苯乙烯本体聚合反应器

聚苯乙烯的改性及技术进展

为了改善聚苯乙烯的抗冲性、耐热性，可将苯乙烯与其他可聚单体（如丙烯腈、丁二烯、α-甲基苯乙烯等）共聚，或用弹性体 [如聚丁二烯橡胶、丁苯橡胶、苯乙烯-丁二烯-苯乙烯（SBS）热塑性弹性体、苯乙烯-异戊二烯-苯乙烯（SIS）热塑性弹性体等] 进行化学接枝改性及共混改性。

1. 通用聚苯乙烯

通用聚苯乙烯主要指以本体聚合和悬浮聚合制成的苯乙烯均聚物。

工业上常把通用聚苯乙烯分为耐热型（heat resistant type）、中等流动型（medium flow type）和高流动型（high flow type）三类。

耐热型通用聚苯乙烯的相对分子质量较高，残存苯乙烯单体含量低，软化点比一般通用聚苯乙烯的高，适合挤出成型和注塑高质量的制品。

中等流动型通用聚苯乙烯和高流动型通用聚苯乙烯的分子量较低，加有一定量的润滑剂（硬脂酸丁酯、液体石蜡、硬脂酸锌等），流动性增强，耐热性降低，特别适合成型薄壁制品和形状复杂的制品。

通用聚苯乙烯主要用于注塑成型和挤出成型，也可用于模压、压延等成型方法。注塑成型制品表面光泽度高，具有良好的尺寸稳定性，产品精致美观，广泛用于工业和日常生活中，如汽车灯罩、仪器表面、化学仪器零件、光学仪器零件、电信零件、珠宝盒、香水瓶、牙刷、肥皂盒、果盘等。挤出成型用通用聚苯乙烯的分子量偏高，便于制品的挤出定

型，挤出制品有薄膜、管材、容器、板、片等，用于化工、包装、装潢等。通用聚苯乙烯易于着色、印刷、雕刻和表面金属化处理，制品图案清晰，色彩丰富，可增强制品的美观性。

2. 高抗冲聚苯乙烯

高抗冲聚苯乙烯实际上是聚苯乙烯的改性品种，通过聚苯乙烯与橡胶共混或苯乙烯与橡胶共聚来改善通用聚苯乙烯的脆性，提高冲击强度。

高抗冲聚苯乙烯的生产始于 20 世纪 40 年代末，早期采用机械共混法（mechanical blending），现在主要采用接枝共聚法。高抗冲聚苯乙烯具备通用聚苯乙烯的大多数特点，如刚性、易加工性、易染色性等，但拉伸强度有所下降，透明度几乎消失。高抗冲聚苯乙烯的突出性能是卓越的冲击韧性，冲击强度比通用聚苯乙烯的高 7 倍以上。高抗冲聚苯乙烯主要用于生产电视机、录音机、电话机、吸尘器及各种仪表的机壳和部件，也可用于生产板材、冰箱内衬、电器零件、设备罩壳、容器、家具、玩具及其他对韧性有要求的文教用品和生活用品。

【聚苯乙烯
泡沫板】

3. 可发性聚苯乙烯

可发性聚苯乙烯是在一定条件下使苯乙烯单体进行悬浮聚合而制得的珠状产品，可发性聚苯乙烯泡沫塑料质量轻、热导率低、不易吸水、电性能好，具有绝热、减振、隔声的优点，广泛用于建筑、冷藏、冷冻和化工的保温、隔热材料，以及运输、家电、仪器仪表的缓冲包装材料。

4. 其他苯乙烯类共聚物及弹性体

丙烯腈-苯乙烯-丙烯酸酯共聚物：先合成聚丙烯酸酯并作为主链，然后与丙烯腈、苯乙烯进行接枝共聚而制得。丙烯腈-苯乙烯-丙烯酸酯共聚物的热稳定性好，是优良的工程塑料，制品光泽度高，具有优异的耐候性、良好的化学稳定性及高的低温冲击强度。因而丙烯腈-苯乙烯-丙烯酸酯共聚物不仅适合用作室外使用的材料，还适合用作室内有强光的汞灯及萤火灯照射下的器械和部件，如汽车车体、农机部件、灯罩、计算机壳、表壳、安全头盔、家具等。

甲基丙烯酸甲酯-丁二烯-苯乙烯共聚物：由甲基丙烯酸甲酯、丁二烯和苯乙烯通过乳液接枝制得。甲基丙烯酸甲酯-丁二烯-苯乙烯共聚物制品具有一定的韧性、较好的表面光泽和良好的透明性，主要用于制造透明、耐光和装饰性产品，如电视机前屏、外壳、仪表罩、包装材料、汽车零件、家具、文具、装饰品等。此外，甲基丙烯酸甲酯-丁二烯-苯乙烯共聚物作为硬质聚氯乙烯的冲击改性剂，可制作透明片材、管材及注塑制品。

丙烯腈-氯化聚乙烯-苯乙烯共聚物：由丙烯腈和苯乙烯接枝到氯化聚乙烯主链上形成的接枝共聚物，组成为丙烯腈 20%、氯化聚乙烯 30%、苯乙烯 50%。其突出的性能特征是具有优异的难燃性和耐候性。难燃性来源于氯化聚乙烯组分中的氯原子，丙烯腈-氯化聚乙烯-苯乙烯共聚物可以作为难燃级丙烯腈-丁二烯-苯乙烯共聚物使用，表面易于印刷、上漆等，特别适合制作箱体和壳体（如办公设备、台式计算机及复印机的箱体和零件），以及家用电器（如电视机、录像机等）的外壳及零件。

苯乙烯类热塑性弹性体（styrene thermoplastic elastomers）：通常为嵌段共聚物，由聚苯乙烯或聚苯乙烯衍生物构成硬段，聚二烯烃或氢化聚二烯烃构成软段，常见的有苯乙烯类热塑性弹性体、苯乙烯-异戊二烯-苯乙烯热塑性弹性体和氢化苯乙烯类热塑性弹性体。苯乙烯类热塑性弹性体适合制造兼有弹性、硬度及耐磨性好的制品，如管材、鞋底、运动器材、医疗器具、汽车零件、电线包覆层等。

阅读材料4-1

光学透明塑料

光学透明高分子材料的发展历史较短，第二次世界大战期间的美国由于能克服光学玻璃和光学晶体（即无机光学材料）的固有缺陷，因此易加工成双面非球面透镜等复杂光学元件，具有质量轻、成本低、抗冲击等优点而得到迅猛的发展，在许多应用领域基本上替代了无机光学材料。光学透明材料可分为光学玻璃、光学晶体和光学透明高分子材料（或光学塑料）三大类。由于光学透明材料与光电子技术的发展密切相关，因此光学透明塑料在光学透镜、信息光盘、（红外）光纤、非线性光学元件、液晶显示、发光二极管、复制衍射光栅等光电子领域有广泛的应用，还作为建材、飞机等的风挡、眼镜片。聚甲基丙烯酸甲酯（俗称有机玻璃，图4.8）具有与玻璃相同的光学特性，是光学塑料中应用最广的品种。但其耐热性差，玻璃化转变温度只有93℃，易吸湿变形。聚苯乙烯价格低、加工容易，且透明性和力学强度较好，折射率相当于火石玻璃，但其双折射率大。聚碳酸酯是通用光学塑料中强度极好的品种，可耐热140℃，但双折射率较大，抗应力和耐溶剂开裂能力差。

对于飞行马赫数大于2.3的飞机，风挡和座舱罩要承受很大的气动加热，需要采用热变形温度更高、韧性更好、抗冲击能力更强的聚碳酸酯透明材料，如图4.9所示。因为普通的硅酸盐玻璃耐热、耐磨，但性脆、易碎裂，所以飞机上大多采用经过物理方法或化学方法处理的钢化玻璃。可把钢化玻璃、定向有机玻璃或聚碳酸酯塑料用柔软而具有黏性的胶片夹在中间，制成多层复合透明玻璃材料，用作飞机的防鸟撞风挡。载人飞船、航天飞机和人造卫星的风挡和观察窗采用双层复合结构，热屏障层采用耐热性很高的高硅氧玻璃或石英玻璃，承力层采用热稳定性好、强度高的化学强化铝硅酸盐玻璃。

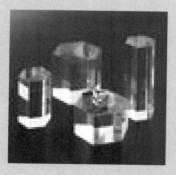

图4.8 聚甲基丙烯酸甲酯

图4.9 聚碳酸酯透明材料

习　题

1. 本体聚合中自动加速效应是如何产生的？对聚合反应有哪些影响？
2. 制备有机玻璃时，为什么需要首先制成具有一定黏度的预聚物？
3. 在本体聚合反应过程中，为什么必须严格控制不同阶段的反应温度？
4. 简述本体聚合的定义、分类及特点。
5. 简述低密度聚乙烯的生产工艺。
6. 简述本体法生产聚氯乙烯的生产工艺及影响因素。
7. 简述甲基丙烯酸甲酯本体聚合的特点及合成的主要影响因素。
8. 何谓本体聚合？它有什么特点？
9. 低密度聚乙烯生产有哪些特点？

第5章
自由基悬浮聚合原理及生产工艺

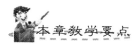
本章教学要点

知 识 要 点	掌 握 程 度	相 关 知 识
自由基悬浮聚合机理	了解悬浮聚合的成粒机理；掌握分散剂的作用原理及悬浮聚合工艺	分散剂的作用原理，悬浮聚合的成粒机理、工艺控制
氯乙烯悬浮聚合生产工艺	掌握氯乙烯悬浮聚合配方工艺条件；掌握氯乙烯悬浮聚合的特点；了解聚氯乙烯树脂的结构、性能和用途	氯乙烯悬浮聚合配方工艺条件，悬浮聚合的特点，聚氯乙烯树脂的结构、性能和用途
甲基丙烯酸甲酯的悬浮聚合	掌握甲基丙烯酸甲酯的悬浮聚合工艺；了解悬浮法聚甲基丙烯酸甲酯的性能及应用	甲基丙烯酸甲酯的悬浮聚合工艺，聚甲基丙烯酸甲酯的性能及应用
微悬浮聚合、反相微悬浮聚合	掌握微悬浮聚合、反相微悬浮聚合	微悬浮聚合，反相微悬浮聚合

导入案例

悬浮聚合概述

通过强力搅拌并在分散剂的作用下，把单体分散成无数小液滴悬浮于水中，由油溶性引发剂引发而进行的聚合反应，溶有引发剂的单体以液滴状悬浮于水中进行自由基聚合的方法称为悬浮聚合法。根据聚合物在单体中的溶解性，其有均相聚合、非均相聚合之分。

如将水溶性单体的水溶液作为分散相悬浮于油类连续相中，在引发剂的作用下进行聚合的方法，称为反相悬浮聚合法。

悬浮聚合体系一般由单体、引发剂、水、分散剂四个基体部分组成。悬浮聚合体系是热力学不稳定体系，需借助搅拌和分散剂维持稳定。在搅拌剪切作用下，溶有引发剂的单体分散成小液滴悬浮于水中，引发聚合。不溶于水的单体在强力搅拌下被粉碎分散成小液滴，随着反应的进行，分散的小液滴又凝结成块。为防止黏结，体系中必须加入分散剂。悬浮聚合产物的颗粒粒径一般为 0.05～0.2mm，其形状、尺寸随搅拌强度和分散剂的性质而定。

悬浮聚合大多为自由基聚合，在工业上应用很广。例如，大多聚氯乙烯的生产采用悬浮聚合法，聚合反应釜也渐趋大型化；聚苯乙烯及苯乙烯共聚物也主要采用悬浮聚合法生产；另外还有聚醋酸乙烯、聚丙烯酸酯类、氟树脂等。聚合在带有夹套的搪瓷釜或不锈钢釜内进行，间歇操作。大型釜除依靠夹套传热外，还配有冷凝管或（和）釜顶冷凝器，并设法提高传热系数。悬浮聚合体系黏度不高，搅拌时一般采用尺寸小、转速高的平式搅拌浆、浆式搅拌浆、三叶后掠式搅拌浆。

5.1　自由基悬浮聚合机理

悬浮聚合（suspension polymerization）是指溶有引发剂的单体，借助悬浮剂的悬浮作用和机械搅拌，使单体以小液滴的形式分散在介质水中的聚合过程。由于溶有引发剂的一个单体小液滴相当于本体聚合（bulk polymerization）的一个小单元，因此悬浮聚合也称小本体聚合。将水溶性单体的水溶液作为分散相悬浮于油类连续相中，在引发剂作用下进行聚合的方法称为反相悬浮聚合法。

由于合成橡胶的玻璃化温度低于室温，常温下有黏性，因此悬浮聚合法仅用于生产合成树脂。

典型的悬浮聚合过程是将单体、水、分散剂（必要时添加缓冲剂）、引发剂加入反应釜中加热，使之发生聚合反应，冷却后保持一定温度，反应结束后回收未反应单体，离心脱水、干燥而得产品。图 5.1 所示为悬浮聚合工艺流程。

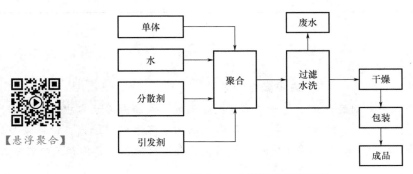

【悬浮聚合】

图 5.1　悬浮聚合工艺流程

自由基悬浮聚合机理概述

1. 单体珠滴的分散

悬浮聚合体系中，单体一般为分散相（dispersed phase），水一般为连续相（continuous phase）。在单体–水体系中，反应器中的单体受到搅拌器剪切力的作用，被打碎为带条状，再在表面张力的作用下形成球状小液滴，不溶于水的油状单体在过量水中经剧烈搅拌成油滴状分散相。单体–水体系是不稳定的动态平衡体系，油珠逐渐变黏稠，有凝结成块的倾向。单体液滴的分散过程如图 5.2 所示。为了防止黏结，水相中加有分散剂，又称悬浮剂或稳定剂。

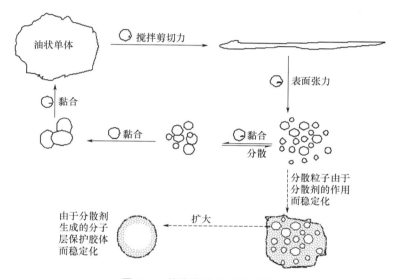

图 5.2　单体液滴的分散过程

2. 悬浮聚合的场所

聚合反应发生在各单体液滴内，一个单体小液滴类似于一个孤立的本体聚合体系。单体液滴聚合后生成透明圆滑的坚硬小圆珠或不透明的小颗粒。

当单体在小液滴内开始聚合反应后，生成的聚合物可溶解于单体时，形成黏稠流体，黏度随转化率的提高而增大，此情况为均相成粒，生成透明的圆球状颗粒。如果生成的聚合物不溶于单体，则链增长到一定长度后聚合物沉淀析出，生成初级粒子，然后聚集为次级粒子，此情况为非均相成粒，生成的颗粒不透明且不规整。此过程中同样有黏结成大块的危险。

3. 聚合危险期

悬浮聚合过程中，单体转化率在 $20\%\sim70\%$ 范围为黏稠流体状态，为结块危险阶段。仅靠搅拌不能使聚合反应度过结块危险阶段，如不能及时分散，易黏结为大块而使聚合热难以导出，以致难以控制，造成事故。必须借助分散剂防止生成的高聚物黏结成大粒子（The purpose of dispersants is to prevent the resulting polymer from binding into large particles）。

5.1.2 　分散剂作用原理

【分散剂】

分散剂起稳定和保护作用。悬浮聚合体系中除主要分散剂外，还有辅助分散剂，能适当增大水相的黏度并有一定的表面活性，可起调节表面张力的作用。

1. 分散剂的种类

常用的分散剂主要有保护胶类分散剂和无机粉状分散剂两类。保护胶类分散剂是水溶性高分子化合物，无机粉状分散剂是不溶于水的无机化合物。

$$
\text{分散剂的类型}
\begin{cases}
\text{保护胶类分散剂（0.05\%～0.2\%）}
\begin{cases}
\text{明胶} \\
\text{纤维素醚类} \\
\text{聚乙烯醇（PVA）} \\
\text{其他合成高分子分散剂}
\end{cases} \\
\text{无机粉状分散剂（0.1\%～0.5\%）}
\begin{cases}
\text{碱土金属磷酸盐等} \\
\text{碱式氢氧化镁}
\end{cases}
\end{cases}
$$

（1）保护胶类分散剂。

① 明胶（gelatin）。明胶是一种蛋白质，是由动物的皮或骨熬煮而成的动物胶，分子量为 300～200000，属两性天然高聚物。采用明胶做分散剂有以下两个优点：保护粒子，防止聚合物粒子黏结；降低水的表面张力（Gelatin as a suspension has two advantages: it can protect the particles and prevent the binding of polymer particles, and it can also reduce the surface tension of water）。其用量一般为水量的 0.1%～0.3%。采用明胶做分散剂的缺点如下：用量多容易沉积在聚合物粒子表面，形成一层难以洗去的保护膜，影响产品的色泽，使粒子表面坚硬，产品吸收增塑剂的能力变差，且影响产品的耐热性。另外，由于明胶是一种天然高聚物，杂质较多，因此在一定温度下易受细菌的作用而使聚合物分解变质。

② 纤维素醚类。可做分散剂的纤维素醚类有甲基纤维素（MC）、羟乙基纤维素（HEC）、羟丙基纤维素（HPC）、乙基羟乙基纤维素（EHEC）等。纤维素醚类做分散剂的优点是可以使聚合体系稳定，减轻黏釜程度，提高产品质量，得到的粒子小而均匀，粒子结构疏松，吸收增塑剂的能力强（The advantages of cellulose as a suspension agent is that it can make the polymerization system stable, reduce the degree of coking, improve product quality, the particles obtained are small and uniform, the particle structure is loose, the ability to absorb plasticizer is strong）。工业上应用较广的纤维素醚类分散剂是甲基纤维素，其为白色、无臭味的粉末，用量为水量的 0.004%～0.2%。

【聚乙烯醇】

③ 聚乙烯醇。聚乙烯醇是工业上应用极广泛的一种分散剂。聚乙烯醇的分散作用和保护单体液滴的作用与其醇解度和平均聚合度有关（The dispersive effect of PVA and protective monomer droplet are related to the degree of alcoholysis and average polymerization）。用作分散剂的聚乙烯醇的规格如下：聚合度为 1700～2000；醇解度为 75%～89%。聚乙烯醇在水中的溶解度与其分子量和醇解度有关。完全水解的聚乙烯醇仅溶于 90℃ 以上的热水；醇解度为 88% 的聚乙烯醇在室温下即可溶于水中；醇解度为 80% 的聚乙烯醇仅溶于 10～40℃ 的水，超过

40℃变浑（使聚乙烯醇水溶液变浑的温度界限称为浊点）；醇解度为70%的聚乙烯醇仅溶于水-乙醇溶液；醇解度小于50%的聚乙烯醇则不溶于水。

聚乙烯醇的分散能力与平均聚合度有关，平均聚合度低的聚乙烯醇，其分散能力和保护能力较弱，所得的聚合物粒子较粗大，粒度分布较宽（When the average degree of polymerization is low，PVA has weak dispersion and protection ability，and the obtained polymer particles are larger and have wider particle size distribution）。平均聚合度过高的聚乙烯醇，其溶液黏度过大，传热变得困难。当温度高于100℃时，聚乙烯醇会分解而失去分解能力。因而，聚乙烯醇不能作为高温悬浮聚合的分散剂。聚乙烯醇作为分散剂时的用量一般为水量的0.02%～1%，此时水溶液的黏度为10～14mPa·s。

④ 其他合成高分子分散剂。在合成高分子化合物中，可以作为分散剂的物质除聚乙烯醇外，还有聚丙烯酸及其钠盐等。它们的特点是分散能力和保护能力强，效率高，所得聚合物粒子粒度均匀，吸水性弱（They are characterized by strong dispersion and protection ability，high efficiency，the resulting polymer particle size uniformity，small water absorption），能减轻黏釜现象，并且在高温（如150℃）下性能稳定，不会发生分解。

（2）无机粉状分散剂（inorganic powder dispersant）。

无机粉状分散剂主要有碳酸钙、碳酸镁、硫酸钙、磷酸钙、滑石粉（$3MgO \cdot 4SiO_2 \cdot H_2O$）、高岭土、硅藻土、白垩等。它们多用于甲基丙烯酸甲酯、醋酸乙烯、苯乙烯等单体的悬浮聚合。它们的特点是分散能力和对单体的保护能力强，能得到粒度均匀、表面光滑、透明度好的聚合物粒子（Good dispersion ability and monomer protection ability，can get uniform size，smooth surface，good transparency of polymer particles）。其颗粒越细，分散能力和保护能力越强，形成的聚合物粒子尺寸越小。

2. 分散剂的作用机理

（1）保护胶类分散剂的稳定作用机理。

能够作为保护胶的水溶性高分子化合物包括天然高分子化合物和合成高分子化合物两大类，都是非离子型的表面活性极弱的物质。它们溶于水后，一部分分散于水相中，另一部分吸附于单体表面。

保护胶产生分散稳定作用的机理如下：作为保护胶的高分子化合物被液滴表面吸附而定向排列，大分子中亲油链段与单体液滴表面结合，被吸附和聚集在单体液滴表面并形成液膜保护层，而亲水链段伸展在水中，因而产生空间位阻效应。水相黏度增大后，增大了单体珠滴运动的内阻力，从而阻止了两液滴凝结。聚乙烯醇作为分散剂的作用机理如图5.3所示。

有机分散相液滴在连续相水中稳定分散，是因为加入某种物质使液滴外层形成了液滴保护层（膜）；增大了水相介质的黏度，使液滴间发生凝结时的阻力增大；加入某种物质改变单体-水相界面间的界面张力，增强单体液滴维持自身原有形状的能力；减小水和黏稠状液滴的密度差，即使液滴易于分散悬浮。

（2）无机粉状分散剂的分散稳定作用机理。

无机粉状分散剂一般为高分散性粉状物或胶体，能够被互不混溶的单体和水两种液体湿润，并且相互之间存在一定的附着力。

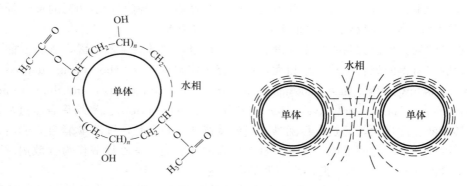

图 5.3　聚乙烯醇作为分散剂的作用机理

当这些固体粉末被分散并悬浮于水相中时，它们组成了一个间隙尺寸一定的筛网，以机械的隔离作用防止单体相互碰撞和聚集，如图 5.4 所示。

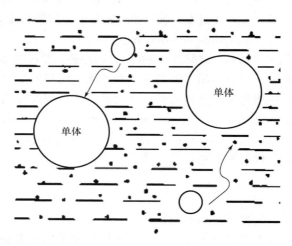

图 5.4　无机粉状分散剂的分散稳定作用机理

无机粉状分散剂粒子越细，在一定用量下，其覆盖面积越大，分散液越稳定。在工艺上可以用半沉降周期 $t_{1/2}$ 来评价分散剂的细度或分散液的稳定性。所谓半沉降周期，是指将分散液倒入 100mL 量筒内，使其体积恰好到 100mL 刻度，然后静置，观察清液-浑浊液界面下移情况，清液界面降到 50mL 刻度的时间为 $t_{1/2}$，$t_{1/2}$ 越长，表明分散液越稳定。通常无机粉状分散剂用量较大，一般为水量的 1‰～5‰。

5.2　悬浮聚合的工艺控制

悬浮聚合中的主要组分是单体、引发剂、分散剂和介质（水）。有时为了改变产品质量和工艺操作，还加入一些辅助物料，如分子量调节剂、表面活性剂、水相阻聚剂等。各组分的用量对聚合过程有很大的影响。

5.2.1　悬浮聚合的组分

1. 单体

悬浮聚合所用的单体或单体混合物应该为液体，常温下为气体的单体应液化后进行反应。通常要求单体纯度大于99.9%。由于单体纯度高，聚合速率快，产品质量好，生产控制容易，因此要求对单体进行精制。杂质会对聚合速率和产品质量产生以下影响。

（1）阻聚和缓聚作用。有些杂质是自由基聚合的阻聚剂或缓聚剂，使聚合反应产生诱导期而延长了聚合时间。如氯乙烯中乙炔含量从0.0009%增至0.13%，诱导期则从3h延长至8h，达到转化率85%的时间从11h延长至25h；聚合物的数均分子量从144000降至20000，许多无机盐及金属离子均有不同程度的阻聚作用。

（2）加速和凝胶作用。有些杂质可以加快反应速率，如苯乙烯中含对二乙烯苯可加速反应，还可使聚苯乙烯支化，甚至产生凝胶而不可用。

（3）链转移作用。有些杂质是自由基聚合的链转移剂，影响聚合物的分子量和分子量分布。如苯乙烯中的甲苯、乙苯；氯乙烯中的乙醛、氯乙烷；氯乙烯单体中的二氯乙烷的质量分数从0增至11×10^{-6}时，可使聚氯乙烯的平均聚合度从935下降至546。

因此，减小单体中杂质的含量是保证聚合反应正常进行和产品质量的关键措施。

2. 引发剂及助剂

在悬浮聚合中使用油溶性引发剂，将引发剂溶于单体中。除引发剂外，发泡剂（如丁烷和己烷）也要加入单体中，必要时还要加入润滑剂（lubricant）、防黏釜剂（anti-caulking agent）、抗鱼眼剂（anti-fish eye agent）等辅助用料。染料通常加入部分聚合的浆料中，润滑剂一般在挤出加工时加入。

在工业生产中常采用复合引发剂，一种引发剂聚合前期分解速度快，引发效率高，而另一种引发剂在聚合后期引发效率高，从而使聚合反应速率保持稳定，以缩短聚合时间，得到较高的单体转化率。引发剂用量通常为单体的0.1%～1%。

3. 分散剂

分散剂能减小水的表面张力，对单体液滴起保护作用，防止单体液滴黏结，使单体与水这一不稳定的分散体系变为较稳定的分散体系，这种作用称为分散作用或悬浮作用。

4. 介质（水）

在悬浮聚合中使用大量的水做介质。水可以作为单体的分散介质、悬浮介质，维持单体和聚合物粒子稳定悬浮；水作为传热介质，能够及时将聚合热排出体系。水与单体在反应中相互接触，水的质量会对聚合反应产生相应影响。水中的杂质主要有铁离子、镁离子、钙离子、氯离子、溶解氧及一些可见杂质等。水中的铁、镁、钙等金属离子会使聚合物产品着色，并使热、电等性能下降，导致产品质量下降；氯离子能破坏悬浮体系的稳定性，使聚合物粒子增大；溶解氧会阻碍聚合，延长诱导期，降低聚合速率。

5.2.2 悬浮聚合的分类

悬浮聚合可根据单体是否可溶解聚合物，分为均相悬浮聚合和非均相悬浮聚合。

1. 均相悬浮聚合

如果聚合物溶于其单体，则聚合物是透明的小珠，该种悬浮聚合称为均相悬浮聚合（homogeneous suspension polymerization）或称珠状聚合，如苯乙烯的悬浮聚合和甲基丙烯酸的悬浮聚合等。

2. 非均相悬浮聚合

如果聚合物不溶于其单体，聚合物将以不透明的小颗粒沉淀下来，该种悬浮聚合称为非均相悬浮聚合（heterogeneous suspension polymerization）或称沉淀聚合，如氯乙烯、偏二氯乙烯、三氟氯乙烯和四氟乙烯的悬浮聚合等。

悬浮聚合法主要用来生产聚氯乙烯树脂、聚苯乙烯树脂、可发性聚苯乙烯珠体、生产离子交换树脂用交联聚苯乙烯白球、甲基丙烯酸甲酯均聚物及共聚物、聚四氟乙烯、聚三氟氯乙烯等。

5.2.3 悬浮聚合的影响因素

悬浮聚合反应中，单体纯度、水油比、聚合温度、聚合时间、聚合装置等对聚合过程及产品质量都有影响。了解这些因素的变化规律可为平稳控制悬浮聚合反应和提高产品质量奠定基础。

1. 单体纯度

单体的杂质主要是在合成、提纯、贮存、运输等过程中产生的，随单体配型和合成方法的不同而不同。杂质能影响聚合反应速率和产品质量，根据其性质可分为机械杂质、低沸物（沸点低于单体沸点）、高沸物（沸点高于单体沸点）、还原性杂质、氧和过氧化物等。

机械杂质主要是与金属设备接触引入的，如铁及其化合物。它们能降低聚合反应速率，使聚合物的电性能和光学性能下降；促进聚氯乙烯的分解，降低其热稳定性。

低沸物和高沸物是单体在精馏过程中去除不尽的有机杂质，常见的有低级醇类、低级醚类、甲醛、乙醛、乙烯基乙炔、乙苯等，当含量大于 0.01% 时就有明显的影响。例如，醛类能降低聚合反应速率，并通过链转移作用降低聚合物的分子量；炔类能使单体产生链转移作用，生成低聚物及低活性的自由基而延长反应周期。低沸点的醇、醚、酮类和一些低级酯类物质能使悬浮聚合体内出现乳胶液，增大黏结倾向，并使聚合物粒子内部产生气泡。

还原性杂质主要是反应设备中被带入的铜及其化合物，更主要的是防止单体聚合加入的阻聚剂，如对苯二酚、苯胺、松香酸铜等铜的化合物。单体中这些杂质的含量大于百分之几就能使聚合诱导期延长，聚合分子量下降，并影响产品着色和光稳定性。

在单体聚合反应中，氧在较低温度下能与引发剂或初始聚合物活性链作用生成过氧化物，从而延长诱导期，降低聚合反应速率和聚合物分子量。

因此，保证单体和其他原料的纯度是顺利进行悬浮聚合反应、提高产品质量的重要因素之一。

2. 水油比

水的用量与单体用量之比称为水油比（water oil ratio）。水油比对聚合过程和聚合物粒子尺寸有影响。当水油比大时，传热效果好，聚合粒子的粒度较均匀，聚合物的分子量分布较窄，生产控制较容易，但是降低了设备利用率；当水油比小时，聚合物的产率高，但不利于传热，容易造成液滴的凝结，生产控制较困难。

3. 聚合温度

确定聚合配方后，聚合温度是反应过程中最主要的参量。聚合温度不仅是影响聚合速率的主要因素，也是影响聚合物分子量和聚合物微观结构的主要因素。

引发剂分解速率与温度有密切关系，随着温度的升高，分解速率常数增大，链引发速率、链增长速率提高，聚合速率提高，聚合时间缩短。相同时间内，较高的聚合温度能获得较高的转化率。

聚合反应中的温度根据单体引发剂的性质和产品性能来确定。如果在接近单体或水的沸点条件下聚合，虽然反应速率快，但易得到形状不规则、粒子内部有气泡的聚合物；如果同时提高压力，能获得质量较好的产品，但加压聚合给设备制造带来一定的困难，所以工业生产中悬浮聚合大多在单体和水的沸点以下进行常压反应（Industrial suspension polymerization is mostly atmospheric pressure reaction in monomer and under water boiling point），同时根据选择的引发剂确定合适的聚合温度。

4. 聚合时间

连锁聚合的特点之一是生成一个聚合物大分子的时间很短，只需要 0.01s 至几秒的时间，也就是瞬间完成。但是要把所有的单体都转变为大分子需要几个小时，甚至长达十几个小时。这是因为温度、压力、引发剂的用量和性质、单体的纯度都对聚合时间有影响，所以聚合时间不是一个孤立的因素。

在高分子合成工业生产中，常用提高聚合温度的方法使剩余单体加速聚合，以达到较高的转化率。通常，当转化率达到90%以上时立即终止反应，回收未反应的单体，此时不能靠延长聚合时间来提高转化率，否则将使设备利用率降低。

5. 聚合装置

聚合反应器是实现聚合反应的核心设备，悬浮聚合一般为间歇式生产，大多是在罐式反应釜中进行的。反应釜的容积、结构、材质和搅拌形式都会影响聚合反应过程和产品质量。

（1）聚合反应釜的传热。

悬浮聚合用聚合反应釜一般是带有夹套和搅拌器的立式聚合反应釜。夹套能帮助聚合过程中产生的大量聚合热及时、有效地传出釜外。近年来，聚合反应釜逐渐向大容积化发展，但釜的容积增大，其单位容积的传热面积减小。

（2）聚合反应釜的搅拌。

搅拌在悬浮聚合中极其重要，搅拌的目的是使单体分散均匀，并悬浮成微小的液滴。搅拌叶片的旋转对液滴产生的剪切力的大小决定了单体液滴的大小。剪切力越大，所形成的液滴越小。搅拌还可以使釜内各部分温度均匀，物料充分混合，从而保证产品的质量。可见搅拌能影响聚合物粒子形态、尺寸及粒度分布，同时影响物料的循环作用和散热效果。

搅拌效果与聚合反应釜的形状、叶片的形状和搅拌速度有关。通常细长釜不易保证轴向混合，短粗釜不易保证径向混合（一般聚合反应釜 $H=1.25D$）。搅拌速度太快，剪切力增大，影响聚合物粒子的规整性。采用三叶后掠式搅拌器搅拌时不会产生不必要的涡流，可以节省能量，降低聚合物的黏釜率，容易清洗聚合反应釜。

悬浮聚合时，搅拌器的转速与生产品种及操作条件有关。当搅拌速度提高到某个数值时，物料会产生强烈的涡流现象，物料粒子黏结严重，此时的速度称为临界速度或危险速度。聚合反应釜的最高搅拌速度应比临界速度低。当选用的分散剂有较好的分散效果和保护作用时，只要能保证单体在釜内分散和翻动，就应采用较小的转数，不仅可减少能耗，而且可减少结垢并使聚合颗粒形态均匀。

（3）黏釜壁。

黏釜壁是进行悬浮聚合时，被分散的液滴逐渐变成黏性物质，搅拌时被桨叶甩到釜壁上结垢而形成的。结垢后，聚合反应釜传热效果变差。而且，当树脂中混有这种黏釜物后，加工时不易塑化，在制品中呈现出透明的细小粒子，生产中常把这种粒子称为鱼眼。由于鱼眼会影响产品质量，因此必须采取一系列措施防止结垢及清除黏釜壁。

黏釜壁的产生主要有以下两方面因素。

① 物理因素。

吸附作用（adsorption）：不锈钢釜由于腐蚀和机械损伤形成凹凸不平的缺陷，聚合物尤其是少量单体形成黏性颗粒在此沉积，与釜壁金属产生分子间力，形成物理吸附而黏在釜壁上。

黏附作用（adhesion）：当单体转化率为 $10\% \sim 60\%$ 时，树脂颗粒呈黏稠状态，易黏在釜壁上。搅拌中飞溅碰撞釜壁的聚合物颗粒也易黏在釜壁上而形成黏釜壁。

② 化学因素。

釜壁金属表面始终存在自由电子和空穴，单体和釜壁金属表面因电子得失而形成自由基，从而引起单体与釜壁金属表面形成接枝聚合物黏壁。

物理因素和化学因素不是孤立的，而是相互联系、相互促进的。一旦物理因素造成黏釜，就会促进化学因素的黏釜。由于釜壁粗糙，又会促进物理黏釜，因此要想减少黏釜，就要尽可能减少釜内壁与活性聚合物的接触。

（4）清釜壁。

悬浮聚合反应釜经生产一段时间需要进行清釜，以去除黏釜壁。否则会降低传热，影响产品质量。大多采用高压水冲刷釜壁除去黏釜物。高压水的压力在 $15 \sim 39\text{MPa}$，此法不损伤釜壁，劳动强度小，效率高，减少了单体对空气的污染，维护了工人的健康。另外，还可以用涂布法减轻黏釜，即在釜壁涂上某些涂层。

5.3 氯乙烯悬浮聚合生产工艺

聚氯乙烯（PVC）是乙烯基聚合物中的主要品种，聚氯乙烯树脂增塑剂和必要的助剂可以加工为软质聚氯乙烯塑料制品和硬质聚氯乙烯塑料制品。前者可作为电缆的绝缘层、薄膜、人造革；后者可作为管道、塑料门窗、板材等。聚氯乙烯综合性能好、应用广泛，其产量仅次于聚乙烯，居热塑性塑料品种的第二位。

生产聚氯乙烯的聚合工艺主要有五种，即本体聚合、乳液聚合、微悬浮聚合、溶液聚合、悬浮聚合。绝大部分均聚产品及共聚产品都采用悬浮聚合。

聚合物不溶于自身单体的典型实例是聚氯乙烯。聚氯乙烯不溶于氯乙烯或者只少量溶胀，体系中存在两相，即单体相和聚合物相。氯乙烯在体系中聚合具有沉淀聚合的特征，通常生成不透明、不规则的颗粒或粉末。

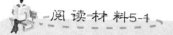

阅读材料5-1

聚氯乙烯的发展及应用

聚氯乙烯早在 1835 年就被勒尼奥发现，用日光照射氯乙烯时生成一种白色固体，即聚氯乙烯。1914 年发现用有机过氧化物可加速氯乙烯的聚合。1931 年德国法本公司采用乳液聚合法实现聚氯乙烯的工业化生产。1933 年 W.L. 西蒙提出可用高沸点溶剂和磷酸三甲酚酯与聚氯乙烯加热混合加工成软聚氯乙烯制品，这才使聚氯乙烯的实用化有了真正的突破。英国卜内门化学工业公司、美国联合碳化物公司及固特里奇化学公司几乎同时在 1936 年开发了氯乙烯的悬浮聚合及聚氯乙烯的加工应用。为了简化生产工艺，降低能耗，1956 年法国圣戈邦公司开发了本体聚合法。1983 年，聚氯乙烯世界总消费量约为 1110 万吨，总生产能力约为 1760 万吨；是仅次于聚乙烯产量的第二大塑料品种，约占塑料总产量的 15%。中国自行设计的聚氯乙烯生产装置于 1956 年在辽宁锦西化工厂进行试生产。图 5.5 所示为聚氯乙烯管材。

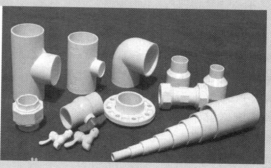

图 5.5 聚氯乙烯管材

1. 行业发展趋势

我国聚氯乙烯树脂消费主要集中在华南和华东两个地区，广东、浙江、福建、山东、江苏等省份的消费量合计约占全国总消费量的 70.0%，其中，广东和福建市场需求量最大，但产能不足，进口聚氯乙烯树脂所占比率较高；江苏、山东和浙江聚氯乙烯树脂加工工业比较发达，三省的消费量合计约占全国总消费量的 34.0%；华北地区产销基本平衡。随着中西部地区开发力度的加强及大规模基础设施的兴建，中西部聚氯乙烯树脂的消费量将逐渐增加。

2. 需求预测

聚氯乙烯树脂行业属于基础型和能源密集型产业，受需求和能源价格影响较大，同时是基础化工原料，因此与经济发展关联非常紧密。近年来，聚氯乙烯行业消费量平稳增长，在国内聚乙烯产能及进口量不出现大幅增加的条件下，表现消费量呈现的数据增长更多的是供需关系改善后的刚性需求放大带来的结果。随着结构优化和兼并重组进程的加深，国内聚乙烯生产企业数量从 2012 年的 94 家减少至 2018 年的 75 家（包含具有闲置产能的企业）。2018 年以后大宗化工品价格整体下跌明显，但聚乙烯相对而言是非常坚挺的品种，2018 年至今价格基本稳定。

3. 生产与应用

聚氯乙烯可由乙烯、氯和催化剂经取代反应制成。由于聚氯乙烯具有防火耐热作用，因此被广泛用于电线外皮、光纤外皮、鞋、手袋、饰物、招牌与广告牌、建筑装潢用品、家具、挂饰、滚轮、喉管、玩具、门帘、卷门、辅助医疗用品、手套、食物保鲜纸、时装等。

5.3.1　聚氯乙烯悬浮聚合组分

1. 单体

氯乙烯单体（VCM）是常温常压下有乙醚香味的无色气体。由于氯乙烯单体在贮存与运输过程中为压缩后液体，因此管道与容器必须耐压。稍有泄漏则汽化为氯乙烯蒸气，其蒸气与空气混合后的爆炸极限为 4%～22%。氯乙烯单体的体积浓度为 8%～12% 即表现麻醉作用，高浓度下会致人死亡。氯乙烯具有致癌作用，规定工厂可直接接触的氯乙烯浓度以 1×10^{-6} 为 8h，5×10^{-6} 为 15min，若超过此标准，工作人员需戴面罩。无空气和水分的氯乙烯非常稳定，对碳钢无腐蚀性。氧的存在可使溶液生成过氧化物；氯乙烯在过氧化物作用下发生水解生成盐酸而腐蚀设备，过氧化物还可使氯乙烯发生自聚。长距离输送氯乙烯时要加阻聚剂氢醌。氯乙烯易溶于烃、醇、醚、酯、酮、含氯溶剂及多数有机溶剂，杂质含量高，尤其丙炔会引起阻聚、缓聚，产物分子量降低，使产品性能变差，"鱼眼"增加。

2. 引发剂

由于聚氯乙烯的聚合温度一般为 50~60℃，因此应根据反应温度选择适当的引发剂。常用的引发剂有偶氮类、过氧化二酰类、过氧化二碳酸酯类等。工业生产中多采用复合引发剂，两种引发剂的配比因要求生产的树脂牌号（即平均分子量）的不同而不同。生产分子量较低的聚氯乙烯时，可使用一种引发剂。

引发剂的有效浓度对聚氯乙烯悬浮聚合速率有直接影响。

3. 分散剂

分散剂的种类和用量对聚氯乙烯的颗粒尺寸和形态至关重要。

在生产聚氯乙烯的过程中，分散剂分为两类：主分散剂和辅助分散剂。主分散剂主要是纤维素醚类分散剂和合成高分子分散剂。纤维素醚类分散剂包括甲基纤维素、羟乙基纤维素、羟丙基纤维素、羟丙基甲基纤维素（HPMC），其中最常见的是甲基纤维素。辅助分散剂主要是小分子表面活性剂和低水解度聚乙烯醇。许多表面活性剂可以用作辅助分散剂，工业上常用非离子型的脱水山梨醇月桂酸酯做辅助分散剂。

4. 去离子水

氯乙烯悬浮聚合是以水为连续相，以氯乙烯为分散相的非均相沉淀聚合。水相是影响成粒机理和树脂颗粒特性的主要因素。所用的反应介质水应为经过离子交换树脂处理后的去离子水。根据树脂成粒和反应传热要求，水量可依据能将单体分散为液滴，聚合物不结块，并符合一定的直径要求的条件来控制。一般水油比大，反应传热控温性好，但反应能力弱；水油比小，反应不易控制，对传热不利。因此水相与单体的质量比一般在 $1:1~3:1$ 之间。

5. pH 调节剂

氯乙烯悬浮聚合的 pH 控制在 7~8，即在偏碱性的条件下进行反应。为了确保引发剂的分解速率、分散剂的稳定性，防止因产物裂解时产生的氯化氢使悬浮液不稳定，进而造成黏釜、清釜、传热困难并影响产品质量，需要加入水溶性碳酸盐、磷酸盐、醋酸钠等起缓冲作用的 pH 调节剂。

6. 防黏釜剂

在氯乙烯的悬浮聚合中存在黏釜现象，常用的防止黏釜的方法有选择合适的引发剂，在水相中加入水相阻聚剂（如次甲基蓝、硫化钠等）；在釜壁、搅拌器等设备上喷涂一定量的防黏釜剂，常见的防黏釜剂有醇溶黑、亚硝基 R 盐、多元酚的缩合物等。一旦发现黏釜现象，应采用高压（14.7~39.2MPa）水冲洗清除。

7. 泡沫抑制剂（消泡剂）

泡沫抑制剂（foam inhibitor）有邻苯二甲酸二丁酯、（未）饱和的 $C_6~C_{20}$ 羧酸甘油酯等。

此外，还有热稳定剂、润滑剂等。

5.3.2 氯乙烯悬浮聚合配方及生产工艺分析

1. 氯乙烯悬浮聚合的配方

氯乙烯悬浮聚合的配方（体积百分比）见表5-1。

表5-1 氯乙烯悬浮聚合的配方（体积百分比）

氯 乙 烯	悬 浮 剂	引 发 剂	去 离 子 水
100%	0.05%～0.15%	0.03%～0.08%	90%～150%

2. 聚氯乙烯树脂的牌号及用途

聚氯乙烯树脂的牌号及用途见表5-2。

表5-2 聚氯乙烯树脂的牌号及用途

牌 号	K 值	特性黏度	平均聚合度	用 途
SG-1	75～77	144～154	1650～1800	高级绝缘材料
SG-2	73～75	136～143	1500～1650	绝缘材料、软制品
SG-3	71～73	127～135	1350～1500	绝缘材料、膜、鞋
SG-4	69～71	118～126	1200～1350	膜、软管、人造革
SG-5	66～68	107～117	1000～1150	硬管、型材
SG-6	63～65	96～106	850～950	硬管、纤维、透明片
SG-7	60～62	85～95	750～850	吹塑瓶、透明片、注塑

K 值表示聚氯乙烯树脂的平均分子量，由式（5.1）求得。

$$\log\eta_r = \frac{75K^2}{1+1.5Kc\times10^{-3}}+10^{-3}Kc \tag{5.1}$$

式中：η_r——相对黏度（以环己酮为溶剂）；

c——浓度（g/100mL）；

K——特性常数。

3. 氯乙烯悬浮聚合工艺流程

悬浮聚合的过程是先将去离子水用泵打入聚合反应釜中，启动搅拌器，依次将分散剂溶液、引发剂及其他助剂加入聚合反应釜；然后，对聚合反应釜进行试压，试压合格后用氮气置换釜内空气。单体由计量灌经过滤器加入聚合反应釜内，向聚合反应釜夹套内通入蒸汽和热水。当聚合反应釜内温度升高至聚合温度（50～58℃）后，改通冷却水，控制聚合温度不超过规定温度±0.5℃。当转化率达60%～70%时，有自加速现象发生，反应加快，放热现象激烈，应增加冷却水量。待釜内压力从 0.687～0.981MPa 降到 0.294～0.196MPa 时，可泄压出料，使聚合物膨胀。因为聚氯乙烯粒的疏松程度与泄压膨胀的压力有关，所以要根据不同要求控制泄压压力。未聚合的氯乙烯单体经泡沫捕集器排入氯乙烯气柜，循环使用。被氯乙烯气体带出的少量树脂被泡沫捕集器捕集，流至沉降池中，作为次品处理。聚合物悬浮液送到碱处理釜，用浓度为36%～42%的氢氧化钠溶液处理，加入量为分散液用量的0.05%～0.2%。用蒸汽直接加热至70～80℃，维持1.5～2.0h，然后用氮气进行吹气，降温至65℃以下时，再过滤和洗涤。

在卧式刮刀自动离心机或螺旋沉降式离心机中，先进行过滤，再用70～80℃的热水洗涤两次。经脱水后的树脂具有一定含水量，经螺旋输送器送入气流干燥器中，以140～150℃的热风为载体进行第一段干燥，出口树脂含水量小于4%；再送入以120℃的热风为载体的沸腾床干燥器中进行第二段干燥，得到含水量小于0.3%的聚氯乙烯树脂。最后经筛分、包装后入库。氯乙烯悬浮聚合工艺流程如图5.6所示。

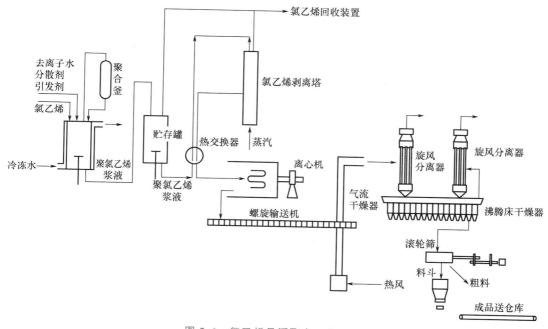

图 5.6　氯乙烯悬浮聚合工艺流程

4. 氯乙烯悬浮聚合工艺条件控制

（1）反应釜釜材和传热。

我国早期采用的反应釜容积为7～14m³，反应釜釜材主要为搪玻璃，但因玻璃的传热系数低，故仅用于小型反应釜。大型反应器采用不锈钢制作，反应釜容积为25～150m³，缺点是黏釜现象严重，随着生产配方和生产技术的进步，黏釜问题基本解决。

氯乙烯的聚合热较大（95.6kJ/mol），为了合成某个牌号的树脂，必须严格控制聚合温度。在实际生产中，一般控制在指定温度±**0.5℃**范围内，最好控制在±**0.2℃**范围内；

【氯乙烯悬浮聚合工艺流程】

73

并且要确保温度控制平稳，要有降温处理手段，防止出现异常现象。如何及时导出聚合热成为反应釜设计过程中必须考虑的重要问题。

反应的搅拌装置不仅对传热效果有重要影响，而且对聚氯乙烯的颗粒形态、颗粒大小及分布有重要影响。因此，搅拌器桨叶的形状、叶片层数、转速等的设计非常重要。

（2）意外事故处理。

氯乙烯聚合热高，如遇突然停电、搅拌器停止搅拌或冷却水产生故障都将使釜中物料温度上升，导致釜内压力升高甚至引起爆炸。为杜绝此类事故发生，可采取以下两项措施。

① 在反应釜釜盖上安装与排气管连接的爆破板，发生爆炸时爆破板首先爆破。

② 在反应釜上安装自动注射阻聚剂的装置，当温度急剧升高时，向釜内注射阻聚剂。

氯乙烯悬浮聚合过程中反应釜内壁和搅拌器表面经常沉淀聚氯乙烯树脂形成的锅垢（即黏釜物）。黏釜物将降低传热效率，增加搅拌器负荷。更重要的是，黏釜物跌落在釜内会形成鱼眼，影响产品质量，所以必须清釜。

5. 氯乙烯悬浮聚合的特点

（1）聚合温度和链转移反应。

聚合温度对聚合物分子量有一定影响，聚合温度提高时，如链引发速率大于增长速率或因链增长活性增加导致链转移频繁，则聚合物分子量下降。多数情况下，聚合温度对分子量的影响远不及引发剂的影响明显，但氯乙烯例外（In most cases, except polyving chloride, the influence of intiator on molecular weight is much greater than that of temperature）。

聚合温度对聚氯乙烯的分子量有重要影响，主要是通过链转移反应起的作用。氯乙烯是很活泼的单体，其自由基因产生共轭效应也很活泼，聚氯乙烯链自由基向单体氯乙烯的转移速率大，甚至超过正常的终止速率。

氯乙烯聚合时，聚合物的平均聚合度可表示为

$$\overline{X}_n = \frac{R_P}{R_t + \sum R_{tr}} = \frac{R_P}{R_{tr,M}} = \frac{K_{PC}(M^\cdot)c(M)}{K_{tr,MC}(M^\cdot)c(M)} = \frac{K_P}{K_{tr,M}} = \frac{1}{C_M}$$

式中：K_P，$K_{tr,M}$——增长反应速率常数和向单体转移速率常数 [L/(mol·s)]；

C_M——向单体转移常数。

可见，聚氯乙烯的平均聚合度只与聚合温度有关。在常用的聚合温度（40～70℃）下，聚氯乙烯的平均聚合度由聚合温度来控制。应当根据生产的树脂牌号设定聚合温度，严格控制聚合温度波动不超过±0.2℃（Strictly control the reaction temperature fluctuation is not more than plus or minus 0.2℃）。

控制聚合温度的方法如下：加料后，夹套内通入水蒸气或热水，将物料加热到聚合温度后，改通冷却水（9～12℃或更低），当转化率达60%～70%时会发生自动加速现象，反应速度加快，放热现象激烈，此时通入大量5℃以下的低温水。

聚合温度对聚氯乙烯树脂性能的影响见表5-3。

表 5-3 聚合温度对聚氯乙烯树脂性能的影响

聚合温度/℃	K 值	Mn	颗粒孔隙率/（100%）
50	73	67000	29
57	67	54000	24
64	61	44000	12
71	57	33000	7

（2）氧。

在单体聚合反应过程中，氧在较低温度下能与引发剂或初始形成的聚合物活性链作用生成过氧化物，从而延长诱导期，降低聚合反应速率和聚合物分子量。氯乙烯聚合过程中，过氧化物水解后能形成甲酸和氯化氢。

$$\sim CH_2—CHCl—O—O\sim_n + nH_2O \longrightarrow nHCl + nHCHO + nHCOOH$$

生成的酸性物质使反应体系 pH 降低，破坏分散剂的稳定作用，影响引发剂的分解速率，加速反应设备的腐蚀。氧和过氧化物进入大分子链或形成低聚物后，能降低聚合物的热稳定性和引起产品变黄。

（3）自动加速现象。

氯乙烯的悬浮聚合属于沉淀聚合。聚合开始不久就会出现自动加速现象，但不明显。如选用低活性引发剂，直至转化率达 60%～70% 自动加速现象才比较明显。这是由于聚氯乙烯虽不能溶于氯乙烯中，但能被单体溶胀，单体在其中运动扩散并无困难，因此链自由基与单体的链增长反应仍能进行。氯乙烯的聚合体系既不同于均相悬浮聚合，又不同于典型的非均相悬浮聚合。当转化率达 60%～70% 时，发生自动加速现象，反应加快，放热现象激烈，应增大冷却水量。氯乙烯的悬浮聚合体系中，聚合物的分子量用聚合温度来控制，聚合反应的速率用引发剂的种类和用量来调节。

（4）安全问题。

氯乙烯是一种致癌物质，长期接触氯乙烯单体可能患肝癌。因此，降低空气中氯乙烯的浓度是很重要的。降低氯乙烯在空气中的浓度的关键是防止生产过程中发生泄漏，泄漏较多的是聚合部分；另外，在清釜时应打开釜盖。

6. 聚氯乙烯树脂的颗粒形态和粒度分布

聚氯乙烯树脂的颗粒形态和粒度分布是影响树脂性能的重要因素。聚氯乙烯树脂有紧密型和疏松型两种。前者加工性能较差，后者加工性能好。粒度分布通常用通过 200 目筛孔的百分数来表示。聚氯乙烯树脂的粒度分布为 30%～43.5%（50～150μm）较适宜。树脂粒度较大，其软化温度和冲击强度较高，但成型加工困难；而树脂粒度太小，加工时容易飞扬，污染环境。

影响聚氯乙烯树脂的颗粒形态和粒度分布的主要因素是分散剂的种类和机械搅拌；其次是单体的纯度、聚合用水及聚合物后处理（The main factors influencing the particle size distribution and morphology of PVC resin were the type of suspension agent and mechani-

cal stirring. Secondly，the purity of monomer，water for polymerization and the post-treatment of polymer were studied）。

（1）分散剂的种类。

在聚氯乙烯生产中，分散剂分为两类：主分散剂和辅助分散剂。主分散剂的作用是控制所得颗粒尺寸，但会影响聚氯乙烯原粒的孔隙率和形态；辅助分散剂的作用是提高颗粒中的孔隙率（The effect of main dispersant is to control the particle size，but it will affect the porosity and morphology of PVC particles. The role of the auxiliary dispersant is to improve the porosity of the particles），并使之均匀以改进聚氯乙烯树脂吸收增塑剂的性能。两者协同作用，使聚合物粒度较均匀，表面疏松，吸收增塑剂的能力强。

分散剂的种类和用量对聚氯乙烯的颗粒尺寸和形态至关重要。用明胶做分散剂时，其对单体的保护作用太强，对树脂的压迫力太大，容易形成紧密型树脂（又称乒乓球树脂），表面有很多"鱼眼"，不疏松，密度大，热性能差，加工塑化性能好。聚乙烯醇做分散剂时，其对单体的保护作用适中，形成疏松型树脂（又称棉花球状树脂），疏松性好，热稳定性好，易塑化加工。

聚乙烯醇是一种合成高分子化合物，其分子量和分子量分布对聚氯乙烯树脂的粒度分布有影响：分子量越大，对聚氯乙烯树脂的保护作用越强，聚氯乙烯树脂粒度越小；聚乙烯醇的分子量分布越宽，聚氯乙烯树脂粒度分布也越宽。

（2）机械搅拌。

当分散剂的种类和用量一定时，机械搅拌就成为影响聚氯乙烯树脂颗粒形态和粒度分布的重要因素。搅拌速度越快，树脂粒度越小；搅拌速度均匀，树脂粒度分布较窄。

（3）其他因素。

单体的纯度、聚合用水及聚合物后处理对聚氯乙烯树脂颗粒形态和粒度分布也有一定的影响。氯离子浓度过高，特别是对于聚氯乙烯醇分散体系，易使树脂颗粒变粗，影响产品的颗粒形态；水质还会影响黏釜及"鱼眼"的产生；水的硬度过高，会影响产品的电绝缘性和热稳定性。因此一般聚合用水硬度小于5，氯离子小于或等于$10×10^{-6}$，pH为6～8。

7. 聚氯乙烯树脂的结构、性能和用途

（1）聚氯乙烯的结构。

聚氯乙烯分子链中含有强极性的氯原子，分子间力大，使聚氯乙烯制品的刚性、硬度、力学性能提高，并赋予其优异的难燃性能，但其介电常数和介电损耗角正切值比聚乙烯的大。聚氯乙烯树脂含有聚合反应中残留的少量双键、支链及引发剂残基，加上两相邻碳原子之间含有氯原子和氢原子，容易脱氯化氢，使聚氯乙烯在光、热作用下发生降解反应。

因为聚氯乙烯分子链上的氯原子、氢原子空间排列基本无序，所以制品的结晶度低，一般只有 5%～15%。聚氯乙烯树脂为白色或淡黄色粉末，相对密度为 1.35～1.45；其制品的软硬程度可以通过加入增塑剂的量进行调整，以制成软硬相差悬殊的制品。纯聚氯乙烯的吸水率很低，透气性很差。

（2）聚氯乙烯的性能。

① 力学性能。聚氯乙烯具有较高的力学性能，且随分子量的增大而提高，随温度的升高而降低。聚氯乙烯中加入的增塑剂量对力学性能影响很大，一般随增塑剂含量的增大而降低。硬质聚氯乙烯的力学性能好，其弹性模量可达 1500～3000MPa；而软质聚氯乙烯的弹性模量仅为 1.5～15MPa，但断裂伸长率高达 200%～450%。聚氯乙烯的耐磨性一般，硬质聚氯乙烯的静摩擦因数为 0.4～0.5，动摩擦因数为 0.23。

② 热学性能。聚氯乙烯的热稳定性很差，纯聚氯乙烯树脂在 140℃ 即开始分解，到 180℃ 迅速分解，而黏流温度为 160℃，因此纯聚氯乙烯树脂难以用热塑性方法加工。聚氯乙烯的线膨胀系数较小，聚氯乙烯具有难燃性，极限氧指数高达 45 以上。

③ 电性能。聚氯乙烯的电性能较好，但由于本身极性较大，其电绝缘性不如聚乙烯和聚丙烯，介电常数、介电损耗角正切值和体积电阻率较大。聚氯乙烯的电性能受温度和频率的影响较大，同时耐电晕性不好，一般只能用于中低压和低频绝缘材料。聚氯乙烯的电性能与聚合方法有关（悬浮聚合好于乳液聚合），并且受添加剂种类影响较大。

④ 环境性能。聚氯乙烯可耐除发烟硫酸和浓硝酸以外的大多数无机酸、碱、多数有机溶剂（如乙醇、汽油和矿物油）和无机盐，适合作为化工防腐材料。聚氯乙烯在酯、酮、芳烃及卤代烃中会溶胀或溶解，其中最好的溶剂是四氢呋喃和环己酮。聚氯乙烯在光、氧、热的长期作用下容易发生降解，引起聚氯乙烯制品颜色的变化，变化的顺序为"白色→粉红色→淡黄色→褐色→红棕色→约黑色→黑色"。

（3）聚氯乙烯的用途。

由于合成聚氯乙烯树脂的方法多，因此种类也多。加工助剂的种类和用量不同，可以形成不同的塑料，其用途也不同。

① 硬质聚氯乙烯塑料。其耐化学腐蚀、有自熄性、强度较高、电绝缘性能好，可做耐酸管道、化工设备、楼梯扶手、塑料门窗等。

② 软聚氯乙烯塑料。其耐水、柔软、有良好的电绝缘性能，可做水管、水桶、电线电缆包皮、防雨材料等。

③ 聚氯乙烯糊用塑料。其耐水、耐磨，可做人造革、金属和纸张涂层、空心软制品等。

④ 聚氯乙烯泡沫塑料。其耐磨、隔音、隔热，可做建筑材料、防火壁和日常生活用品（如塑料拖鞋）等。

⑤ 聚氯乙烯纤维。其耐磨、耐酸碱，可做工业滤布、耐酸工作服等。

5.4 甲基丙烯酸甲酯的悬浮聚合

甲基丙烯酸甲酯（methyl methacrylate，MMA）是一种有机化合物，也是一种重要的化工原料，是生产透明塑料聚甲基丙烯酸甲酯（有机玻璃）的单体。甲基丙烯酸甲酯易燃、易挥发、易聚合，为挥发性很强的无色透明液体，有特殊酯类气味，微溶于水，稍溶于乙醇和乙醚，有中等毒性，应避免长期接触，其结构式如下。

$$H_2C = C - C - O - CH_3$$
$$\overset{\displaystyle |}{CH_3}$$

5.4.1 甲基丙烯酸甲酯悬浮聚合

1. 主要原材料

（1）单体甲基丙烯酸甲酯。聚合级甲基丙烯酸甲酯含量＞98.5％，酸度≤0.08％，α-羟基异丁酸甲酯≤2％。聚合前需用洗涤法、蒸馏法或离子交换法去净阻聚剂。

（2）分散剂。甲基丙烯酸甲酯的聚合过程与苯乙烯悬浮聚合类似，所使用的分散剂除了常用的聚乙烯醇、碳酸镁外，还可以用聚甲基丙烯酸钠（Na-PMMA）。聚甲基丙烯酸钠是一种用甲基丙烯酸甲酯皂化后的聚合物，属于合成高分子分散剂。由于其结构与甲基丙烯酸甲酯相似，又具有钠亲水基团，因此能很好地聚集在单体液滴表面形成保护膜，并因能降低甲基丙烯酸甲酯-水间界面张力而对甲基丙烯酸甲酯有很强的分散能力，形成较细和均匀的粒子。

（3）其他组分。甲基丙烯酸甲酯悬浮聚合组分还有引发剂、辅助单体以及溶剂水等。

2. 聚合配方及工艺条件

甲基丙烯酸甲酯悬浮聚合的配方及工艺条件见表5-4。

表5-4 甲基丙烯酸甲酯悬浮聚合的配方及工艺条件

原 料	成分/（％）	用量/kg	工艺条件	
			时间/min	温度/℃
甲基丙烯酸甲酯	＞98.5％	70	40～45	常温至62
软水		420	60	62～80
聚乙烯醇	14	0.025	15	升到89
聚甲基丙烯酸钠	10	18	30	89～99
过氧化苯甲酰	77	0.54	30	保温90

3. 甲基丙烯酸甲酯悬浮聚合工艺

甲基丙烯酸甲酯悬浮聚合时在反应釜中加入水，搅拌后依次加入聚乙烯醇、聚甲基丙烯酸钠，搅拌均匀。之后加入溶有过氧化苯甲酰的甲基丙烯酸甲酯单体溶液，开始升温。按表 5-4 所列悬浮聚合工艺条件控制升温速度和温度，完成聚合。

5.4.2 悬浮法聚甲基丙烯酸甲酯性能及应用

悬浮法制备的聚甲基丙烯酸甲酯成为聚甲基丙烯酸甲酯模塑粉，模塑粉比浇铸型的甲基丙烯酸甲酯分子量低，相对密度为 1.19，透光性好，透光率为 $90\% \sim 92\%$。聚甲基丙烯酸甲酯模塑粉可注射、模压和挤出成型，主要用于制备交通信号灯、汽车尾灯、工业透镜、控制面板、自凝牙托粉以及假牙等。

5.5　微悬浮聚合、反相微悬浮聚合

5.5.1 微悬浮聚合

微悬浮（micro-suspension）聚合采用油溶性催化剂及均化技术，使单体、乳化剂、催化剂、助剂等的预混液被均化为粒径小于 $0.1\mu m$ 的微悬浮液，在聚合反应釜中进行的聚合反应。所谓均化是用转速大于 $1000r/min$ 的均化器将预混液在高压下从细小的缝隙中挤出，使其被均化为粒径小于 $0.1\mu m$ 的微悬浮液的过程。传统的悬浮聚合单体液滴一般为 $50 \sim 2000\mu m$，产物粒径与液滴粒径大致相同，而微悬浮聚合中单体液滴一般为 $0.2 \sim 2\mu m$，更接近乳液聚合产物，但聚合机理与悬浮聚合相近，因此又称细乳液聚合。

微悬浮聚合的优点如下：聚合热易扩散，聚合温度易控制，聚合产物分子量分布窄；聚合产物为固体珠状颗粒，易分离、干燥。其缺点如下：具有自动加速作用；必须使用分散剂，且在聚合完成后，很难从聚合产物中除去，会影响聚合产物的性能（如外观、老化性能等）；聚合产物颗粒会包藏少量单体，不易彻底清除，从而影响聚合物性能。

5.5.2 反相微悬浮聚合

将水溶性的单体（如丙烯酰胺）配成水溶液，加入油溶性乳化剂并搅拌，使其在非极性有机介质中分散成微小液滴，形成油包水型乳液，与水包油型乳液相反，因此成为反相乳液（inverse emulsion）。这种聚合的液滴和最终生成的粒子一般为 $0.1 \sim 0.2\mu m$，与常规乳液聚合得到的粒子相近，在机理上更接近悬浮聚合，因此称为反相微悬浮聚合。

习　题

1. 什么是悬浮聚合？悬浮聚合的种类有哪些？与本体聚合相比，其优缺点是什么？

2. 什么是分散剂？举例说明分散剂的种类及分散机理。

3. 简述氯乙烯悬浮聚合过程中影响聚合物粒子的因素。

4. 悬浮聚合的主要组分是什么？对各组分的要求是什么？

5. 简述氯乙烯悬浮聚合的配方、工艺条件及特点。

6. 简述甲基丙烯酸甲酯悬浮聚合工艺。

第6章
自由基乳液聚合原理及生产工艺

本章教学要点

知识要点	掌握程度	相关知识
自由基乳液聚合原理	掌握自由基乳液聚合的特点及原理	水为反应介质,聚合速率大,分子量高
乳液聚合体系的组成	掌握乳液聚合体系的组成	单体、乳化剂、分子量调节剂等
乳化剂的分类及对乳液体系稳定性的影响	了解乳化剂的分类;掌握乳化剂的使用范围及对乳液体系的影响	乳化剂的亲油亲水平衡值的计算方法,乳化剂的临界胶束浓度,三相平衡点
乳液聚合影响因素,丁苯橡胶的生产工艺	掌握乳液聚合影响因素及丁苯橡胶的生产工艺;了解丁苯橡胶的结构、性能及应用	乳化剂、引发剂、聚合温度、加料方式等对丁苯橡胶聚合的影响

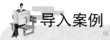导入案例

丁苯橡胶

丁苯橡胶 (polymerized styrene butadiene rubber,SBR) 又称聚苯乙烯丁二烯共聚物。其物理机械性能、加工性能及制品的使用性能接近天然橡胶,有些性能(如耐磨、耐热、耐老化及硫化速度)比天然橡胶的更好,【丁苯橡胶】可与天然橡胶及多种合成橡胶并用,广泛用于轮胎、胶带、胶管、电线电缆、医疗器具及各种橡胶制品的生产等领域,是最大的通用合成橡胶品种,也是最早实现工业化生产的橡胶品种之一。

按聚合工艺,丁苯橡胶分为乳聚丁苯橡胶和溶聚丁苯橡胶。与溶聚丁苯橡胶工艺相比,乳聚丁苯橡胶工艺在节约成本方面更占优势,全球丁苯橡胶装置中约有75%的产能

是以乳聚丁苯橡胶工艺为基础的。乳聚丁苯橡胶具有良好的综合性能，工艺成熟，应用广泛，产能、产量和消费量在丁苯橡胶中均位于首位。充油丁苯橡胶具有加工性能好、生热低、低温屈挠性好等优点，用于胎面橡胶时具有优异的牵引性能和耐磨性，充油后橡胶可塑性增强，易混炼，同时可降低成本、提高产量。

通过开发新型官能化引发剂，高效、环保的新型助剂，引入第三单体，提高苯乙烯含量等技术，乳聚丁苯橡胶在产品性能方面得以优化。通过采用环保型助剂、环保型填充油等，环保型乳聚丁苯橡胶开发也取得了显著进展。

丁苯橡胶板及丁苯橡胶轮胎分别如图 6.1 和图 6.2 所示。

图 6.1 丁苯橡胶板

图 6.2 丁苯橡胶轮胎

6.1 自由基乳液聚合原理

乳液聚合是指单体和水在乳化剂作用下，在形成的乳状液中进行的聚合反应。其主要用于生产丁苯橡胶、丁腈橡胶、糊状聚氯乙烯、聚甲基丙烯酸甲酯、聚醋酸乙烯酯（乳白胶）、聚四氟乙烯等。乳液聚合产物可以直接使用，如水乳胶、黏合剂、纸张皮革处理剂、乳胶制品等。

6.1.1 乳液聚合的特点及体系组成

乳液聚合的优点如下：以水为分散介质利于传热，水比热较高，乳液黏度低，便于管道输送；可采用连续生产工艺和间歇生产工艺。在乳液聚合体系中，由于自由基链的平均寿命比其他方法中的长，自由基有充分的时间增长到很高的分子量，因此乳液聚合可以得到较高分子量的高分子材料。另外，由于乳胶粒体积小、数量巨大，其中封闭着巨大数量的自由基，因此乳液聚合反应比其他聚合反应的反应速率高，可以在低温下生产；有的聚合产物可以直接使用，如水乳胶、黏合剂、纸张皮革处理剂、乳胶制品等。

乳液聚合的缺点是需要固体产物时，后处理（破乳、洗涤、脱水、干燥等）复杂；而且有残留乳化剂，难以完全除去，有损电性能、透明度、耐水性等。

乳液聚合体系主要由单体、引发剂、调节剂、分散介质、乳化剂、电解质、稳定剂、表面张力调节剂、缓冲剂（pH 调节剂）等组成（The emulsion polymerization system includes：monomer, initiator, modifier, dispersion medium, emulsifier, electrolyte, stabilizer and buffer agent）。

1. 单体

乳液聚合的单体分别为乙烯基单体、共轭二烯单体、丙烯酸酯类单体。

选择乙烯基单体时应注意单体可增溶溶解，但不能全部溶解于乳化剂水溶液；能在发生增溶溶解作用的温度下进行聚合；与水或乳化剂无任何活化作用，即不水解。单体的水溶性影响聚合速率，还影响乳胶粒中单体与聚合物的质量比。表 6-1 列出了具有不同水溶性的单体对乳胶粒的影响。

表 6-1　具有不同水溶性的单体对乳胶粒的影响

单　　体	温度/℃	水　溶　性		乳胶粒中单体与聚合物的质量比
		质量分数/(%)	单体浓度/(mol/L)	
二甲基苯乙烯	45	$0.6×10^{-2}$	$2.7×10^{17}$	0.9～1.7
甲基苯乙烯	45	$1.2×10^{-2}$	$6.1×10^{17}$	0.6～0.9
苯乙烯	45	$3.6×10^{-2}$	$2.1×10^{18}$	1.1～1.7
丁二烯	25	$8.2×10^{-2}$	$9.1×10^{18}$	0.8
氯丁二烯	25	$1.1×10^{-2}$	$7.5×10^{18}$	1.7
异戊二烯	—	—	—	0.85
氯乙烯	50	1.06	$1.0×10^{20}$	0.84
甲基丙烯酸甲酯	45	1.50	$9.0×10^{19}$	2.5
醋酸乙烯酯	28	2.5	$1.75×10^{20}$	6.4
丙烯酸甲酯	45	5.6	$3.9×10^{20}$	6～7.5
丙烯腈	50	8.5	$9.6×10^{20}$	—

2. 引发剂

乳液聚合使用的引发剂大多不溶于单体，而溶于连续相。

（1）乳液聚合的主要引发剂都是水溶性的，常用的是过硫酸盐（K、Na、NH$_4$），尤其是过硫酸铵。

（2）要在低温下快速反应，可采用氧化还原引发体系，如过硫酸盐-亚铁盐体系，即
$$^-O_3SOOSO_3^- + Fe^{2+} \longrightarrow SO_4^{2-} + ^-O_3SO + Fe^{3+}$$

（3）为了获得高转化率，常在后期加入亲油性引发剂。

3. 调节剂

在自由基型聚合反应中，为了控制产物分子量，常需要加入调节剂。特别对二烯烃单体参加的反应来说，加入调节剂除可降低分子量外，还可减少聚合物分子链上的 1，2 结构，从而降低该单体聚合物发生支化、交联及产生凝胶的可能性（The addition of the regulator can not only reduce the molecular weight，but also reduce the structure of 1 and 2 on the polymer molecular chain, thus reducing the possibility of branching, cross-linking and gelation of the monomer polymer)。许多含硫和含卤素的化合物都可作为调节剂，而硫醇是工业上常用的调节剂。它对聚合物分子量的调节作用是通过链转移反应来实现的。

$$\sim\!\!\sim M_n\bullet +RSH\longrightarrow \sim\!\!\sim M_nR+SH\bullet$$

由于链转移，大分子自由基被终止，调节剂分子本身又生成了新的自由基，其活性与大分子自由基的活性相同或相近，因此可继续引发聚合，使用调节剂后链反应依然继续进行，即调节剂只控制聚合物分子量而不影响聚合反应速率。

4. 分散介质

分散介质（dispersion medium）是乳液聚合物系组成中用量最大的组分，一般占 $50\%\sim70\%$。在乳液聚合过程中应用最多的分散介质是水。

聚合用水应注意以下几点。

（1）水的纯度。普通的自来水中常含有一定量的金属离子，如 Ca^{2+}、Mg^{2+}、Fe^{2+}、Fe^{3+} 等，它们或是与乳化剂进行反应生成不溶性盐，或是产生阻聚作用，严重影响了聚合反应过程及产品质量，因此一般要求乳液聚合使用电阻率大于 $60\Omega\cdot cm$ 的去离子水。

（2）低温抗冻剂。要求某些乳液聚合过程在 $0℃$ 以下进行，此时需要加入抗冻剂。常用的抗冻剂有两大类：一类是非电解质抗冻剂，如醇类和二醇类等；另一类是电解质抗冻剂，如无机盐。

（3）水油比。水的用量通常为单体用量的 $60\%\sim300\%$，用水量太大会影响设备利用率，降低生产效率。用水量太小，乳液浓度高，乳液不稳定，且体系黏度大，会影响反应系统的传热效率。由于这种影响在低温下尤其显著，因此在低温下聚合时要求用水量大一些。高温丁苯乳液聚合的水油比一般为 $1.05\sim1.8$（质量分数），低温丁苯乳液聚合的水油比则高达 $2.0\sim2.5$。

5. 乳化剂

【乳化剂】

【乳化现象】

能使油水变成相当稳定且难以分层的乳状液的物质称为乳化剂（An emulsifier is a substance that turns oil and water into a fairly stable emulsion that is difficult to stratify）。乳化剂的分子结构中含有亲水基团和亲油基团。

当一种物质加入某种液体中时，能使其表面张力减小，称此物质为表面活性物质。乳化剂就是一种表面活性物质。

乳液聚合采用的单体和水往往互不相溶，单凭机械搅拌不能形成稳定的分散体系。当存在乳化剂时，通过机械搅拌形成的单体液滴表面会吸附一层乳化剂，其亲油基团伸向单体液滴内部，亲水基团则外伸于水相。由于单体液滴表面吸附的乳化剂分子会阻碍液滴间的碰撞合并，因此会形成稳定的乳状液体系，即乳化现象（emulsifying phenomenon）。

乳化剂以相同方式稳定聚合物小颗粒的现象称为分散现象。

【表面张力】

（1）乳化剂的分类。

① 阴离子型乳化剂。阴离子型乳化剂是乳液聚合工业中应用极广泛的乳化剂，通常在 pH＞7 的条件下使用。如肥皂一般是含 $14\sim18$ 个碳的羧酸盐，这种表面活性剂一般不

适用于硬水、酸性溶液和海水。与非离子型乳化剂相比，其产品胶乳粒子粒径较小。表 6-2 列出了常见阴离子型乳化剂。

表 6-2　常见阴离子型乳化剂

类　型	名　　称		结　　构
阴离子型乳化剂	羧酸盐		$R—COO—Na^+（K^+、NH_4^+）$
	硫酸酯盐		$R—OSO_3—Na^+（K^+、NH_4^+）$
	磺酸盐	烷基苯磺酸盐	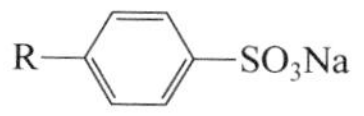
		烷基萘磺酸盐	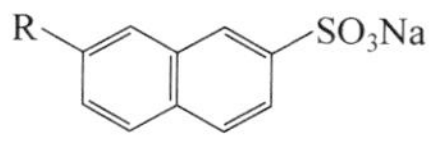
	磷酸酯盐	磷酸双酯盐	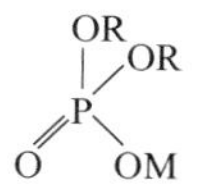
		磷酸单酯盐	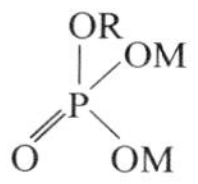

$R=C_nH_{2n+1}$，$n<9$ 时，在水中不形成胶束；$n=10$ 时，可生成胶束，乳化能力较差；$n=12\sim18$ 时，乳化效果较好；$n>22$ 时，亲油基团过大，不能分散于水中。

② 阳离子型乳化剂。阳离子型乳化剂主要是胺类化合物的盐，一般在 pH<7 的条件下使用，最好 pH<5.5。由于胺类化合物具有阻聚作用，且易被过氧化物引发剂氧化而发生副反应，因此阳离子乳液应用较少。表 6-3 列出了常见阳离子型乳化剂。

表 6-3　常见阳离子型乳化剂

类　型	名　　称		结　　构
阳离子型乳化剂	伯胺盐		$R—NH_3^+ \cdot HCl^-$
	仲胺盐		$R—\overset{+}{N}HCH_3 \cdot HCl^-$
	叔胺盐		$R—\overset{+}{N}（CH_3）_2 \cdot HCl^-$
	季胺盐	烷基三甲基氯化铵	$R—\overset{+}{N}（CH_3）_3 \cdot Cl^-$
		烷基二甲基	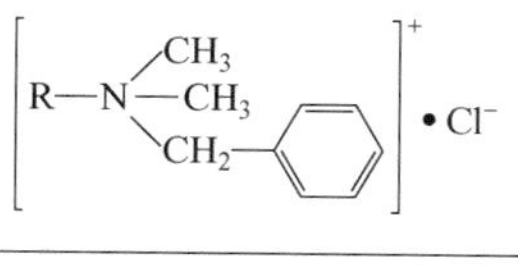
		苄基氯化铵	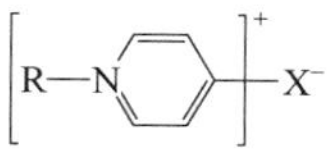

注：R 基团中的碳原子数最好为 12~18。

③ 非离子型乳化剂。非离子型乳化剂（如聚乙二醇型乳化剂）在水中不电离成离子，

使用效果与介质的 pH 无关，且不怕硬水，化学稳定性强。单纯用非离子型乳化剂进行乳液聚合反应时，反应速率低于阴离子型乳化剂参加的反应，且生成的胶乳粒子粒径较大。由于非离子型乳化剂的乳化能力不足，因此一般不单独使用。

④ 两性乳化剂。两性乳化剂分子中同时含有碱性基团和酸性基团，由于该类乳化剂具有低毒性、低生物刺激性和杀菌抑霉性，在消毒剂、化妆品、香波、洗涤剂领域应用广泛。

两性乳化剂有氨基羧酸类（如 $RNH—CH_2CH_2COOH$）和酰胺硫酸酯类（如 $RCONH—C_2H_4NHCH_2OSO_3H$）。除上述乳化剂外，还有高分子乳化剂、聚合型乳化剂等，但在乳液聚合工业上应用不多。

（2）乳化剂的作用。

溶液中加入乳化剂有以下四个作用：①降低水的表面张力。纯水的表面张力为 $73×10^{-3}N/m$，加入浓度为 0.016mol/L 的十二烷基硫酸盐后的表面张力为 $30×10^{-3}N/m$。②起乳化作用（emulsification）。乳化剂在水溶液中形成的胶束不溶于水的单体，而以乳液的形式稳定悬浮在水中，形成乳液。③起分散作用。利用吸附在聚合物粒子表面的乳化剂分子将聚合物粒子分散成细小颗粒，起到分散作用。④起增强溶解性作用。油溶性单体进入胶束，形成的含有单体的胶束称为增溶胶束。尽管油溶性单体总体不溶于水，但总有少量单体按照其在水中的溶解度以单分子状态溶于水中，形成真溶液。加入乳化剂后，由于单体可形成增溶胶束，因此其在水中的总的溶解性增强。

油溶性单体进入胶束，形成的含有单体的胶束称为增溶胶束。尽管油溶性单体不溶于水，但总有少量单体按照其在水中的溶解度以单分子状态溶于水中形成真溶液。加入乳化剂后，由于可形成增溶胶束，因此单体在水中的总的溶解性提高。

（3）临界胶束浓度（critical micelle concentration）。

乳化剂的分子结构中含有亲水基团和亲油基团。当乳化剂达到一定浓度后，50～100 个乳化剂分子形成亲油基团，彼此靠近、朝向内侧，亲水基团朝向外部伸向水中，浓度低时呈球状，直径为 4～5nm；浓度高时呈棒状或层状，长度为 100～300nm。图 6.3 所示为胶束的类型。

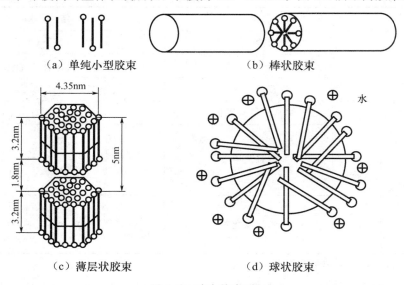

（a）单纯小型胶束　　　　（b）棒状胶束

（c）薄层状胶束　　　　（d）球状胶束

图 6.3　胶束的类型

能够形成胶束的最低乳化剂浓度称为临界胶束浓度（The minimum concentration of emulsifier that can form micelles is called the critical micelle concentration）。临界胶束浓度是乳化剂性质的一个特征参数。在乳液聚合过程中，乳化剂浓度约为临界胶束浓度的 100 倍，因此大部分乳化剂分子处于胶束状态。表 6 - 4 所示为常见乳化剂的临界胶束浓度值。

表 6 - 4　常见乳化剂的临界胶束浓度值

乳 化 剂	临界胶束浓度/(mol/L)	乳 化 剂	临界胶束浓度/(mol/L)
己酸钾	0.15	癸酸钾	0.04
月桂酸钾	0.026	十二烷基磺酸钠	0.0098
棕榈酸钾	0.003	十二烷基硫酸钠	0.0057
硬脂酸钾	0.0008	松香酸钠	<0.01
油酸钾	0.001		

在临界胶束浓度值前后，溶液的性质（如离子的活性、电导率、渗透压、蒸气压、黏度、密度、增溶性、光散射、颜色等）都有明显变化。图 6.4 所示为十二烷基硫酸钠溶液性质与临界胶束浓度的关系。

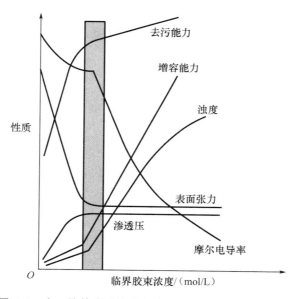

图 6.4　十二烷基硫酸钠溶液性质与临界胶束浓度的关系

（4）乳化剂的亲油亲水平衡值（hydrophile-lipophile balance，HLB）。

乳化剂的亲油亲水平衡值是表示乳化剂分子中的亲水部分和亲油部分对其性质的贡献的物理量。每种乳化剂都具有特定的亲油亲水平衡值，对于大多数乳化剂来说，其亲油亲水平衡值在 3～18。亲油亲水平衡值越低，表明其亲油性越强；亲油亲水平衡值越高，表明其亲水性越强。乳化剂的亲油亲水平衡值及应用范围见表 6 - 5。

表 6-5 乳化剂的亲油亲水平衡值及应用范围

在水中的溶解情况	亲油亲水平衡值	应用范围	
不能分散在水中	0	油包水乳化剂	
	2		
	4		
分散性较差	6		
不稳定乳状液	8	润湿剂	
稳定乳状液	10		
半透明分散液	12	洗涤剂	水包油乳化剂
	14		
透明溶液	16	增溶剂	
	18		

亲油亲水平衡值的计算方法有以下几种。

① Griffin 法。Griffin 法适用于聚氧化乙烯型乳化剂和多元醇型非离子型乳化剂。

非离子型乳化剂的亲油亲水平衡值可由式 6.1 计算。

$$HLB = \frac{亲水基质量}{亲水基质量 + 疏水基质量} \times \frac{100}{5} \tag{6.1}$$

应用时根据非离子型乳化剂的类型特点，聚乙二醇型非离子型乳化剂的亲油亲水平衡值为

$$HLB = E/5 \tag{6.2}$$

式中：E 为聚乙二醇部分的质量分数。

多元醇型非离子型乳化剂的亲油亲水平衡值为

$$HLB = 20\left(1 - \frac{S}{A}\right) \tag{6.3}$$

式中：S 为多元醇酯的皂化值；A 为原料脂肪酸的酸值。

② Davies 法。对于其他类型的乳化剂来说，可将乳化剂分子分割成基团，各基团的常数相加得到亲油亲水平衡值。

$$HLB = \sum 亲水基团常数 - \sum 亲油基团常数 + 7 \tag{6.4}$$

③ 亲油亲水平衡值的加和性。当两种乳化剂混合使用时，混合乳化剂的亲油亲水平衡值可由组成它的各乳化剂的亲油亲水平衡值按质量平均得到。

$$HLB = \frac{W_A HLB_A + W_B HLB_B}{W_A + W_B} \tag{6.5}$$

式中：W_A 为乳化剂 A 的质量分数；W_B 为乳化剂 B 的质量分数。

（5）浊点和三相点。

非离子表面活性剂被加热到一定温度，溶液由透明变为浑浊，该温度点称为浊点（cloud point）。浊点是非离子型乳化剂的一个特征参数，离子型乳化剂没有浊点。乳液聚合在浊点以下进行，如醇解度为 80% 的聚乙烯醇，加热到 40℃ 时开始变混浊。

离子型乳化剂在一定温度下会同时存在乳化剂真溶液、胶束和固体乳化剂三相态，该温度点称三相点（triple point），也称克拉夫特点。乳液聚合应在三相点以上进行。

（6）乳化剂的选择。

一般优先选用离子型乳化剂，因为乳化剂离子带电，同时会产生一定程度的水化作用，在乳胶粒间，静电斥力和水化层空间位阻的双重作用下，可使聚合物乳液更加稳定；另外，离子型乳化剂一般比非离子型乳化剂分子量小很多，加入质量相同的乳化剂时，离子型乳化剂产生的胶束数目多，成核概率大，会生成更多的乳胶粒，聚合反应速率大，且得到的聚合物相对分子量高。所选用的离子型乳化剂的三相点应低于反应温度，所选用的非离子型乳化剂的浊点应高于反应温度。应尽量选用临界胶束浓度小的乳化剂，乳化剂用量应超过临界胶束浓度值，一般为单体量的 2%～10%。增大乳化剂量，反应速度加快，但回收单体时易产生大量泡沫。

6. 电解质

乳液聚合体系中加入适量的电解质可以提高聚合反应速率、增强聚合物乳液的稳定性、改善聚合物乳液的流动性；在 0℃ 以下可作为乳液聚合体系防冻剂。

（1）电解质对聚合反应速率的影响。

在聚合反应初期，适量的电解质降低了临界胶束浓度，可增大聚合反应速率；在聚合反应后期，由于电解质使乳胶粒周围的水化层减薄，降低了 ζ 电位，乳胶粒因凝聚而减少，反应速率降低。其中电解质起到阻聚作用。

（2）电解质对乳液稳定性的影响。

每个乳液聚合体系都存在最小电解质浓度，低于这个浓度体系不稳定。适量的电解质可以减少絮凝，但电解质进入量大时会使乳液凝聚破乳。

（3）电解质对乳液流动性的影响。

为保证聚合物乳液的流动性，常需要加入一些电解质，使不可逆凝胶变成自由流动的乳液，称为胶溶现象（peptizing phenomenon）。

7. 稳定剂

稳定剂为明胶、酪素等，用量为单体量的 2%～5% 时，可有效防止乳液的析出和沉淀。

8. 表面张力调节剂

表面张力调节剂一般为含 5～10 个碳原子的脂肪族醇类，如戊醇、己醇、辛醇等。其主要作用是控制液滴粒度和保持乳液的稳定性。其用量一般为单体质量的 0.1%～0.5%。

9. 缓冲剂（pH 调节剂）

pH 调节剂主要有磷酸盐、碳酸盐、醋酸盐等，作用是控制体系内的 pH 在聚合速度为最佳的范围。其用量一般为单体质量的 2%～4%。

6.1.2　乳液聚合的机理

1. 聚合场所

聚合前，单体和乳化剂存在三种状态：单体、乳化剂和水体系。极少量单体和少量乳化剂以分子状态溶解在水中，大部分乳化剂形成胶束，大部分单体分散成单体液滴。聚合前体系中单体液滴与胶束的关系如图 6.5 所示。

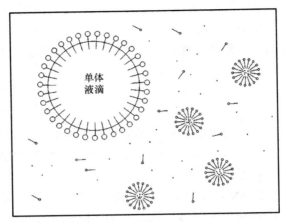

单体液滴

图 6.5　聚合前体系中单体液滴与胶束的关系

单体液滴与胶束的直径、数目及比表面积见表 6-6。

表 6-6　单体液滴与胶束的直径、数目及比表面积

聚 合 体 系	单 体 液 滴	胶 束
直径/nm	1000	4～5
数目（每立方）/个	$10^{10} \sim 10^{12}$	$10^{17} \sim 10^{18}$
比表面积/(cm^2/cm^3)	10^4	10^{15}

水溶性引发剂加入体系后，在反应温度下分解成初级自由基，经过诱导期后，扩散进入胶束，立即引发胶束内的单体聚合，生成长链自由基，此时，胶束变成单体溶解或被单体溶胀的聚合物颗粒（乳胶粒）。

在聚合体系中胶束数量多，为单体液滴数量的 10^6 倍；胶束内部单体浓度较高；胶束表面为亲水基团，亲水性强，因此自由基能进入胶束引发聚合，聚合应发生在胶束中。

2. 成核机理：胶束成核或均相成核

成核是指形成聚合物乳胶粒的过程。

胶束成核：胶束内单体聚合形成聚合物乳胶粒的过程。当胶束内进行链增长时，单体不断消耗，溶于水中的单体不断补充进来，单体液滴又不断溶解以补充水相中的单体。因此，单体液滴越来越小、越来越少，而胶束粒子越来越大。同时，单体液滴上多余的乳化剂转移到增大的胶束上，以补充乳化剂的不足。

均相成核（homogeneous nucleation）：水相中的单体也可发生聚合形成短链自由基，吸附乳化剂形成乳胶粒的过程。

单体水溶性强、乳化剂浓度低，容易均相成核；反之，容易胶束成核。

一般转化率达到15％左右，胶束完全消失，典型配方的乳液聚合乳胶粒的数目达到最大稳定值，约为10^{16}个/毫升。聚合物乳胶粒的形成过程如图6.6所示。

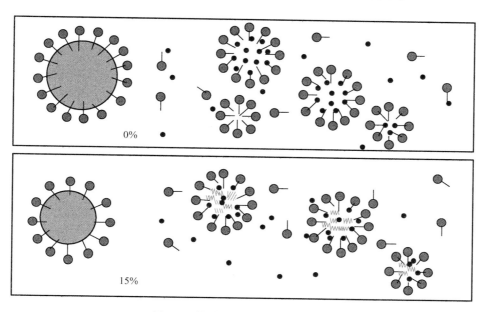

图 6.6　聚合物乳胶粒的形成过程

根据胶束、单体液滴、胶束的变化情况，乳液聚合可分为三个阶段，见表6-7。

表 6-7　乳液聚合的三个阶段

指　　标	Ⅰ　阶　段	Ⅱ　阶　段	Ⅲ　阶　段
转化率	0～15％	15％～50％	50％～100％
乳胶粒数目	不断增加，当转化率达到15％时，为每毫升水中10^{14}～10^{15}个	恒定，每毫升水中10^{14}～10^{15}个	恒定，每毫升水中10^{14}～10^{15}个
乳胶粒	从6～10nm增长到20～40nm	50～150nm	—
胶束	不断减少至消失	—	—
单体液滴	数目不变，体积缩小	数目不变，体积缩小，直到消失	—
R_P	不断增大	恒定	减小
聚合速率	乳胶粒生成期，从开始引发到胶束消失	恒速期，从胶束消失到单体液滴消失	降速期，从单体液滴消失到聚合结束，颗粒粒径0.05～0.2μm

由于胶束直径很小，因此一个胶束内通常只允许容纳一个自由基，当第二个自由基进入时即终止。前后两个自由基进入的时间间隔约为几十秒，链自由基有足够的时间进行链增长，因此分子量可较大。单体液滴中的单体可通过水相补充胶束内的聚合消耗。

6.1.3　乳液聚合影响因素

在乳液聚合反应中，很多因素都将对乳液聚合过程及产品质量产生非常重要的影响。其主要影响因素有乳化剂的浓度和种类、引发剂、搅拌强度、反应温度、加料方式等。

乳化剂的浓度和种类对乳胶粒直径 D_P 及数目 N_P、聚合物平均分子量 M_n、聚合反应速率 R_P、聚合物乳液的稳定性等均有明显的影响。

1. 乳化剂浓度

乳化剂浓度 $[E]$ 越大，胶束数目 N_m 越大，按胶束机理生成的乳胶粒数目也就越大，即 N_P 就越大，D_P 就越小。当自由基生成速率一定时，N_P 越大，自由基在乳胶粒中的平均寿命就越长，自由基就有充足的时间进行链增长，聚合物可达到很大的平均分子量 M_n；同时 N_P 大，说明反应活性中心数目大，R_P 也就越大。

对于亲水性弱的单体来说，$N_P \propto [E]^{0.6}$，$M_n \propto [E]^{0.6}$，$R_P \propto [E]^{0.6}$。

2. 乳化剂种类

乳化剂种类不同，其临界胶束浓度、胶束尺寸、对单体的增溶度等不同，从而会对乳胶粒直径 D_P、聚合反应速率和产品分子量产生不同的影响。乳化剂种类不同，乳液的稳定机理不同，所得乳液稳定性也有差别。

3. 引发剂

引发剂浓度 $[I]$ 增大时，自由基生成速率提高，链终止速率也提高，使得聚合物平均分子量 M_n 降低。同时由于成核速率随 $[I]$ 增大而提高，因此乳胶粒数目 N_P 增大，D_P 减小，聚合反应速率增大。

对于亲水性较弱的单体来说，$N_P \propto [I]^{0.4}$，$M_n \propto [I]^{-0.6}$，$R_P \propto [I]^{0.4}$。

4. 搅拌强度

搅拌强度不宜太高，太高会使乳胶粒数目减少、乳胶粒直径增大、聚合反应速率降低，同时会使乳液产生凝胶，甚至导致破乳。因此对乳液聚合过程来说，应采用适当的搅拌强度。

5. 反应温度

（1）反应温度对聚合反应速率和聚合物平均分子量的影响。

反应温度升高，引发剂分解速率常数增大，在引发剂浓度一定时，自由基生成速率提高，乳胶粒中链终止速率提高，故聚合物平均分子量降低；低温聚合的丁苯橡胶与高温聚合的相比，在聚合物弹性、拉伸强度及加工性能方面均有较大的改善。同时当温度升高时，链增长速率常数增大，因而聚合反应速率提高。

（2）反应温度对乳胶粒直径和数目的影响。

反应温度升高，自由基生成速率提高，使水相中自由基浓度增大。对于水溶性小的单体，自由基从水相向增溶胶束中的扩散速率提高，即胶束成核速率提高，可生成更多乳胶粒，即乳胶粒数目 N_P 增大，粒径 D_P 减小；对于水溶性较大的单体，在水相中的链增长速率常数增大，在水相可生成更多齐聚物链，使水相成核速率提高，也使乳胶粒数目增大，粒径减小。

（3）反应温度对乳液稳定性的影响。

当反应温度升高时，乳胶粒布朗运动加剧，使乳胶粒之间进行碰撞而发生聚结的概率增大，从而导致乳液稳定性降低；同时，温度升高，会使乳胶粒表面的水化层减薄，也会导致乳液稳定性下降。特别是由聚乙二醇型非离子型乳化剂稳定的乳液，当温度达到或超过该种乳化剂的浊点时，乳化剂将失去稳定作用而导致破乳。

6. 加料方式

加料方式对乳液的影响见表 6-8。

表 6-8　加料方式对乳液的影响

加料方式	间歇加料	半连续加料，预乳液滴加
乳液稳定性	单体浓度大易产生自加速效应而发生冲料现象，聚合稳定性差	聚合反应速率受单体滴加速度控制，反应平稳，且共聚物组成均匀

6.1.4　乳液聚合分类

1. 经典乳液聚合 （classical emulsion polymerization）

经典乳液聚合是由油溶性单体、水溶性引发剂、水溶性乳化剂（HLB＝8～18）、介质水形成的乳液聚合过程。

2. 种子乳液聚合 （seed emulsion polymerization）

种子乳液聚合是在已有乳胶粒的乳液聚合体系中加入单体，并控制适当条件，使新加入的单体在原有乳胶粒中继续聚合，乳胶粒继续增大，但乳胶粒数目不变的过程，可有效控制乳胶粒直径及分布。

3. 核/壳乳液聚合 （core/shell emulsion polymerization）

第一单体先进行乳液聚合形成聚合物乳胶粒核心，再加入第二单体，核心乳胶粒外层继续聚合，形成乳胶粒的外壳，这种溶液共聚合称核/壳乳液共聚合。

4. 反相乳液聚合 （reverse emulsion polymerization）

反相乳液聚合是将水溶性单体制成水溶液，在油溶性乳化剂（HLB＝0～8）作用下，与有机相介质形成油包水型乳状液，引发聚合形成油包水型聚合物胶乳的过程。

6.2 丁二烯、苯乙烯乳液共聚合——丁苯橡胶的生产工艺

丁苯橡胶是丁二烯和苯乙烯的无规共聚物,是一种综合性能较好的、产量和消耗量非常大的通用橡胶,占合成橡胶总量的 60% 左右。丁苯橡胶分为溶液丁苯橡胶和乳液丁苯橡胶。溶液丁苯橡胶是丁二烯和苯乙烯在引发剂——丁基锂、溶剂环己烷及无规剂四氢呋喃存在的情况下进行溶液聚合制得的。乳液丁苯橡胶的分子量分布比溶液丁苯橡胶的宽。前者的分子量分散系数为 4~6,后者的分子量分散系数为 1.5~2.0。

6.2.1 丁苯橡胶的结构、性能及用途

1. 丁苯橡胶的结构

微观结构主要包括丁二烯链段中顺式-1,4、反式-1,4 和 1,2-结构(乙烯基)的比例,苯乙烯、丁二烯单元的分布等。

丁苯橡胶聚合方式与结构的关系见表 6-9。

表 6-9 丁苯橡胶聚合方式与结构的关系

丁苯橡胶类型	宏观结构				微观结构(乙烯基)		
	支化	凝胶	M_n	聚苯乙烯/(%)	顺式-1,4	反式-1,4	1,2-结构
低温乳液聚合丁苯橡胶	中等	少量	100000	23.5	9.5	55	12
高温乳液聚合丁苯橡胶	大量	多	100000	23.4	16.6	46.3	13.7
溶液聚合丁苯橡胶	不能结晶,弹性低、生热高				单体单元无规排列,玻璃化温度为 -56~-52℃		

其中,乙烯基含量对性能影响较大,含量越低,丁苯橡胶的玻璃化温度越低。丁苯橡胶的玻璃化温度取决于苯乙烯均聚物的含量。苯乙烯和丁二烯可以按需要的比例,制成从 100% 的丁二烯(顺式、反式的玻璃化温度都是 -100℃)到 100% 的聚苯乙烯(玻璃化温度为 90℃)。玻璃化温度对硫化胶的性质起重要作用。大部分乳液丁苯橡胶含 23.5% 的苯乙烯,这种含量的丁苯橡胶具有较好的综合物理机械性能。

2. 丁苯橡胶的性能

丁苯橡胶与其他通用橡胶相同,是一种不饱和烯烃高聚物。其溶解度参数约为 8.4,能溶解于大部分溶解度参数相近的烃类溶剂中,而硫化胶仅能溶胀。

丁苯橡胶能进行氧化、臭氧破坏、卤化、氢卤化等反应。在光、热、氧和臭氧结合作用下发生物理化学变化,但其被氧化的作用比天然橡胶缓慢,即使在较高温下,老化反应的速度也比较慢。光对丁苯橡胶的老化作用不明显,但丁苯橡胶对臭氧的作用比天然橡胶敏感,耐臭氧性比天然橡胶差。丁苯橡胶的低温性能稍差,脆性温度约为 -45℃。与其他通用橡胶相似,影响丁苯橡胶电性能的主要因素是配合剂。

3. 丁苯橡胶的用途

绝大多数丁苯橡胶应用于轮胎工业，其次是汽车零件、工业制品、电线和电缆包皮、胶管和胶鞋等。

采用乳液聚合生产的丁苯橡胶产品有低温丁苯橡胶、高温丁苯橡胶、低温丁苯橡胶炭黑母炼胶、低温充油丁苯橡胶、高苯乙烯丁苯橡胶、液体丁苯橡胶等。

6.2.2　聚合反应机理

丁二烯与苯乙烯在乳液中按自由基共聚合反应机理进行聚合反应，其反应式与产物结构式如下。

$$(x+y)CH_2=CH-CH=CH_2+zCH_2=CH$$

6.2.3　聚合体系的组分

乳液聚合生产丁苯橡胶的典型配方见表6-10。

表6-10　乳液聚合生产丁苯橡胶的典型配方

原料及辅助材料				配方　Ⅰ	配方　Ⅱ
单体			丁二烯	70%	72%
			苯乙烯	30%	28%
分子量调节剂			叔十烷基硫醇	0.20%	0.16%
介质			水	200%	195%
乳化剂			歧化松香酸钾	4.5%	4.62%
			烷基芳基磺酸钠	0.15%	—
引发剂体系	过氧化物		过氧化氢对孟烷	0.08%	0.06%～0.12%
	活化剂	还原剂	硫酸亚铁	0.05%	0.01%
			次硫酸氢钠甲醛	0.15%	0.04%～0.10%
		螯合剂	乙二胺四乙酸	0.035%	0.01%～0.025%
缓冲剂			磷酸钠	0.08%	0.24%～0.45%
反应条件			聚合温度/℃	5	5
			转化率/(%)	60	60
			聚合时间/h	7～12	7～10

1. 单体

1,3-丁二烯的结构式为 $CH_2=CH-CH=CH_2$。

1,3-丁二烯是最简单的共轭双烯烃，性质活泼，容易发生自聚反应，在贮存、运输过程中要加入对叔丁基邻苯二酚阻聚剂。其可与空气混合形成爆炸性混合物，爆炸极限为 2.16%～11.47%（体积）。

苯乙烯单体在贮存、运输过程中，需要加入少量的间苯二酚或对叔丁基邻苯二酚等阻聚剂，以防止其发生自聚。

要求丁二烯纯度大于 99%，对叔丁基邻苯二酚阻聚剂浓度高于 10×10^{-6} 时，需要用 10%～15% 的氢氧化钠洗涤；要求苯乙烯纯度大于 99%，且需要隔绝氧气。

2. 介质水

采用去离子水，水中的 Ca^{2+} 和 Mg^{2+} 可能与乳化剂作用而生成不溶性的盐，从而降低乳化剂的效能，影响反应速度。因此应当使用去离子的软水，水油比为 1.7∶1～2∶1。

3. 乳化剂

早期使用的乳化剂为烷基萘磺酸钠，后来改用价廉的脂肪酸皂（fatty acid soap）和歧化松香酸皂（dismuted rosin acid soap），或用它们的混合物（比例为 1∶1）。

歧化松香酸皂来自天然松香。歧化松香酸钾由松香制得，松香中 90% 为松香酸，其余 10% 为非酸成分。松香酸的主要组分为 $C_{19}H_{29}COOH$，分子中含有共轭双键，可以消耗自由基，影响聚合反应速率，必须经歧化处理生成二氢化松香酸、四氢化松香酸和脱氢松香酸，其合称歧化松香酸，然后转化为钠盐作为乳化剂。低温下歧化松香酸皂仍具有良好的乳化效能，不产生冻胶。

歧化松香酸的临界胶束浓度值高，聚合反应速率低，加入少量电解质可提高聚合效率。

松香酸的歧化反应原理如下。

HOOC CH₃   催化剂 △   HOOC CH₃   +   HOOC CH₃   +   HOOC CH₃

松香酸   脱氢松香酸   二氢化松香酸   四氢化松香酸

4. 引发体系

氧化还原引发体系中氧化剂均采用有机过氧化物，如过氧化氢二异丙苯 $[(CH_3)_2CH-C_6H_4-C(CH_3)_2OOH]$ 和过氧化氢对孟烷 $[CH_3-C_6H_{10}C(CH_3)_2OOH]$。还原剂主要为亚铁盐，如硫酸亚铁，其作用在于使过氧化物在低温下分解生成自由基，因此工业上又称活化剂，反应如下。

$$ROOH + Fe^{2+} \longrightarrow RO \cdot + Fe^{3+} + OH^-$$

由于铁离子对丁苯橡胶产品的性能有影响，为了降低胶乳中的铁离子含量，作为还原剂加入的硫酸亚铁量不宜过大。因此，在还原系统中加入助还原剂次硫酸氢钠甲醛（俗称雕白块），使 Fe^{3+} 还原成 Fe^{2+} 循环使用，反应如下。

$$HOCH_2 \cdot SO_2Na + 2Fe^{3+} + 2OH^- \longrightarrow 2Fe^{2+} + HOCH_2 \cdot SO_3Na + H_2O$$

同时，为增强铁离子在乳液中的溶解性，在还原系统中加入乙二胺四乙酸钠，它与 Fe^{2+} 及 Fe^{3+} 均能生成络合物，这种络合物可发生如下电离。

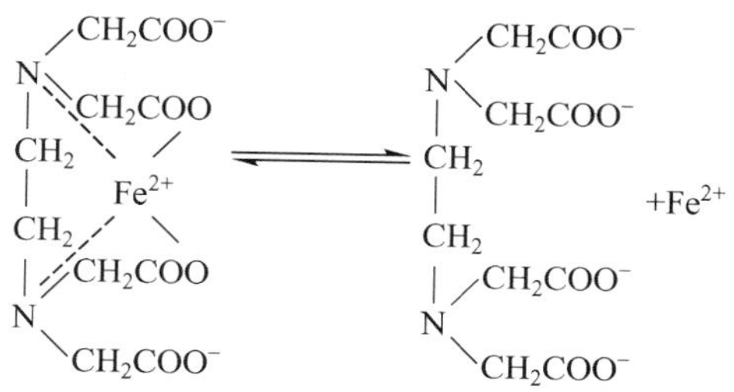

因络合物的电离常数很小，故呈游离态的铁离子浓度很小，降低了自由基和 Fe^{2+} 进行链终止反应速率。所释放出来的 Fe^{2+} 与有机过氧化氢发生反应生成自由基，并进行引发聚合。Fe^{2+} 本身被氧化成 Fe^{3+}，循环往复，聚合过程不断进行。有机过氧化氢-亚铁盐引发系统中各组分间作用示意如图 6.7 所示。

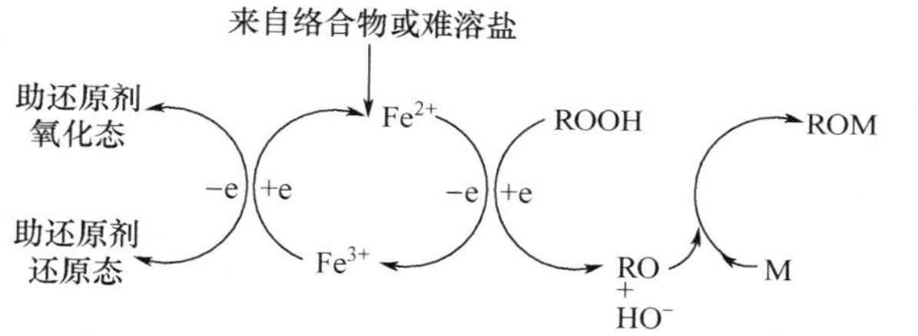

图 6.7　有机过氧化氢-亚铁盐引发系统中各组分间作用示意

有机过氧化氢-亚铁盐铁离子的氧化还原反应如下。

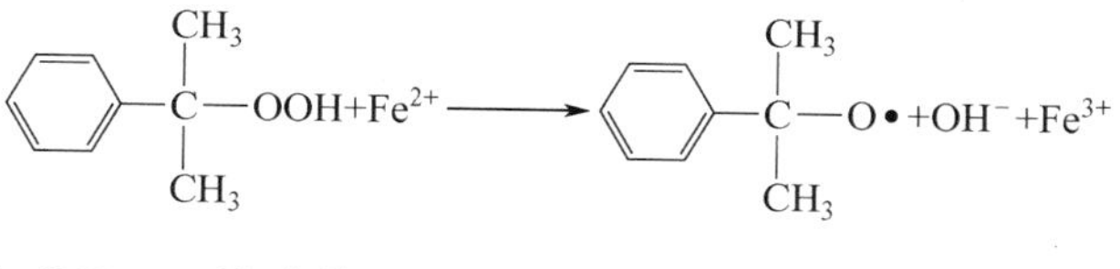

引发反应中产生 OH^-，导致体系 pH 增大，Fe^{2+} 生成 $Fe(OH)_2$ 沉淀，同时生成的 Fe^{3+} 会影响聚合物色泽。

5. 调节剂

丁苯橡胶生产中常用正十二烷基硫醇或叔十二烷基硫醇做链转移剂，以控制产品的分子量，并抑制支化反应和交联反应。分子量调节剂溶于苯乙烯中，其他物质［如电解质、乳化剂、连二亚硫酸钠（俗称保险粉）等］一起溶于分散介质水中。

【连二亚硫酸钠】

高分子合成工艺

6. 电解质

热法聚合用 $K_2S_2O_8$ 做引发剂，其分解产物具有电解质的作用。冷法聚合则需另加电解质，常用电解质是 K_3PO_4 和 KCl。K_3PO_4 具有 pH 缓冲作用，使胶乳的稳定性增强，对橡胶后处理较有利。

7. 除氧剂

聚合系统中有氧会阻滞或延迟聚合反应，在低温条件下作用更加明显，可加入少量连二亚硫酸钠（sodium disulfite）。因其具有强还原性，故加入量不宜过大，否则可能参与氧化还原反应，影响引发体系的效能。

$$Na_2S_2O_4 \cdot 2H_2O + O_2 \longrightarrow Na_2SO_4 + H_2SO_4$$

8. 终止剂

二硫代氨基甲酸钠（sodium dithiocarbamate）是有效的终止剂，但因为在单体回收过程中仍有聚合现象，所以需添加多硫化钠、亚硝酸钠及多乙烯多胺。多硫化钠与多乙烯多胺具有还原作用，可以与残存的氧化剂反应以消除引发作用；亚硝酸钠则可防止产生菜花状爆聚物。

9. 防老剂

胺类防老剂（如 N -苯基-β-萘胺、芳基化对苯二胺等）用于深色橡胶制品，酚类防老剂用于浅色橡胶制品。

10. 填充油

填充油是一种石油馏分，常用液态烃（如芳烃或烷烃），橡胶中加入少量填充油既可改善橡胶的加工性能又可降低成本。为保证与橡胶分散均匀，填充油也需制成乳胶液与橡胶乳液的混合液。

6.2.4　生产控制要点

1. 主要控制指标

生产丁苯橡胶的主要控制指标是共聚物组成和门尼黏度（Copolymer composition and Mooney viscosity are the control target for production of styrene butadiene rubber）。

综合性能较好的通用丁苯橡胶中结合苯乙烯量为 23.5％左右；门尼黏度主要受聚合物共聚组成、分子量、分子量分布及分子结构的影响，结合苯乙烯量越大、分子量越高，支化度和交联度越高，则门尼黏度越大。

2. 生产控制要点

由于丁二烯的竞聚率比苯乙烯的大，因此丁二烯活性更强，更容易进行聚合反应。为了达到控制聚合物共聚组成和门尼黏度的目的，可通过控制单体转化率和聚合温度来实现。不同聚合温度下丁二烯和苯乙烯的竞聚率见表 6-11。

表 6-11　不同聚合温度下丁二烯和苯乙烯的竞聚率

聚合温度/℃	丁二烯竞聚率	苯乙烯竞聚率
50	1.59±0.05	0.44±0.3
45	1.83	0.65
5	1.38	0.64
-18	1.37	0.38

丁苯橡胶中苯乙烯含量与单体转化率的关系见表 6-12。

表 6-12　丁苯橡胶中苯乙烯含量与单体转化率的关系

单体转化率/(%)	0	20	40	60	80	100
苯乙烯含量/(%)	22.2	22.5	22.8	23.9	25.3	28.0

由表 6-12 可以看出，把单位转化率控制在较低水平是获得均匀共聚物的有效方法 (Controlling the conversion rate at a low level is an effective method to obtain homogeneous copolymer)。通用热法聚合的单体转化率控制在 72%～75%，冷法聚合一般控制在 60%～62%。

6.2.5　低温乳液聚合生产丁苯橡胶的工艺过程

聚合系统由 8～12 台聚合反应釜串联组成。当聚合到规定转化率后，在终止釜前加入终止剂来终止反应。

1. 准备

丁二烯和苯乙烯分别由贮罐泵入洗涤装置，用 10%～15% 的氢氧化钠溶液在 30℃ 下淋洗除去对叔丁基邻苯二酚；将分子量调节剂，乳化剂，去离子水，脱氧剂（包括螯合剂、还原剂），过氧化物，终止剂，稀硫酸，电解质（氯化钠）等水溶性物质配成水溶液；将填充油、防老剂等油溶性物质配成乳液。

2. 聚合过程

单体、调节剂水溶液、乳化剂水溶液、去离子水在管路中混合，经冷却器冷却至 30℃，与脱氧剂（包括螯合剂、还原剂）水溶液混合至第一聚合反应釜底部；同时过氧化物水溶液直接进入第一聚合反应釜底部，开始聚合。工艺条件为 0.25MPa，105～120r/min，5～7℃，7～10h，转化率达 60%±2%。

3. 回收单体

自聚合反应釜顶部卸出的已终止反应的胶乳流至缓冲罐和两只真空度不同的闪蒸器，分别回收胶乳中含有的 40% 未反应的丁二烯和苯乙烯；同时贮罐中的废气经洗气罐排出。

4. 后处理

来自混合槽的胶乳泵入絮凝槽，用 24%～26% 的氯化钠乳液破乳成浆液至胶粒化槽，与 0.5% 的稀硫酸混合，搅拌形成胶粒悬浮液，溢流至转化槽，得到胶粒和清浆液，在 40～60℃ 下用清浆液和水洗涤，脱水，最后从干燥机到包装机。

低温乳液聚合生产丁苯橡胶的工艺流程如图 6.8 所示。

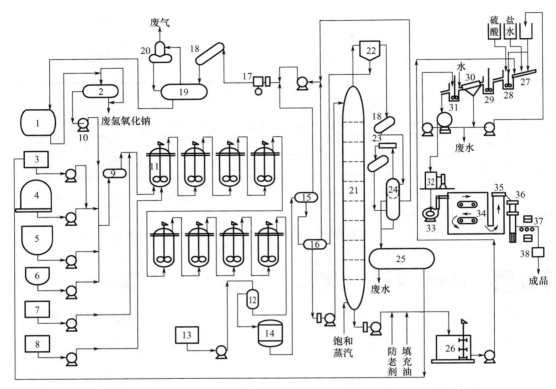

1—丁二烯原料贮槽；2—阻聚剂除去槽；3—苯乙烯原料贮槽；4—调节剂计量槽；5—乳化剂混合液贮槽；6—水槽；
7—活化剂计量槽；8—氧化剂计量槽；9—冷却器；10—泵；11—聚合反应釜；12—转化率调节器；13—终止剂计量泵；
14—缓冲罐；15—第一闪蒸釜；16—第二闪蒸釜；17—压缩机；18—冷凝器；19—丁二烯贮槽；20—洗器罐；
21—苯乙烯脱气塔；22—气体分离器；23—喷射泵；24—升压分离器；25—苯乙烯倾析槽；26—混合槽；
27—絮凝槽；28—胶粒化槽；29—转化槽；30—振动筛；31—胶粒洗涤槽；32—粉碎机；33—鼓风机；
34—空气输送带；35—干燥箱；36—自动计量器；37—压胶机；38—包装机

图 6.8　低温乳液聚合生产丁苯橡胶的工艺流程

6.3　聚氯乙烯种子乳液聚合

【丁苯橡胶
生产工艺】

氯乙烯经乳液聚合生成聚氯乙烯糊，用于制造合成人造革、壁纸、纱窗等，可采用间歇乳液聚合、半连续乳液聚合、连续乳液聚合、种子乳液聚合等。种子乳液聚合是制备糊聚氯乙烯树脂的常用方法，可有效控制树脂的粒度及其分布，改善树脂的加工性能。

种子乳液聚合的目的就是制备大粒径乳胶粒（$1\mu m$ 左右，一般乳液聚合只能制备粒径为 $0.2\mu m$ 左右的乳胶粒）和性能优异的树脂（The purpose of seed emulsion polymerization is to prepare large size latex particles with excellent properties）。

因种子乳液聚合法具有乳液稳定性更好、粒径分布窄、易控制等优点，故在乳胶粒子设计及制备各种功能性胶乳方面具有重要作用，是制备高固含量乳液及具有核壳结构乳液的最常见、最简便的方法。

种子乳液聚合生产的乳液具有以下特点。

（1）稳定性更好。乳液的稳定性主要取决于乳胶粒表面吸附的表面活性剂和亲水基团。在不增大乳化剂用量的情况下，用种子乳液聚合生产的乳液的机械稳定性和化学稳定性明显好于用其他方法生产的乳液。

（2）粒径分布窄。乳液的粒径分布窄，有利于改善聚合物乳液的成膜性。种子乳液聚合可以人为控制乳液的流变性。

（3）粒径易控。乳液的粒径也是衡量乳液的重要指标。采用外加种子法，只要控制加入的种子量，就能任意调节粒径尺寸。聚氯乙烯乳液聚合配方（质量分数）见表6-13。

表6-13 聚氯乙烯乳液聚合配方（质量分数）

原　　料		用量/（%）	原　　料		用量/（%）
单体	氯乙烯	100～110	乳化剂	十二醇硫酸钠	0.05～0.1
介质	水	150	氧化剂	过硫酸铵	0.05～0.1
种子	第一代	1	还原剂	亚硫酸氢钠	0.01～0.03
	第二代	2	pH	氢氧化钠	10～10.5

6.4　乳液聚合进展

1. 无皂乳液聚合

无皂乳液聚合（emulsifier-free copolymerization）是指不存在乳化剂或微量乳化剂（浓度小于临界胶束浓度）的乳液聚合。虽然无皂体系中不存在乳化剂，但主要通过一些反应性组分发挥类似乳化剂的作用，从而使体系得以稳定。其优点如下。

（1）不使用乳化剂降低了产品成本，同时在某些应用场合免去了去除乳化剂的后处理。

（2）制得的乳胶粒表面洁净，避免了应用过程中乳化剂对聚合物产品的电性能、光学性质、表面性质、耐水性、成膜性等产生不良影响。

（3）制得的乳胶粒的粒径单分散性好。

2. 核壳型结构乳液聚合

核壳型结构乳液聚合（core-shell polymer emulsion）是近年来逐步发展起来的一种乳液聚合技术。它是利用种子乳液聚合技术制备不同形态特征的核壳型结构乳胶粒聚合物乳液。在第一阶段制备种子（核）乳液，在第二阶段加入单体进行乳液聚合，形成壳层。理想的核壳型结构聚合物应该是壳层形成的聚合物链依附于核层表面或者与核面而形成的接枝聚合物。

3. 微乳液聚合

传统乳液聚合得到的乳胶粒粒径为0.1～1μm，在贮存、加工和稀释过程中易发生分相和絮凝。微乳液聚合可制备粒径为 0.05μm 的、具有高度热力学稳定性的聚合物胶乳粒，可广泛应用于催化、生物医药等领域。

4. 反相乳液聚合

反相乳液聚合（reverse emulsion polymerization）也称反相微悬浮聚合，是将水溶性单体（如丙烯酸、丙烯酰胺）溶于水相，在搅拌作用下借助乳化剂分散于非极性液体中，形成油包水型乳液的聚合反应。反相乳液聚合可采用油溶性引发剂或水溶性引发剂。若采用油溶性引发剂，则体系与常规水包油型的乳液聚合正好相反，故称为反相乳液聚合。

阅读材料6-1

聚 氯 乙 烯

聚氯乙烯早在 1835 年就被美国 V. 勒尼奥发现，用日光照射氯乙烯时生成一种白色固体，即聚氯乙烯。聚氯乙烯在 19 世纪被发现过两次，一次是 1835 年，另一次是 1872 年。这种聚合物两次都出现在被放置在太阳光底下的盛氯乙烯的烧杯中，成为白色固体。20 世纪初，俄国化学家 Ivan Ostromislensky 和德国化学家 Fritz Klatte 同时尝试将聚氯乙烯用于商业用途，但遇到了困难——如何加工这种坚硬的、有时呈脆性的聚合物。1912 年，Fritz Klatte 合成了聚氯乙烯，并在德国申请了专利，但是在专利过期前没有能够开发出合适的产品。

1926 年，美国人 Waldo Semon 合成了聚氯乙烯并在美国申请了专利。Waldo Semon 和 B. F. Goodrich 公司在 1926 年研究出加入各种助剂塑化聚氯乙烯的方法，使它成为更柔韧、更易加工的材料，并很快得到广泛的商业应用。

聚氯乙烯塑料制品应用非常广泛，但在 20 世纪 70 年代中期，人们认识到聚氯乙烯树脂及制品中残留的单体氯乙烯是一种严重的致癌物质，这无疑在一定程度上影响聚氯乙烯的发展。不过现在人们已成功降低残留的单体氯乙烯含量，使聚氯乙烯树脂中单体氯乙烯的含量小于 $1×10^{-6}$，达到卫生级树脂要求，这扩大了聚氯乙烯的应用范围。甚至可使聚氯乙烯树脂中的单体氯乙烯含量小于 $5×10^{-6}$，可用作食品包装和儿童玩具等。由聚氯乙烯生产的聚氯乙烯管及聚氯乙烯壁纸如图 6.9 和图 6.10 所示。

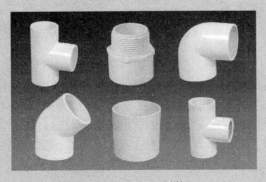

图 6.9　聚氯乙烯管

图 6.10　聚氯乙烯壁纸

习　题

1. 什么是乳液聚合？

2. 乳液聚合的特点是什么？

3. 试述低温乳液聚合生产的丁苯橡胶的主要组分及其作用。

4. 什么是无皂乳液聚合？

5. 试讨论丁苯橡胶乳液聚合中乳化剂、引发剂及聚合温度对聚合的影响。

6. 低温乳液聚合生产丁苯橡胶过程中的助还原剂及乳化剂是什么？加入乙二胺四乙酸钠及链转移剂有什么作用？

7. 影响聚合物乳液稳定性的因素有哪些？

第7章
自由基溶液聚合原理及生产工艺

 本章教学要点

知识要点	掌握程度	相关知识
溶液聚合原理	了解溶液聚合的特点，掌握溶剂对聚合的影响	溶剂的选择、溶剂的链转移作用、溶剂的链转移能力
乙酸乙烯酯溶液聚合	掌握乙酸乙烯酯溶液聚合的影响因素	溶剂、引发剂、温度对乙酸乙烯酯溶液聚合的影响
聚乙烯醇生产工艺	了解聚乙烯醇的结构、性能及应用；掌握聚乙烯醇的生产工艺	皂化法，醇解法
丙烯腈溶液聚合生产工艺	了解丙烯腈溶液聚合生产工艺，了解聚丙烯腈的应用	引发剂、单体、聚合时间对聚合的影响

导入案例

聚乙烯醇纤维

聚乙烯醇纤维（图 7.1）是聚乙烯醇缩甲醛纤维的简称，中国称维纶，国际上称维尼纶。它是合成纤维领域的一个重要品种。早在 1924 年人们就合成了聚乙烯醇，因为纺得的纤维具有水溶性，所以仅可用作医学外科手术的缝线。1939 年，日本的樱田一郎、矢泽将英，朝鲜的李升基用甲醛处理这种纤维，使聚乙烯醇纤维可耐 115℃ 的热水，为用作纺织纤维解决了技术上的难题。1950 年，日本可乐丽公司建成聚乙烯醇纤维工业化生产装置。20 世纪 60 年代初，日本维尼纶公司和可乐丽公司生产的水溶性聚乙烯醇纤维投放市场。聚乙烯醇纤维所用原料聚乙烯醇的平均分子量为 60000～150000，热分解

温度为 200~220℃，熔点为 225~230℃。聚乙烯醇纤维可用湿法纺丝和干法纺丝制得。

图 7.1　聚乙烯醇纤维

缩醛化的目的是封闭聚乙烯醇大分子中的—OH，使其耐热水性能提高。但如果结晶度不高，单纯依靠提高缩醛度，也不能改善其耐热水性能。由此可知，结晶度与缩醛化的作用是相辅相成的。在热处理后结晶度达 60% 的聚乙烯醇纤维，将缩醛度控制在 30% 左右，其在水中的软化点才可达 110~115℃。

在工业领域中，聚乙烯醇纤维可用于制作帆布、防水布、滤布、运输带、包装材料、工作服、渔网和海上作业用缆绳。高强度、高模量长丝可作为运输带的骨架材料、各种胶管、胶布和胶鞋的衬里材料，还可制作自行车胎帘子线。由于这种纤维能耐水泥的碱性，且与水泥的黏结性和亲合性好，因此可代替石棉作为水泥制品的增强材料；可与棉混纺，制作各种衣料和室内用品。但其耐热性差，制得的织物不挺括。此外，聚乙烯醇纤维在无纺布、造纸等方面也有使用价值。

聚乙烯醇纤维的重要改性品种有氯乙烯-聚乙烯醇接枝共聚纤维，中国称维氯纶。它以低聚合度聚乙烯醇水溶液做分散介质，在催化剂作用下，使氯乙烯与聚乙烯醇接枝共聚，从而得到共聚物乳液，再经纺丝制得纤维，最后经与聚乙烯醇纤维相似的后处理过程制得纤维成品。它兼有聚氯乙烯纤维和聚乙烯醇纤维的优点。

7.1　溶液聚合原理

7.1.1　溶液聚合原理

溶液聚合是单体和引发剂溶于适当的溶剂中聚合为高聚物的过程（Solution polymerization is a process in which monomers and initiators are dissolved in appropriate solvents and polymerized into high polymers）。溶液聚合体系的组分主要为单体、溶剂和引发剂。溶液聚合是高分子合成过程中的一种重要合成方法。

按照聚合物是否溶于溶剂中，溶液聚合分为均相溶液聚合和非均相溶液（沉淀）聚合。单体溶于溶剂中，聚合物也溶于溶剂中，形成聚合物溶液，这种溶液聚合体系称为均相溶液聚合。单体溶于溶剂，而聚合物不溶于溶剂，形成固体聚合物沉淀出来，这种溶液聚合体系称为非均相溶液（沉淀）聚合。

常见单体与溶剂的溶液聚合见表 7-1。

表 7-1　常见单体与溶剂的溶液聚合

单　体	溶　剂	溶液聚合
丙烯腈	浓硫氰化钠水溶液	均相溶液聚合
丙烯腈	二甲基甲酰胺	均相溶液聚合
丙烯腈	水	非均相溶液（沉淀）聚合
醋酸乙烯	甲醇	均相溶液聚合
丙烯酰胺	丙酮	非均相溶液（沉淀）聚合
苯乙烯-顺丁烯二酸酐	甲苯	非均相溶液（沉淀）聚合
丙烯酰胺	水	水溶液聚合

7.1.2　溶液聚合的特点

溶液聚合的优点是以溶剂为传热介质，容易控制聚合温度，同时体系的黏度降低，自动加速现象推迟，控制适当的转化率可以基本消除自动加速现象，聚合反应接近匀速反应且容易控制，聚合物的分子量分布较窄；由于聚合物的浓度比较低，自由基向聚合物的链转移较少，聚合物的支化产物和交联产物较少（The relative molecular weight distribution of the polymer is narrow. Due to the lower concentration of the polymer, the free radical transfer to the polymer chain is less, and the polymer has fewer branching and cross-linking products）；反应产物是一种流动液体，易于输送。

溶液聚合的缺点是由于引入了溶剂，需要增加溶剂的回收工序和提纯工序，生产成本增加；由于单体浓度被溶剂稀释，聚合反应速率低，转化率低，分子量不高；溶剂往往易燃，易造成环境污染。

7.1.3　溶剂的选择与作用

【有机溶剂】

溶液聚合所用的溶剂为水和有机溶剂。用水做溶剂得到的聚合物水溶液具有广泛的用途，根据聚合物的不同，可用作洗涤剂、分散剂、增稠剂、皮革处理剂、絮凝剂、水质处理剂等。如果要将聚合物从水溶液中分离出来，可直接进行干燥。由于聚合物提高浓度后非常黏稠，因此必须用挤出机、捏合机或转鼓干燥器等专用设备进行干燥。

用有机溶剂得到的聚合物溶液主要用作制造涂料、黏合剂、合成纤维的纺丝液或继续进行化学反应等。当所得聚合物溶液直接用作黏合剂、涂料、分散剂、增稠剂等时，通常需经浓缩或稀释达到商品所要求的浓度，然后包装，必要时需经过滤去除不溶物，然后包装。如果要求从聚合物溶液中分离得到固体聚合物，则可在溶液中加入与溶剂互溶而与聚合物不溶的第二种溶剂使聚合物沉淀析出，再经分离、干燥便可得固体聚合物。

一般根据单体的溶解性质及所生产的聚合物的溶液用途选择适当的溶剂。常用的有机溶剂有醇、酯、酮、芳烃（如苯、甲苯）等；此外，脂肪烃、卤代烃、环烷烃等也有应用。

由于溶剂对引发剂分解速率、聚合物分子量及聚合物分子结构等有重要的影响，因此选择溶剂时必须充分考虑这些因素。

1. 溶剂对引发剂分解速率的影响

如溶液聚合用水做溶剂，则对引发剂分解速率基本无影响；如用有机溶剂做溶剂，则因溶剂种类和引发剂种类的不同而对引发剂分解速率有不同程度的影响。溶剂对聚合活性有很大影响。由于溶剂难以做到完全惰性，因此对引发剂有诱导分解作用，对自由基有链转移作用。

溶液聚合的引发剂通常用偶氮体系（azo system）和过氧化物体系（peroxide system）。一般溶剂对偶氮类引发剂分解速率不产生影响，只有偶氮二异丁酸二甲酯可被溶剂诱导而加速分解。有机过氧化物在某些溶剂中有诱导分解作用。由于引发剂自由基具有链转移作用而容易生成溶剂自由基，溶剂自由基可诱导过氧化二苯甲酰的分解，反应如下。

部分自由基损失，诱导分解将导致引发效率降低，但从反应速率上看，诱导分解也导致引发剂的总反应速率提高，即引发剂半衰期降低。过氧化物在不同溶剂中的分解速率的提高顺序如下。

卤代物＜芳香烃＜脂肪烃＜醚类＜醇类

同时，过氧化二苯甲酰分解产生的苯自由基能诱导其分子的分解，反应如下。

由以上过程可知，由于消耗的自由基转变为苯甲酸酯，不再起初级自由基的引发作用，因此总的效果是引发效率下降，但引发剂分解速率提高。

2. 溶剂的链转移及对聚合物分子量的影响

溶剂的链转移常数 C_s 可以定量地表现溶剂对链转移反应的效应。链转移常数是链转移反应速率与链增长速率的比值。例如 $C_s = 0.5$ 表示链转移反应速率为链增长速率的 $1/2$。作为溶剂时，C_s 值应远低于 0.5，当接近 0.5 或更高时，可作为分子量调节剂。链转移常数取决于溶剂的分子结构，并且因单体的不同而变化。溶剂的链转移能力高低与溶剂分子中是否存在容易转移的原子密切相关。若有比较活泼的氢原子或卤原子，则链转移常数较大。

常用溶剂对苯乙烯、甲基丙烯酸甲酯、醋酸乙烯酯的链转移常数（×10⁻⁵）（60℃）见表7-2。

表7-2　常用溶剂对苯乙烯、甲基丙烯酸甲酯、醋酸乙烯酯的链转移常数（×10^{-5}）（60℃）

溶　剂	单　体		
	苯乙烯	甲基丙烯酸甲酯	醋酸乙烯酯
环己烷	0.24	1.0	65.9
甲苯	1.25	5.2	178
异丙苯	10.4	19.2	1000
乙苯	6.7	13.5	
二氯甲烷	1.5		
四氯化碳	1000	2.4	10000
丙酮	41.0	1.95	117
乙醇	16.1	4.0	250
异丙醇	30.5	5.8	446（70℃）
甲醇	3.0	2.0	22.6

从表7-2可看到，同一种溶剂对不同活性的自由基有不同的链转移常数，而不同的溶剂对同一种自由基的链转移能力也不同。由于一般链转移常数随温度的升高而增大，因此选用溶剂时，除考虑链转移常数外，还应考虑温度条件。

溶液聚合反应中，如希望得到分子量较高的聚合物，则需选用链转移作用较小的溶剂；反之，如希望得到分子量较低的聚合物，则选择适当浓度的链转移作用较大的溶剂。通过实践可知，因为硫氰酸钠水溶液对丙烯腈聚合反应的链转移作用较小，所以在硫氰酸钠水溶液中进行丙烯腈溶液聚合，可获得分子量高的聚丙烯腈。如希望得到适度分子量的聚丙烯腈，则可在硫氰酸钠水溶液中加入链转移常数较大的异丙醇做调节剂。在生产热固性聚丙烯酸酯漆时，常添加一定量的十二烷基硫醇或四氯化碳来调节聚合物的分子量。

四氯化碳、四溴化碳、硫醇等的链转移常数比其他溶剂的大很多，添加少量即可使聚合度显著下降，这些链转移常数较大的物质又称调节剂（These substances with large chain transfer constants are also known as regulators）。

加入链转移常数较大的调节剂可以生成分子量很小的聚合物。生成分子量很小的聚合物（X-M$_n$-Y）的反应称为调聚反应，通常用下式表示。

$$XY + n\left(\begin{matrix}R_1 & R_3 \\ C{=}C \\ R_2 & R_4\end{matrix}\right) \longrightarrow X{-}\left[\begin{matrix}R_1 & R_3 \\ C{-}C \\ R_2 & R_4\end{matrix}\right]_n{-}Y$$

式中：R₁、R₂、R₃、R₄为氢或烷基；XY为链转移剂；n为聚合度，通常为大于1的整数。

例如，乙烯与四氯化碳发生调聚反应，可制得一系列多氯代烷，反应如下。

$$n\,CH_2\!=\!CH_2 + CCl_4 \longrightarrow Cl_3C(CH_2CH_2)_nCl$$

以上反应是在溶剂中进行的，自由基与具有较大链转移常数的 CCl_4 产生链转移，生成一种含氯原子的调聚物。在调聚反应中，反应速率决定于引发剂的浓度和调聚物的成分；产率取决于反应所用的主链物和调聚物的浓度。研究较多的主链物有乙烯、苯乙烯、丙烯、四氟乙烯、三氟乙烯等，常用的引发剂为过氧化二苯甲酰和叔丁基过氧化物。乙烯与四氯化碳的调聚反应机理如下。

（1）链引发。

$$(C_6H_5COO)_2 \longrightarrow 2C_6H_5\cdot + CO_2$$
$$C_6H_5\cdot + CCl_4 \longrightarrow C_6H_5Cl + \cdot CCl_3$$
$$\cdot CCl_3 + CH_2\!=\!CH_2 \longrightarrow CCl_3\!-\!CH_2\!-\!CH_2\cdot$$

（2）链增长及链转移。

活性链传递给溶剂而活性链本身终止反应。

$$CCl_3\!-\!CH_2\!-\!CH_2\cdot + n\,CH_2\!=\!CH_2 \longrightarrow CCl_3\!-\!(CH_2\!-\!CH_2)_n CH_2\!-\!CH_2\cdot$$
$$CCl_3\!-\!CH_2\!-\!CH_2\cdot + CCl_4 \longrightarrow CCl_3\!-\!CH_2\!-\!CH_2Cl + CCl_3\cdot$$
$$CCl_3\!-\!(CH_2\!-\!CH_2)_n CH_2\!-\!CH_2\cdot + CCl_4 \longrightarrow$$
$$CCl_3\!-\!(CH_2\!-\!CH_2)_n CH_2\!-\!CH_2Cl + \cdot CCl_3$$
$$\cdot CCl_3 + \cdot CCl_3 \longrightarrow Cl_3C\!-\!CCl_3$$

此处，n 值通常小于 5。

通过调聚反应可制备一系列氯化烷烃的混合物，用途较广。端基 CCl_3 容易与亲电试剂（如氯化铁、氯化铝、硫酸等）作用而水解得到羧基；端基 CH_2Cl 易与亲核试剂（如氨、胺、硫化钠）作用生成羟基、巯基、ω-氮基等。端基氯还可经过氟化生成工业用含氟润滑油，合成步骤简单。

由于由调聚反应合成的产品有许多用途，如制造增塑剂、润滑剂、洗涤剂、涂料、杀虫剂等，因此研究调节聚合及其产品应用有一定的实际意义。

3. 溶剂对聚合物分子量的影响

溶液聚合反应中，由于溶剂具有链转移作用，因此聚合物的分子量较低。但使用不良溶剂时，不良溶剂会引起聚合物沉淀而成溶胀状态析出，聚合物的分子呈卷曲状或球形构型。此时自由基接触机会减少，但单体能扩散到增长的链段中进行聚合，使得聚合物分子量增大。上述两者作用正好相反，但常常是同时发生的，所以得到的聚合物分子量分布都是由这两种相互矛盾的因素决定的。综上所述，溶剂能在一定程度上控制聚合物分子量及增长链分子的分散状态和构型。

不存在溶剂的自由基聚合反应中，随着单体转化率和聚合物浓度的增大，自由基向已生成的大分子链进行链转移的概率增大，产生支链结构。如果反应体系中有溶剂，可减少向大分子进行链转移的机会，从而减少大分子的支链，降低支化度（If there is a solvent in the reaction system, the chance of chain transfer to macromolecules can be reduced, so that the branched chains of macromolecules can be reduced and the degree of branching can be reduced）。

7.2 乙酸乙烯酯溶液聚合

【聚乙酸
乙烯酯】

根据产品用途的不同，乙酸乙烯酯的聚合可采用乳液聚合、悬浮聚合或溶液聚合，常用的是溶液聚合。由溶液聚合所得的聚乙酸乙烯酯可用于制造黏合剂及清漆，但是其最重要的用途是转化成聚乙烯醇，并进一步对其缩醛化制成聚乙烯醇纤维。这项技术由日本首先开发，并于1950年实现工业化。用于生产聚乙烯醇纤维的聚乙酸乙烯酯一般用溶液聚合法制得。

7.2.1 乙酸乙烯酯的聚合特征

乙酸乙烯酯进行自由基聚合反应时，与其他烯类单体相比，乙酸乙烯酯单体与自由基反应的活性相对较弱。但与其他烯类聚合物自由基相比，聚乙酸乙烯酯自由基活性相当强，因为该自由基上的独电子与乙酰基的共轭效应很弱，一旦形成乙酸乙烯酯自由基，能迅速与乙酸乙烯酯进行链增长并形成聚乙酸乙烯酯。由于聚乙酸乙烯酯自由基活性强，容易进行链转移和支化反应，因此在聚合转化率较高时可得到支化程度很高的聚乙酸乙烯酯。

1. 向大分子的链转移反应

乙酸乙烯酯单体可转移的氢原子有三处，即以下结构中 a、b、c 三个碳原子上的氢。

$$
\begin{array}{cc}
(a) & (b) \\
CH_2=CH & \\
| & (c) \\
O-C-CH_3 & \\
\| & \\
O &
\end{array}
$$

许多研究结果显示，主要发生转移的是 c 处碳原子上的氢，如下式所示。

$$\sim CH_2-\overset{\bullet}{C}H + \sim CH_2-CH\sim \longrightarrow \sim CH_2-CH_2 + \sim CH_2-CH\sim$$
$$OCOCH_3 \quad\quad OCOCH_3(c) \quad\quad OCOCH_3 \quad OCHOCH_2\bullet$$

c 处的自由基可以继续与单体反应，形成支化的聚乙烯醇。

$$
\begin{array}{c}
(a)\quad(b) \\
\sim CH_2-CH\sim \\
|\quad (c) \\
OCOCH_2-CH_2-CH\sim \\
|\\
OCOCH_3
\end{array}
\xrightarrow[\text{(CH}_3\text{OH)}]{\text{醇解}}
$$

$$\sim CH_2-CH\sim \quad + \quad CH_3OCOCH_2-CH_2-CH\sim$$
$$OH \quad\quad\quad\quad\quad\quad\quad\quad OH$$

转移后，虽然形成支化大分子，但是醇解后可以得到线性的聚乙烯醇。

$$\sim CH_2-CH\sim + nCH_2=CH \xrightarrow{\text{增长后终止}} \sim CH_2-CH\sim$$
$$OCOCH_2\bullet \quad OCOCH_3 \quad\quad OCOCH_2-CH_2-CH\sim$$
$$\quad\quad\quad\quad\quad\quad\quad\quad\quad\quad\quad OCOCH_3$$

（c）处的转移反应在 65℃ 时发生，而（a）处和（b）处的转移反应在 70℃ 时发生，聚乙烯醇的反应温度控制在 65℃，就是为了避免（a）处和（b）处发生转移反应，保证聚乙烯醇的大分子为线型大分子。

2. 向溶剂或杂质的链转移反应

用 SH 代表溶剂或单体中的杂质，则链转移反应可用下式表示。

如果杂质中的 S·使单体的聚合能力下降，则杂质具有阻聚或缓聚作用。

7.2.2　影响聚合的主要因素

1. 引发剂

乙酸乙烯酯（vinyl acetate）聚合可用的引发剂很多，工业上常用的是偶氮二异丁腈［azodiisobutyronitrile（AIBN）］，早期也曾用过氧化二苯甲酰（BPO）。但因为过氧化二苯甲酰的诱导期长，引发效率比偶氮二异丁腈的低，链转移常数大，产物聚合度不易提高，所以已不再采用。

偶氮二异丁腈在 50～70℃ 下能以适当的速率一次分解为游离基，几乎不发生链转移反应。另外，偶氮二异丁腈的分解一般不受介质的影响，只在某种程度上受溶剂黏度的影响。

当甲醇为乙酸乙烯酯聚合的溶剂时，可将引发剂先配成一定浓度的偶氮二异丁腈甲醇溶液待用，该溶液需要在低温（低于 20℃）下存放，否则会很快分解失效。

在聚合反应中，随着引发剂的增加，诱导期缩短，聚合反应的活性中心增加，聚合反应的总速率提高；但相应聚合产物的平均分子量降低，支化度提高。

2. 溶剂的选择及用量

能用于乙酸乙烯酯溶液聚合的溶剂很多，除了已被广泛采用的甲醇外，还可采用乙酸乙酯、无水乙醇、甲苯、苯、丙酮等，但工业生产中基本都用甲醇作为溶剂，其原因有以下三点。

（1）甲醇既是单体和聚合物的优良溶剂，又是聚乙烯醇的醇解剂，聚合所得产物可不必与溶剂分离，而直接用于醇解以制取聚乙烯醇。

（2）甲醇在乙酸乙烯酯溶液聚合中的链转移常数适当，可不另加分子量调节剂，直接利用加入的溶剂量来调节产品的聚合度。

（3）价廉易得，便于回收。

在生产过程中，为了保证产物的聚合度和规定的聚合时间，当一切对产物聚合度有影响的因素发生变动时，甲醇的含量必须随之做相应的调整。可见，在乙酸乙烯酯的溶液聚合中，调节甲醇含量是控制产物聚合度的重要手段。

3. 转化率

转化率（conversion rate）越高，聚合反应进行的程度越高，需要回收的未参加反应的单体越少，从经济角度来看是有利的。但从产品的质量角度考虑，过高的转化率使产品的支化度提高、分子量分布变宽，从而影响制得的聚乙烯醇纤维的品质。在现行的以甲醇为溶剂的聚合工艺中，转化率通常取 50%～60%，不宜超过 65%。

4. 聚合时间

聚合时间除了对生产设备的利用率有明显的影响外，对所得产品的质量，特别是对产品的分子量分布也有相当明显的影响。随着聚合时间的缩短，设备的生产能力有所提高，但产品的分子量分布变宽，使低聚合度级分和高聚合度级分都有明显增加，从而为聚乙烯醇的加工性能及加工所得产品的结构和性能带来不良影响。为了确保产品质量，聚合时间不宜过短。在现行的以偶氮二异丁腈为引发剂的溶液聚合体系中，聚合时间常取 4.5～5.0h。

另外，在现行生产控制中，为了稳定产品的质量，应控制转化率不变或控制聚合时间不变。按实际生产情况来看，控制聚合时间不变，在一定范围内对稳定产品的平均聚合度比控制转化率不变效果更好。

5. 聚合温度

聚合温度不仅影响聚合反应速率，还会使聚合物的聚合度及结构发生变化。聚合温度提高，诱导期缩短，聚合反应的速率提高。聚合温度提高，各种链转移反应和副反应的加速将更加明显，导致高聚物性能降低，高聚物的支化度提高，平均聚合度降低。

一般选用乙酸乙烯酯与甲醇混合物的恒沸温度（**64～65℃**）为乙酸乙烯酯的聚合温度。选择聚合温度为 **64～65℃** 原因如下。

（1）乙酸乙烯酯和甲醇有恒沸点 64.5℃，聚合反应容易控制。

（2）聚合物的结构与聚合温度有关。乙酸乙烯酯的聚合温度之所以控制在 65℃，就是为了避免链转移反应，防止聚乙酸乙烯大分子支化，保证聚乙烯醇大分子为线型大分子。

（3）可以满足引发剂偶氮二异丁腈所需的聚合温度，还可以控制聚合体系温度的稳定。

6. 杂质

杂质对乙酸乙烯酯聚合有显著影响，即使存在微量杂质，也会给产品的质量带来严重的危害。由单体或溶剂带入聚合体系的杂质主要是乙醛、巴豆醛、乙烯基乙炔、二乙烯基乙炔等。其中影响最大的是乙醛和巴豆醛，它们容易导致活性链发生链转移反应，反应式如下。

$$\begin{array}{c} \sim\!\!\sim\!\!\mathrm{CH_2-\overset{\bullet}{C}H} \\ | \\ \mathrm{O-C-CH_3} + \mathrm{CH_3-C-H} \\ \quad\ \| \qquad\qquad\ \| \\ \quad\ \mathrm{O} \qquad\qquad\ \mathrm{O} \end{array} \longrightarrow$$

$$\begin{array}{c} \sim\!\!\sim\!\!\mathrm{CH_2-CH_2} \\ | \\ \mathrm{O-C-CH_3} + \mathrm{CH_3-\overset{\bullet}{C}} \\ \quad\ \| \qquad\qquad\ \| \\ \quad\ \mathrm{O} \qquad\qquad\ \mathrm{O} \end{array}$$

$$\mathrm{CH_3-\overset{\bullet}{C}} + n\mathrm{CH_2=CH} \longrightarrow \mathrm{CH_3-C} \!\!-\!\![\mathrm{CH_2-\overset{H}{\underset{OCOCH_3}{C}}}]_n$$

链转移结果将导致产物平均分子量下降和在大分子链中引入羰基，使产物的热稳定性降低。

氧对聚合反应有双重作用，吸氧量小时，在加热情况下起到引发聚合的作用；吸氧量大时则起阻聚作用。该特性可应用于工业生产中，如聚合过程中突然停电、停水，为了使聚合停止，以免发生爆炸，可在聚合反应釜反应中通入空气，阻止聚合。事故排除后，再通入氮气，将吸收的氧置换出来，聚合过程重新开始。采取此措施时，聚合系统的排气口设有氮封，稀释空气中的氧、甲醇和乙酸乙烯酯，使其达不到爆炸极限。

另外，二乙烯基乙炔等杂质还会对聚合起阻聚和抑制作用。即使二乙烯基乙炔量小，也会给聚合带来很大的影响。虽然巴豆醛对聚合的抑制作用比二乙烯基乙炔的小，但含量大，会使聚乙烯醇的色相不好，因此也应尽量除尽。

一般用于制造聚乙烯醇纤维的乙酸乙烯酯中，乙醛含量应在 0.02% 以下，巴豆醛含量应在 0.05% 以下。

7.3 聚乙烯醇生产工艺

聚乙烯醇 [polyvinyl alcohol（PVA）] 不能从乙烯醇直接聚合而成，因乙烯醇极不稳定，会迅速异构化为乙醛。一般通过乙酸乙烯酯溶液聚合后醇解，用羟基代替乙酰基制得聚乙烯醇。

7.3.1 聚乙酸乙烯酯的醇解原理

由聚乙酸乙烯酯转化为聚乙烯醇主要有两种方法：直接水解法（皂化法）（direct hydrolysis process）和酯交换法（醇解法）（transesterification method）。

1. 皂化法

若反应物料中有水，则氢氧化钠在水中能形成钠离子和氢氧根离子，可与聚乙酸乙烯酯发生以下皂化反应。

$$\text{~CH}_2-\text{CH~} \mid \text{O}-\overset{\mid}{\underset{\mid}{C}}-\text{CH}_3 + \text{NaOH} \rightleftharpoons \quad \text{~CH}_2-\text{CH~} \mid \text{HO}-\overset{\mid}{\underset{\mid}{C}}-\text{CH}_3 \mid \text{O}^-\text{Na}^+ \rightleftharpoons$$

（中间产物）

$$\text{~CH}_2-\text{CH~} \mid \text{O}^-\text{Na}^+ \quad + \quad \text{HO}-\overset{\mid}{\underset{\parallel}{C}}-\text{CH}_3 \longrightarrow \quad \text{~CH}_2-\text{CH~} \mid \text{OH} \quad \Big\downarrow +\text{CH}_3\text{COONa}$$

由于聚乙烯醇不溶于乙酸钠溶液，因此促使反应向右进行。在皂化反应中，氢氧化钠参与反应并生成乙酸钠，该反应所占的比重与体系中碱的浓度密切相关。

2. 醇解法

聚乙酸乙烯酯与甲醇发生酯交换反应，其中氢氧化钠与甲醇形成甲醇钠，实际起催化反应的是 CH_3O^-，反应式如下。

$$NaOH + CH_3OH \longrightarrow CH_3ONa + H_2O$$
$$CH_3ONa \longrightarrow CH_3O^- + Na^+$$

$$\text{~CH}_2-\text{CH~} \mid \text{O}-\overset{\mid}{\underset{\parallel}{C}}-\text{CH}_3 + \text{CH}_3\text{O}^- + \text{Na}^+ \rightleftharpoons \quad \text{~CH}_2-\text{CH~} \mid \text{H}_3\text{CO}-\overset{\mid}{\underset{\mid}{C}}-\text{CH}_3 \mid \text{O}^-\text{Na}^+ \rightleftharpoons$$

（中间产物）

$$\text{~CH}_2-\text{CH~} \mid \text{O}^-\text{Na}^+ \quad + \quad \text{H}_3\text{CO}-\overset{\mid}{\underset{\parallel}{C}}-\text{CH}_3$$

$$\text{~CH}_2-\text{CH~} \mid \text{O}^-\text{Na}^+ + \text{CH}_3\text{OH} \longrightarrow \quad \text{~CH}_2-\text{CH~} \mid \text{OH} \quad \Big\downarrow +\text{CH}_3\text{ONa}$$

由于聚乙烯醇不溶于甲醇而形成沉淀，因此最后一步反应不可逆，促使整个反应向右进行。由于作为催化剂的甲醇钠在最后再生，因此反应所需的氢氧化钠量很小。

副反应式如下。

$$\text{H}_3\text{CO}-\overset{\parallel}{C}-\text{CH}_3 + \text{NaOH} \longrightarrow \text{H}_3\text{C}-\overset{\parallel}{C}-\text{ONa} + \text{CH}_3\text{OH}$$

当反应体系中的含水量比较高时，副反应明显加速，使反应所耗用的碱催化剂量也随之增大。

7.3.2 聚乙烯醇生产工艺

由乙酸乙烯溶液聚合生产聚乙烯醇的流程如图 7.2 所示。

【聚乙烯醇生产工艺】

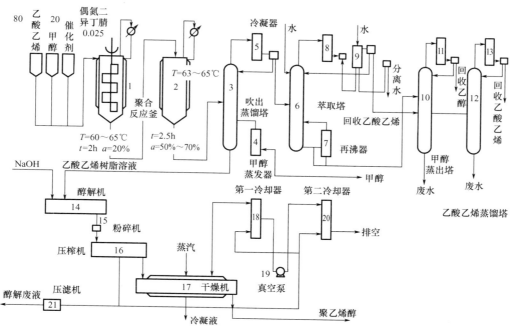

图 7.2 由乙酸乙烯溶液聚合生产聚乙烯醇的流程

7.3.3 聚乙烯醇的结构、性能及应用

1. 聚乙烯醇的结构和性能

聚乙烯醇树脂为白色片状、絮状或粉末状固体,无味。相对密度(25℃)为 1.27~1.31(固体),玻璃化温度为 75~85℃。聚乙烯醇在空气中加热至 100℃ 以上时将慢慢变色、脆化;加热至 160~170℃ 时脱水醚化,失去溶解性;加热到 200℃ 时开始分解;加热至超过 250℃ 时变成含有共轭双键的聚合物。

用作维尼纶原料的聚乙烯醇的结构主要是头尾结构,其中 1%~2% 为头头结构。聚乙烯醇是一种无规结构的高聚物,结晶度很高。由于聚乙酸乙烯酯分子结构中存在支链,因此若醇解时支链不能断裂,则所得聚乙烯醇还会存在支链;若醇解不完全,则乙酸根会妨碍大分子的靠拢,使结晶度下降。

聚乙烯醇是含大量羟基的聚合物,是一种水溶性高聚物,含乙酸根很少。由于大分子间相互作用强烈,因此只能溶解于 95℃ 的热水中。随着醇解度的下降,乙酸根的增加,结晶度降低,可在 20℃ 的水中溶解。醇解度在 50% 以下,聚乙烯醇就不能溶于水。聚乙烯醇除能溶于水外,还能溶于脂肪族多羟基化合物(如乙二醇、丙二醇)。聚乙烯醇不溶于汽油、煤油、植物油、苯、甲苯、二氯乙烷、四氯化碳、丙酮、乙酸乙酯、甲醇、乙二醇等,微溶于二甲基亚砜,120~150℃ 下可溶于甘油,但冷至室温时成为胶冻。

聚乙烯醇具有很好的成膜性、气体(如氧、氢、二氧化碳等)阻隔性,良好的黏接性,一定的吸湿性,较好的透明性,较好的力学性能,可适度增塑成型。

从化学结构角度,聚乙烯醇可看成在交替相隔的碳原子上带有羟基的多元醇,可进行醚化、酯化、缩醛化等,其中缩醛化最重要。可对聚乙烯醇进行多种改性,以获得聚乙烯

醇改性物。

2. 聚乙烯醇的应用

聚乙烯醇的应用可分为纤维和非纤维两个方面。由于聚乙烯醇具有独特的强力黏接性、皮膜柔韧性、平滑性、耐油性、耐溶剂性、保护胶体性、气体阻隔性、耐磨性及经特殊处理具有的耐水性，因此除了作为纤维原料外，还可用于生产涂料、黏合剂、纸品加工剂、乳化剂、分散剂、薄膜等，应用范围遍及纺织、食品、医药、建筑、木材加工、造纸、印刷、农业、钢铁、高分子化工等行业。

聚乙烯醇综合性能优良，在医药制剂中用于制作微型胶囊的囊材、膜剂、涂膜剂的成膜材料等，应用效果良好。

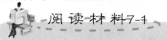阅读材料7-1

聚丙烯腈纤维

早在 100 多年前，人们就已制得聚丙烯腈，但因没有合适的溶剂，故未能制成纤维。美国杜邦公司和德国 Hoechst AG 公司于 1942 年取得以二甲基甲酰胺为聚丙烯腈溶剂的专利。随后又发现其他有机溶剂与无机溶剂，如二甲基乙酰胺、二甲基亚砜、硫氰酸钠的水溶液，氧化锌溶液，硝酸等。1950 年，美国杜邦公司首先进行工业化生产；之后又发现了多种溶剂，形成了多种生产工艺。1954 年，联邦德国拜耳公司用丙烯酸甲酯与丙烯腈的共聚物制得纤维，改进了纤维性能，提高了实用性，促进了聚丙烯腈纤维的发展。

聚丙烯腈的聚合工艺分为以水为介质的悬浮聚合和以溶剂为介质的溶液聚合两类。悬浮聚合所得聚合体以絮状沉淀析出，需再溶解于溶剂中以制成纺丝溶液；溶液聚合所用溶剂既能溶解单体又能溶解聚合物，所得聚合液直接用于纺丝。

聚丙烯腈纤维的性能极似羊毛，弹性较好，伸长 20% 时仍可保持 65% 的回弹率，蓬松卷曲而柔软，保暖性比羊毛高 15%，有合成羊毛之称；耐晒性能优良，露天暴晒一年，强度仅下降 20%，可做成窗帘、幕布、蓬布、炮衣等；能耐酸、耐氧化剂和一般有机溶剂，但耐碱性较差；纤维软化温度为 190～230℃。

聚丙烯腈纤维有人造羊毛之称，具有柔软、蓬松、易染、色泽鲜艳、耐光、抗菌、不怕虫蛀等优点，根据不同的用途要求，可纯纺或与天然纤维混纺，其纺织品被广泛用于服装、装饰等领域。图 7.3 所示为聚丙烯腈纤维及聚丙烯腈纤维布。

（a）聚丙烯腈纤维　　　　　　　　　　（b）聚丙烯腈纤维布

图 7.3　聚丙烯腈纤维及聚丙烯腈纤维布

7.4 丙烯腈溶液聚合生产工艺

丙烯腈含量占35%~95%，第二、第三单体含量占5%~65%的共聚物制成的纤维则称为改性聚丙烯腈纤维。我国聚丙烯腈纤维的商品名称为腈纶。

由于聚丙烯腈无序区相对比较规整，染料分子很难进入，因此染色困难。此外，聚丙烯腈纤维缺少弹性，质地发脆，纤维成型时难以高倍拉伸。为改进这些缺陷，可加入第二单体破坏大分子链的规整性，降低大分子间的敛集密度等。

【聚丙烯腈】

在丙烯腈二元共聚的基础上，还需加入含碱性基团或含酸性基团的第三单体进行共聚，以便引入一定数量的亲染料基团，使纤维能用一定的染料染色，以达到色谱齐全、颜色鲜艳、水洗及日晒牢度较好。

最早的聚丙烯腈纤维由纯聚丙烯腈制成，因染色困难且弹性较差，故仅作为工业用纤维。后来开发出丙烯腈与乙烯基化合物组成的二元共聚物或三元共聚物，改善了聚合物的可纺性和纤维的染色性；其后又研制成功丙烯氨氧化法制丙烯腈，使聚丙烯腈纤维得到迅速发展。

【丙烯腈】

7.4.1 均相溶液聚合工艺

1. 聚合体系的组成

（1）单体。

聚丙烯腈纤维大多由三元共聚物制得，其中除第一单体丙烯腈（用量一般为88%~95%）外，还要加入第二单体和第三单体。

工业生产中常用的第二单体为非离子型单体，如丙烯酸甲酯、甲基丙烯酸甲酯、乙酸乙烯酯、丙烯酰胺等。加入第二单体的作用是降低聚丙烯腈的结晶性（crystallization），增强纤维的柔软性，提高纤维的机械强度、弹性和手感，提高染料向纤维内部的扩散速率，并在一定程度上改善纤维的染色性。第二单体用量通常为4%~10%。

加入第三单体的目的是引入一定数量的亲染料基团，以增强纤维对染料的亲和力，制得色谱齐全、颜色鲜艳、染色牢度好的纤维，并使纤维不会因热处理等高温过程而发黄。第三单体为离子型单体，可分为两大类：一类是对阳离子染料有亲和力、含有羧基或磺酸基团的单体，如丙烯磺酸钠、甲基丙烯磺酸钠、丁二酸、对乙烯基苯磺酸钠、甲基丙烯苯磺酸钠等；另一类是对酸性染料有亲和力、含有氨基、酰胺基、吡啶基等的单体，如乙烯基吡啶、2-甲基-5-乙烯基吡啶、甲基丙烯酸二甲氨基乙酯等。第三单体用量通常为0.3%~2%。

丙烯腈单体活性较强，可与许多单体进行共聚改性，为改善聚丙烯腈纤维性能奠定了基础。

当两种或两种以上单体进行共聚时，往往会因各单体的竞聚率不同而导致单体在聚合过程中的消耗速率不同，使聚合操作变复杂。在实际生产中，为了便于控制，以保证所得产物质量的稳定，所用各单体的竞聚率不能相差过大。

（2）溶剂。

在工业生产中，根据所用溶剂的溶解性能不同，丙烯腈溶液聚合可分为均相溶液聚合和非均相溶液聚合两种。

均相溶液聚合（homogeneous solution polymerization）时，采用了既能溶解单体又能溶解聚合物的溶剂，如硫氰酸钠水溶液、氯化锌水溶液、二甲基亚砜等。反应完毕，聚合物溶液可直接纺丝，这种方法称为"一步法"。该方法的优点是聚合热容易导出，避免了由局部过热引起的自动加速现象，聚合物的分子量分布较窄，保证了产品质量；同时聚合反应容易控制，可以实现连续聚合、连续纺丝。其缺点是要考虑溶剂对聚合反应的影响，且增加了溶剂回收工序。

非均相溶液聚合（heterogeneous solution polymerization）时，采用的溶剂能溶解或部分溶解单体，但不能溶解聚合物。聚合过程中生成的聚合物以絮状沉淀不断析出。若要制成纤维，则必须将絮状的聚丙烯腈分离出来，再进行溶解，制得纺丝原液才可纺制纤维，这种方法称为"两步法"。若非均相溶液聚合时采用的溶剂是水，则称为水相沉淀聚合法。这种方法反应温度低，产品洁白，在水相沉淀聚合中可得到分子量分布较窄的产品；聚合速率高，转化率高，无需溶剂回收工序。其缺点是纺丝前还需溶解聚合物，聚合和纺丝分两步，生产不连续。

（3）引发剂。

丙烯腈聚合通常使用偶氮类引发剂（azo initiators）（如偶氮二异丁腈及偶氮二异庚腈）及有机过氧化物（如辛酰过氧化物、十二酰过氧化物、过氧化二碳酸二异丙酯）类氧化还原体系引发剂。

（4）链转移剂。

丙烯腈溶液聚合反应中，存在多种链转移反应。由于存在溶剂，因此大分子自由基向溶剂链转移时，大分子支化受到抑制。溶剂的链转移常数大，不能制得分子量大的聚合物。因此，一般选择链转移常数适当的溶剂，且用异丙醇或乙醇做调节剂。

（5）添加剂。

为了防止聚合物着色，在聚合过程中还需加入少量还原剂或其他添加剂，如二氧化硫脲、氯化亚锡等，以提高纤维的白度。

2. 聚合配方及工艺流程

（1）聚合配方。

以硫氰酸钠水溶液为溶剂、以丙烯腈为主体的三元共聚物的典型聚合配方及工艺条件见表 7-3。

表 7-3　聚合工艺典型聚合配方及工艺条件

聚合配方（质量分数）	质量分数/（%）	聚合工艺条件	数　　值
丙烯腈（88%～94.5%）		聚合温度	75～76℃
丙烯酸甲酯（5%～10%）	17～25	聚合时间	1.5～2h
甲基丙烯磺酸钠（5%～2%）		转化率（低）	50%～55%
溶剂（硫氰酸钠水溶液）	44%～45%	聚合物浓度（低）	10%～11%
引发剂（偶氮二异丁腈）	0.2～0.8	转化率（高）	70%～75%
浅色剂（二氧化硫脲）	0.5～1.2	聚合物浓度（高）	12%～13.5%
分子量调节剂（异丙醇）	0～3%	搅拌速度	55～80r/min

118

（2）聚合工艺。

① 原料准备：将第一单体丙烯腈、第二单体丙烯酸甲酯、第三单体甲基丙烯磺酸钠与质量分数为44%～45%的硫氰酸钠水溶液在恒温槽加热后加入混合器中，与浅色剂、分子量调节剂混合均匀，调节pH为4.8～5.2，将其在管路中与引发剂混合，经过滤器过滤除去机械杂质，经热交换器预热后送至聚合反应釜。

② 聚合：物料从装有搅拌器的聚合反应釜底部进入，釜内装有夹套，用水蒸气加热，聚合温度低于80℃，一般控制在75～76℃。若温度太高，则蒸汽压过高，将在反应器内产生压力。聚合时间为1.5～2.0h，转化率达到要求时，即停止聚合。

③ 回收单体：聚合物溶液送至第一单体脱除塔（塔内真空度为90kPa），单体蒸气经喷淋式单体冷凝器冷凝回收第一单体，脱除了第一单体的物料由塔底流出，经预热器预热后进入第二单体脱除塔，冷凝回收第二单体。

④ 聚合物溶液后处理：脱除了单体的聚合物溶液（原液混合物）经原液混合槽、脱泡桶、纺前多级混合器和原液过滤机送至纺丝工序。原液混合物中最终含单体质量分数小于0.2%。

3. 影响聚合反应的主要因素

（1）单体浓度。

从自由基反应动力学可知，聚合反应速率与单体浓度成正比，单体浓度增大，聚合反应速率提高。由于聚合物平均分子量与单体浓度成正比，因此提高单体浓度也可使聚合物的平均分子量提高。

但是单体浓度并不能随意提高，采用一步法制备纺丝原液时，单体浓度受制于纺丝原液的总固含量和转化率。

（2）引发剂浓度。

随引发剂浓度的增大，聚合反应速率提高，但聚合物分子量降低。在实际生产中，引发剂偶氮二异丁腈用量一般为总单体质量的0.2%～0.8%。

（3）聚合温度。

在硫氰酸钠水溶液中，以偶氮二异丁腈为引发剂进行丙烯腈-丙烯酸甲酯二元共聚时，聚合温度对二元共聚反应的影响见表7-4。

表7-4 聚合温度对二元共聚反应的影响

聚合温度/℃	转化率/(%)	平均分子量
70	70.6	78900
75	72.5	65800
80	76.5	43400

由阿伦尼乌斯方程可知，聚合温度升高、速率常数增大，反应速率提高。温度升高，引发剂分解速率提高，形成的自由基增加，导致链引发速率及链终止速率提高，聚合物的平均分子量降低。

另外，以硫氰酸钠为溶剂的三元共聚体系为例，如果聚合温度超过单体的沸点，则单体急速汽化，反应不易控制，也给操作带来一定困难。生产中，选择聚合温度为76～78℃。

（4）聚合时间。

聚合时间太短，聚合热来不及释放，聚合转化率低；聚合时间太长，会降低设备的生

产能力。以硫氰酸钠为溶剂的均相溶液聚合的生产中，随着聚合时间的增加，转化率上升缓慢，分子量有所下降，并且分子量分布变宽。生产上，以硫氰酸钠为溶剂时，聚合时间一般控制在 1.5～2.0h。

（5）介质的 pH。

在硫氰酸钠溶液聚合反应中，当 pH<4 时，溶液 pH 对聚合转化率和聚合物增比黏度有明显的影响（可能是由于 pH 低时，在聚合条件下有少量硫氰酸钠分子产生硫化物而引起链转移和阻聚作用）。当 pH＝4～9 时，聚合转化率、聚合物增比黏度变化较小。但 pH>7 的条件下，聚丙烯腈分子链上的氰基容易水解（However, the cyano group on the polyacrylonitrile molecular chain is easily hydrolyzed at a pH value greater than 7）。

聚丙烯腈在存在氨气的情况下会在大分子链上产生共轭双键并形成脒基而显黄色。若加入稀酸处理，则黄色化合物会水解成无色的聚丙烯酰胺或聚丙烯酸，使聚合物恢复白度。

pH 低，聚合物色淡、透明；pH 高，聚合物变黄（low pH value, light and transparent; At high pH, the polymer turns yellow）。在 pH 为 5 ± 0.3 时，聚合物颜色较淡，且对聚合转化率等影响不大。如以衣康酸为第三单体、以硫氰酸钠为溶剂进行聚合，为使反应体系 pH 保持在 5 左右，需将衣康酸配成浓度为 13.5％的衣康酸钠盐，此时 pH 与反应体系所要求的 pH 较接近。

（6）浅色剂。

浅色剂二氧化硫脲（thiourea dioxide）受热后能产生不稳定的甲脒亚磺酸、尿素及次硫酸，次硫酸遇氧后又产生亚硫酸。由于次硫酸和亚硫酸都会电离出氢离子，能抵消硫代硫酸钠分解所引起的 pH 升高，因此有利于稳定体系的 pH。其反应式如下。

二氧化硫脲（稳定）　　　甲脒亚磺酸（不稳定）　　　尿素　　　次硫酸

$$H_2SO_2 \xrightarrow{O_2} H_2SO_3$$
$$H_2SO_2 \longrightarrow H^+ + HSO_2^-$$
$$H_2SO_3 \longrightarrow H^+ + HSO_3^-$$

还有人认为二氧化硫脲的分解产物能与丙烯腈、衣康酸形成络合物，阻止铁离子吸附到丙烯腈上，使聚丙烯腈不被污染。

在丙烯腈的溶液聚合中加入 0.75％的二氧化硫脲，聚丙烯腈的透光率可提高到 95％，但其用量不能过多，否则会造成硫酸根增加，发生阻聚反应和链转移反应，使聚合体系的转化率和分子量下降。其用量通常为单体量的 0.5％～1.2％。

（7）调节剂的用量。

异丙醇是一种调节剂，因其分子中与伯碳原子相连的氢原子特别活泼，易与增长的大分子自由基作用发生链转移，故可调节聚合物的分子量。试验表明，聚合溶液的分子量随异丙醇用量的增大而降低，而转化率变化甚微。因此，在实际生产中可用异丙醇的加入量来控制聚合物的分子量。

（8）转化率的选择。

以硫氰酸钠（sodium thiocyanate）为溶剂的丙烯腈聚合反应中，可采用两种转化率：一种为低转化率（50％～55％），另一种为中转化率（70％～75％）。低转化率的聚丙烯腈洁白，分子量较高，但单体的回收量大；而转化率高（即80％以上）的聚丙烯腈色黄，分子量分布宽，而且有支链，会影响纺丝，一般工厂选用中转化率进行生产。

（9）铁质。

在以硫氰酸钠为溶剂、以偶氮二异丁腈（azodiisobutyronitrile）为引发剂的聚合体系中，无论是 Fe^{2+} 还是 Fe^{3+} 都对反应有阻聚作用，使反应速率下降、聚合物分子量下降。这是因为丙烯腈与 Fe^{3+} 发生如下反应。

$$\sim\sim\text{CH}_2-\overset{\bullet}{\underset{\underset{\text{CN}}{|}}{\text{CH}}} + \text{FeCl}_3 \longrightarrow \sim\sim\text{CH}=\underset{\underset{\text{CN}}{|}}{\text{CH}} + \text{FeCl}_2 + \text{HCl}$$

$$\sim\sim\text{CH}_2-\overset{\bullet}{\underset{\underset{\text{CN}}{|}}{\text{CH}}} + \text{FeCl}_3 \longrightarrow \sim\sim\text{CH}=\underset{\underset{\text{CN}}{|}}{\text{CHCl}} + \text{FeCl}_2$$

铁离子还会与 SCN^{-1} 反应，生成 $Fe(SCN)_3$ 和 $[Fe(SCN)_n]^{3-n}$（$n=1\sim6$），均呈深红色。因为铁离子含量增大会影响成品的白度，所以聚合反应釜及相关设备大多采用不锈钢制成。

7.4.2 水相沉淀聚合工艺

丙烯腈水相沉淀聚合（aguenous precipitation polymerization）是指用水做介质的聚合方法。当用水溶性引发剂引发聚合时，生成聚合物不溶于水而从水相中沉淀析出，称为沉淀聚合，又称水相悬浮聚合。由于纺丝前要用溶剂溶解聚合物制成原液，因此又称两步法生产聚丙烯腈纤维。丙烯腈在水中的溶解度见表 7-5。

表 7-5 丙烯腈在水中的溶解度

温度/℃	溶解度（质量分数）/（%）	温度/℃	溶解度（质量分数）/（%）
0	7.2	60	9.10
20	7.35	80	10.80
40	7.90		

1. 聚合体系的组成

（1）单体。

单体主要有丙烯腈、丙烯酸甲酯等（第二单体）、苯乙烯磺酸钠等（第三单体）。

（2）溶剂。

溶剂采用去离子水。

（3）引发剂。

引发剂一般采用水溶性的氧化还原引发体系，如 $NaClO_3$-Na_2CO_3、$K_2S_2O_8$-$NaHSO_3$ 等。若 $NaClO_3$-Na_2CO_3 为引发剂，只有 pH＜4.5 时才能发生引发反应，适宜的 pH 为 1.9~2.0。$NaClO_3/Na_2CO_3$ 的质量分数之比一般为 1：（3~20）。$NaClO_3$ 氧化剂用量占单体量的 0.2%~0.8%。

工业生产中，以过硫酸钾为氧化剂时，通常还采用二氧化硫为还原剂来组成氧化还原体系。二氧化硫还对控制反应体系中的 pH（2.5~3）和聚合物的游离酸度起重要作用。

有时还加入少量亚铁盐（如 $FeSO_4$），俗称活化剂（或促进剂），以提高反应速率。增大铁含量能增大自由基的浓度，产生更多的链引发和链终止。因为铁离子能使活化剂和催化剂产生自由基，所以铁起催化剂的作用。

为控制聚合转化率，当需要终止反应时，常加入乙二胺四乙酸四钠盐水溶液，其浓度约为 16%，是一种螯合剂。乙二胺四乙酸四钠盐与铁离子结合，使铁对连续聚合反应失去作用，起终止剂的作用。乙二胺四乙酸铁钠络合物是水溶性的，过滤时可从系统中除去。

2. 聚合工艺流程

丙烯腈水相沉淀聚合工艺流程如图 7.4 所示。

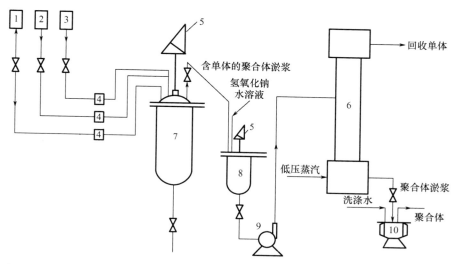

1—丙烯腈＋丙烯酸甲酯计量稳定罐；2—引发剂水溶液计量稳定罐；3—第三单体计量稳定罐；4—计量泵；
5—搅拌器；6—单体汽提塔；7—聚合反应釜；8—碱终止釜；9—泵；10—转鼓式真空过滤机

图 7.4　丙烯腈水相沉淀聚合工艺流程

（1）原料准备。

单体、引发剂、水、微量铁的催化剂等通过计量泵进入聚合反应釜，并用酸调整体系的 pH。

（2）聚合。

反应物料在聚合反应釜内反应 1～2h，控制转化率为 80%～85%。从聚合反应釜出来的单体和聚合物淤浆流到碱终止釜，加入氢氧化钠水溶液，改变体系的 pH 后送至单体汽提塔。

（3）回收未反应的单体。

单体汽提塔用低压水蒸气加热，单体蒸气经冷凝器冷凝，经滗析器过滤回收。滗出的聚合物再送至单体汽提塔重新汽提。

（4）聚合物后处理。

脱除单体的聚合物淤浆流入淤浆储槽，用泵打入转鼓式真空过滤机，在真空过滤机内加水洗涤滤液，脱除水的固体聚合物经造粒机造粒，粒状聚合物进入隧道式干燥机干燥，

经粉碎机粉碎后进入聚合物贮槽。

3. 水相沉淀的特点

国外的腈纶厂大多采用两步法聚合聚丙烯腈，该法的主要优点如下。

（1）聚合介质混合均匀，对聚合体系各单体的竞聚率没有特别要求，选择第二单体、第三单体的余地比较大。

（2）通常采用水溶性氧化还原引发体系，可在较低温度下进行聚合，聚合热易除去，工艺条件易控制。

（3）聚合和纺丝可以分开进行。所得聚合物便于贮存和运输，调换和开发新品种比较方便灵活。聚合物可分为不同的等级混合用于纺丝，既经济又可保证各批纤维的质量均匀。

其主要缺点如下。

（1）聚合反应釜釜壁容易"结疤"，釜内聚合物容易沉淀堆积，影响后续生产，增大清理工作量。

（2）与均相沉淀聚合相比，聚丙烯腈固体粒子需用溶剂重新溶解，以制备纺丝原液，比一步法增加一道生产工序。

4. 影响水相沉淀聚合工艺的主要因素

（1）单体浓度。

对于水相沉淀聚合，单体起始浓度不受纺丝原液的聚合物的规定浓度限制（For aqueous precipitation polymerization, the initial concentration of monomer is not limited by the specified concentration of the polymer in the spinning stock）。对于连续聚合而言，单体对水的比率可以为 $15\%\sim40\%$，一般选用 $28\%\sim30\%$。当高浓度的单体以连续方式进料（即丙烯腈浓度远超过其在水中的溶解度）时，随着进料单体浓度的增大，转化率有所提高，而产物分子量下降。因为单体量增大时，引发剂量也相应增大，但单体仅部分溶于水，引发剂却全部溶于水，相对提高了水相中引发剂的浓度，所以在聚合时聚合物平均分子量下降。

（2）聚合时间与温度。

聚合时间（连续聚合时为停留时间）会影响聚合转化率、聚合物分子量及其分布。如聚合温度取 $25℃$，则引发速率太慢；如聚合温度超过 $60℃$，则产物（聚丙烯腈纤维）的颜色太深。温度也会影响聚合转化率及聚合物分子量。通常聚合时间取 $1\sim2h$，而聚合温度控制在 $35\sim55℃$。

（3）添加剂及杂质的影响。

若反应中加入少量十二烷基磺酸钠等阴离子表面活性剂，则会提高聚合反应的初速度。用偶氮二异丁腈引发丙烯腈聚合时，Fe^{2+} 会使聚合速率减小，而 $NaClO_3$ - Na_2SO_3 引发体系中加入 Fe^{2+} 时可加速聚合。

对丙烯腈的聚合反应而言，氧能起阻聚作用；而在水相沉淀聚合时，物料中溶解的微量氧气或少量空气带入的氧气对聚合反应没有太大影响。若通入大量空气，则会降低聚合速率和增大聚合物分子量。

（4）聚合物粒子尺寸。

水相沉淀聚合时，聚合物粒子尺寸及聚集状态是重要的控制指标。搅拌速率对聚合物粒子尺寸和粒径分布也有较大影响。

7.4.3　聚丙烯腈的结构、性能及应用

1. 聚丙烯腈的结构

聚丙烯腈的结构式如下。

$$\sim\sim CH_2-CH \sim\sim$$
$$|$$
$$CN$$

聚丙烯腈大分子链中丙烯腈单元的连接方式主要是首尾连接，与 C≡N 基连接的碳原子间隔一个亚甲基。由于聚丙烯腈结构中有极性较强、体积较大的侧基（氰基），在同一个大分子与相邻分子间产生斥力和引力，使大分子活动受到极大阻碍而具有不规则的折曲和扭矩，因此聚丙烯腈主链呈不规则螺旋状空间立体构象。纤维在染色时，染料分子主要扩散到聚合物的无定形区及部分晶区的表面和缺陷处。

2. 聚丙烯腈的性能

聚丙烯腈为白色粉末状物质，密度为 $1.14\sim1.15g/cm^3$。

因为分子链上存在氰基，所以聚丙烯腈的耐光性优良。氰基上的碳和氮以三键（一个 σ 键和两个 π 键）相连，这种结构可吸收能量较多的光子，并能转换为热能，从而保护主链，使其不容易发生裂解。

聚丙烯腈的热稳定性较高，形成纤维用聚丙烯腈加热至 170～180℃时颜色没有变化，加热到 250～300℃时发生热裂解（Polyacylonitrile has high thermal stability，used for synthetic fibers has no color change when it's heated to 170～180℃. The cracking occurred when heated to 250～300℃）。

聚丙烯腈的化学稳定性远比聚氯乙烯的低，在很大的温度范围内，聚丙烯腈对醇类、有机酸（除甲酸外）、碳氢化合物、油、酮及酯等都较稳定。但在无机酸和碱作用下，聚丙烯腈部分或完全皂化并生成聚丙烯酰胺或聚丙烯酸盐，并且聚丙烯腈可完全溶解在浓硫酸中。

聚丙烯腈的成纤性很大程度上取决于产品的分子量及其分布。当分子量低于 1 万时，往往不能形成纤维。适合纺丝的聚丙烯腈分子量一般为 2.5 万～8 万。

3. 聚丙烯腈的用途

聚丙烯腈的主要用途是纺制纤维。用聚丙烯腈纺制的纤维具有许多优良的性能，如短纤维蓬松、卷曲、柔软，极似羊毛，而且某些性能超过羊毛。因此聚丙烯腈纤维广泛用来代替羊毛，或与羊毛纺制成毛织物、棉织物、针织物、工业用布及毯子等。聚丙烯腈纤维还可加工制成膨体纱，由于其中保存大量空气，因此具有较好的保暖性。

聚丙烯腈纤维除民用外，在军用、工业材料方面的应用正逐渐扩大，以聚丙烯腈纤维为基体制备碳纤维已成为制备碳纤维的主要途径。

习　题

1. 溶液聚合中溶剂的作用是什么？选择溶剂的原则是什么？

2. 乙酸乙烯溶液聚合时氧的作用是什么？如何利用这种双重作用？

3. 试分析乙酸乙烯溶液聚合的配方和工艺条件的确定原则。

（1）为什么转化率为 $50\% \sim 60\%$？

（2）为什么以甲醇为溶剂？

（3）为什么聚合温度控制在 $65℃ \pm 5℃$？

4. 合成聚丙烯腈纤维中第一单体、第二单体、第三单体的选择原则是什么？

5. 为什么聚乙酸乙烯醇解时不用酸而用碱做催化剂？为什么要在少量水存在的条件下水解？为什么要防止醇解温度过高？

6. 简述丙烯腈溶液聚合的生产工艺及影响因素。

7. 聚丙烯腈的用途有哪些？

第8章
阳离子聚合反应及其工业应用

本章教学要点

知 识 要 点	掌 握 程 度	相 关 知 识
阳离子聚合的特点、反应机理及应用	掌握阳离子聚合的特点、反应机理及应用	阳离子聚合增长活性中心为离子的连锁聚合
阳离子聚合的单体、溶剂及引发剂	掌握阳离子聚合的单体及引发剂（含氢酸、路易斯酸及有机金属化合物等）	亲核性的单体，易与质子结合而被引发；聚合用溶剂为高纯有机溶剂
丁基橡胶的生产工艺	掌握丁基橡胶的生产工艺	丁基橡胶的生产控制因素，单体配料比、聚合温度等对丁基橡胶性能的影响

导入案例

丁 基 橡 胶

丁基橡胶是合成橡胶的一种，由异丁烯和少量异戊二烯经阳离子聚合反应合成。制成品不易漏气，一般用来制造汽车、飞机轮胎的内胎。丁基橡胶轮胎如图8.1所示。

丁基橡胶具有良好的化学稳定性和热稳定性，最突出的是气密性和水密性。它对空气的透过率仅为天然橡胶的1/7、丁苯橡胶的1/5，而对蒸汽的透过率为天然橡胶的1/200、丁苯橡胶的1/140，因此主要用于制造各种内胎、蒸汽管、水胎、水坝底层、垫圈等橡胶制品。

1943 年，美国埃索化学公司首先实现了丁基橡胶的工业化生产。此后，加拿大、法国、苏联等也相继实现了丁基橡胶的工业化生产。20 世纪 80 年代初，全球丁基橡胶的生产能力约为 650kt，约占合成橡胶总产量的 5%。

丁基橡胶自实现工业化生产以来，原料路线、生产工艺及聚合反应釜的结构形式变化不大，一般采用氯甲烷做稀释剂，三氯化铝做催化剂，控制这两者的用量可以调节单体的转化率。根据产品不饱和度的等级要求，异戊二烯的用量一般为异丁烯用量的 1.5%～4.5%，转

图 8.1　丁基橡胶轮胎

化率为 60%～90%。聚合温度维持在 −100℃（以乙烯及丙烯作为冷却剂）。丁基橡胶的聚合是以正离子反应进行的，反应温度低、速度快、放热集中，且聚合物分子量随温度的升高而急剧下降。因此，迅速排出聚合热以控制反应在恒定的低温下进行是生产上需要解决的主要问题。聚合反应釜采用具有较大传热面积并装有中心导管的列管式反应器，操作时借下部搅拌器高速旋转来增大内循环量，从而保证釜内各点温度均匀。

为改善丁基橡胶共混性差的缺点，科学家研制出了卤化丁基橡胶。这种橡胶是将丁基橡胶溶于烷烃或环烷烃中，在搅拌下进行卤化反应制得的。它含溴约 2% 或含氯 1.1%～1.3%，分别称为溴化丁基橡胶和氯化丁基橡胶。丁基橡胶卤化后，硫化速度大大提高，与其他橡胶的共混性和硫化性相比均有所改善，黏结性也有明显提高。卤化丁基橡胶除有一般丁基橡胶的用途外，还特别适合制作无内胎轮胎的内密封层、子午线轮胎的胎侧和黏合剂等。

8.1　阳离子聚合原理

离子聚合是一种连锁聚合，是由离子型引发剂使单体形成活性离子，通过离子反应，其增长链端基带有正电荷或负电荷的加成聚合反应或开环聚合反应。换言之，离子聚合是增长活性中心为离子的连锁聚合反应。离子聚合又称催化聚合，是合成高聚物的重要方法之一。根据活性中心的不同，离子聚合可分为阳离子聚合（cationic polymerization）、阴离子聚合（anionic polymerization）及配位聚合（coordination polymerization）三种类型。

多数烯烃单体都能进行自由基聚合，但是离子聚合对单体有较高的选择性，因为离子聚合对阳离子和阴离子的稳定性要求比较严格。例如，只有带有 1,1-二烷基、烷氧基等强推电子的单体才能进行阳离子聚合；具有腈基、硝基和羰基等强吸电子基的单体才能进行阴离子聚合。含有共轭体系的单体（如苯乙烯、丁二烯等）则由于电子流动性强，既能进行阳离子聚合，也能进行阴离子聚合。

离子聚合与自由基聚合的根本区别在于聚合活性中心不同，离子聚合的活性中心是离

子，而不是自由基。与自由基聚合相比，离子聚合通常在较低温度下进行，聚合温度大多低于 0℃，而自由基聚合几乎都在 0℃ 以上甚至超过 50℃ 下进行。从聚合所需能量上看，离子聚合的活化能总是小于相应的自由基聚合的活化能，甚至可能是负值。此外，由于离子聚合对实验条件的要求较高，实验室重复性较差，因此理论研究远远不如自由基聚合成熟。但离子聚合在工业上有极其重要的作用。

离子聚合的发展促进了活性聚合的诞生，这是高分子发展史上的重大转折点。

离子聚合中，增长活性中心为带正电荷的阳离子的连锁聚合，称为阳离子聚合。

阳离子聚合通常具有以下特点。

（1）阳离子具有极高的活性，反应速度极快。

（2）对微量的助引发剂和杂质非常敏感，极易发生各种副反应，为获得高分子量的聚合物，应使反应在较低的温度（如 −100℃）下或在溶剂中进行，用溶剂化效应来调节聚合反应，以减少各种副反应及异构化反应的发生。

（3）在高分子合成工业中，由于聚合只限于使用高纯有机溶剂，不能用水等便宜物质做介质，而且阳离子聚合往往采取低固含量的溶液聚合方法及原料和产物多级冷凝的低温聚合工艺，因此生产成本较高。一般来说，凡是可采用自由基聚合的单体都不采用离子聚合来制备聚合物。

（4）阳离子聚合体系动力学链不终止，单体的聚合活性可随引发剂和溶剂的变化而变化。

总之，从高分子合成的角度来看，阳离子聚合可变化因素多，是一种具有一定创造潜力的聚合方法。

8.1.1 阳离子聚合的单体

一般情况下，阳离子聚合要求单体具有如下特性：单体必须是亲核性的，易与质子（阳离子）结合而被引发，且要求被引发的阳离子自身比较稳定，不易发生各种副反应失去活性，而易与亲核性强的自身单体加成 ［Monomers must be nucleophilic and easy to be initiated by combining with protons (cations), but they are required to be stable in themselves，not easy to be inactivated by various side reactions and easy to be added to their nucleophilic monomers]，即单体易被阳离子引发，并持续增长，不易终止。

原则上，带有供电子基或共轭取代基的 α-烯烃、共轭二烯烃、含氧杂环都是可进行阳离子聚合的单体。

具有阳离子聚合活性的单体主要有以下几类。

（1）双键上带有强供电子取代基的 α-烯烃。

如偏二烷基取代乙烯 CH_2=CRR′、共轭双烯 CH_2=CR—CH=CH_2、芳环取代乙烯 CH_2=CHAr，p-π 共轭给电子取代乙烯由于 N 和 O 原子上的未成对电子能与双键形成 p-π 共轭，因此特别活泼，如 CH_2=CH(NRR′) 和乙烯基醚 CH_2=CHOR 等。其中 CH_2=CH(NRR′) 和 CH_2=CHOR 由于氮原子和氧原子上的未成对电子能与双键形成 p-π 共轭而特别活泼，如烷基乙烯基醚（结构式如下）。

$$CH_2=CH$$
$$|$$
$$\overset{..}{\underset{}{O}}R$$

烷氧基的诱导效应使双键电子云密度降低，但氧原子上的孤对电子与双键形成 p-π 共轭效应，双键电子云密度增大，与诱导效应相比，共轭效应占主导地位。共振结构使形成的碳阳离子上的正电荷分散而稳定，能够进行阳离子聚合。

$$\text{~~}CH_2-\overset{\overset{H}{|}}{\underset{\underset{..}{O}R}{C}}{}^{\oplus} \longleftrightarrow \text{~~}CH_2-\overset{\overset{H}{|}}{\underset{\underset{\oplus}{O}R}{C}}$$

（2）共轭效应基团的单体。

（3）异核不饱和单体 R_2C=Z(Z 为杂原子或杂原子基团)。

异核不饱和单体如醛 RHC=O、酮 RR′C=O（丙酮除外）、硫酮 RR′C=S、重氮烷基化合物 $RR'CN_2$ 等。

（4）杂环化合物。

杂环化合物的环结构中含有杂原子，包括环醚、环亚胺、环缩醛、环硫醚、内酯、内酰胺等。

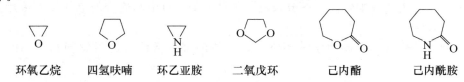

环氧乙烷　　　四氢呋喃　　　环乙亚胺　　　二氧戊环　　　己内酯　　　己内酰胺

8.1.2　阳离子聚合的引发剂

阳离子聚合的引发剂属于亲电试剂，常用引发剂有以下几种。

1. 含氢酸

在所有含氧无机酸中，高氯酸最能满足酸性强和酸根亲和性弱两个条件，是最常使用的无机酸引发剂。除此之外，还有硫酸、磷酸、三氯乙酸、

【Lewis
酸碱理论】

氢卤酸 HX（X 为 Cl、Br）等。质子酸先电离产生 H^+，然后与单体加成形成引发活性中心，即活性单体离子对。烯烃与质子酸 HA 的反应一般写为

$$HA \rightleftharpoons H^+ + A^-$$

$$H^+ + A^- + CH_2 = \overset{R}{\underset{R'}{C}} \longrightarrow CH_3 - \overset{R}{\underset{R'}{\overset{|}{C}}}{}^{\oplus}A^{\ominus}$$

对于实际的聚合反应来说，酸要有足够的强度产生 H^+，故不用弱酸；另外，酸根的亲核性不能太强，否则将与活性中心（烯烃正碳离子）结合成共价键，而终止聚合反应形成低分子量齐聚物。例如：

$$CH_3 - \overset{|}{\underset{X}{CH}}{}^{\oplus}A^{\ominus} \longrightarrow CH_3 - \overset{\overset{A}{|}}{\underset{X}{CH}}$$

不同质子酸的酸根的亲核性不同，氢卤酸的 X^- 亲核性太强，不能作为阳离子聚合引发剂；HSO_4^-、$H_2PO_4^-$ 的亲核性稍差，可得到低聚体；$HClO_4$、CF_3COOH、CCl_3COOH 的酸根的亲核性较弱，可生成高聚物。

由于一般质子酸（如 H_2SO_4、HCl 等）生成的阴离子（SO_4^{2-}、Cl^- 等）的亲核性较强，易与碳阳离子生成稳定的共价键，使增长链失去活性，因此通常难以获得高分子量产物。

由于超强酸酸性极强、离解常数大、活性高、引发速率快，且生成的阴离子亲核性弱，因此难与增长链活性中心形成共价键而终止反应。

2. 路易斯酸

弗里德尔-克拉夫茨反应中的各种金属卤化物（如 BF_3、$AlCl_3$、$SnCl_4$、$SbCl_5$ 等）都是电子的接受体，称为路易斯酸。从工业角度看，路易斯酸是阳离子聚合最重要的引发剂。引发剂和助引发剂络合物的活性取决于析出质子或正离子的能力，较强的路易斯酸有 BF_3、$AlCl_3$，中强的路易斯酸有 $FeCl_3$、$SnCl_4$ 和 $TiCl_4$，较弱的路易斯酸有 $ZnCl_2$ 等。绝大部分路易斯酸单独不起催化作用，必须与助（共）引发剂一起使用，作为质子或碳正离子的供给体。典型的助引发剂有水、醇、醚、氢卤酸或卤代烷等。

$$BF_3 + HOH \longrightarrow F_3B - - O\overset{H}{\underset{H}{}} \rightleftharpoons F_3B - - O^{\ominus}\overset{H}{} + R^{\oplus}$$

$$BF_3 + HOR \longrightarrow F_3B - - O\overset{R}{\underset{H}{}} \rightleftharpoons F_3B - - O^{\ominus}\overset{R}{} + H^{\oplus}$$

$$TiCl_4 + HX \longrightarrow Cl_4Ti - O\overset{H}{\underset{X}{}} \rightleftharpoons Cl_4Ti - O^{\ominus}\overset{X}{} + H^{\oplus}$$

$$SnCl_4 + RCl \longrightarrow Cl_4Sn - ClR \rightleftharpoons Cl_4SnCl^{\ominus} + R^{\oplus}$$

由于路易斯酸引发阳离子聚合时，可在高收率下获得较高分子量的聚合物，因此是阳离子聚合的主要引发剂。

3. 有机金属化合物

有机金属化合物析出碳正离子的物质，如 RX、RCOX、（RCO)$_2$O、Al$(C_2H_5)_3$、Al$(C_2H_5)_2$Cl、AlC$_2$H$_5$Cl$_2$等。

$$SnCl_4 + RX \rightleftharpoons R^{\oplus}(SnCl_5)^{\ominus}$$

$$CH_2{=}\underset{\underset{CH_3}{|}}{\overset{\overset{CH_3}{|}}{C}} + R^{\oplus}(SnCl_5)^{\ominus} \longrightarrow R{-}CH_2{-}\underset{\underset{CH_3}{|}}{\overset{\overset{CH_3}{|}}{C^{\oplus}}}(SnCl_5)^{\ominus}$$

4. 其他能产生阳离子的物质

其他能产生阳离子的物质有卤素中的 I_2、氧鎓离子、高氯酸盐 $[CH_3CO(ClO_4)]$、砷酸盐、$[(C_6H_5)_3C(SbCl_6)]$、$[C_7H_7(SbCl_6)]$ 和高能射线等。

8.1.3 阳离子聚合的溶剂

阳离子聚合常使用的溶剂有卤代烷（如四氯化碳、氯仿和二氯乙烷）（e. g. carbon tetrachloride, chloroform and dichloroethane）和烃类化合物（如甲苯、己烷、硝基化合物、硝基甲烷和硝基苯）（e. g. toluene and hexane and nitro compounds, nitromethane and nitrobenzene）。

在阳离子聚合体系中，活性中心可能以紧密离子对、疏松离子对和被溶剂隔开的自由离子对存在。反应介质通过改变自由离子对、疏松离子对的相对浓度和紧密离子对存在的形式影响聚合反应。当反应介质的溶剂化能力提高时，离子对由紧密离子对变为由溶剂隔开的离子对，而自由离子的增长速率比离子对的增长速率大。某些容易与阳离子活性增长中心发生副反应的溶剂不适合阳离子聚合。如芳香烃能够与增长阳离子发生亲电取代反应，不是阳离子聚合的理想溶剂；而碱性溶剂（如水、醚、酮、乙酸乙酯与二甲基甲酰胺等）容易与增长阳离子发生反应，起到抑制反应的作用。

8.1.4 阳离子聚合反应的机理

因为阳离子聚合（cationic polymerization）反应体系往往是非均相体系，反应速度极快，实验重复性差，比自由基或阴离子的链式增长反应多样化，机理更复杂，所以阳离子聚合反应还没有一个被普遍承认的机理。

一般阳离子聚合反应可分为链引发、链增长和链终止三个步骤。

1. 链引发

采用的引发剂不同，阳离子聚合的机理有所不同。质子酸和稳定的碳阳离子的引发是 H^+ 或 C^+ 对 $C{=}C$ 的直接加成。引发的程度取决于 H^+ 或 C^+ 对 $C{=}C$ 的亲和力，引发形成的 C^+ 能否增长取决于该 C^+ 的稳定性和反离子的亲核性。若以 ZXn 表示路易斯酸，BA 表示助催化剂，则其引发反应的通式可表示为

$$ZXn + BA \rightleftharpoons (ZXnB)^{\ominus}A^{\oplus}$$

$$(ZXnB)^{\ominus}A^{\oplus} + CH_2{=}\underset{\underset{R'}{|}}{\overset{\overset{R}{|}}{C}} \longrightarrow A{-}CH_2{-}\underset{\underset{R'}{|}}{\overset{\overset{R}{|}}{C^{\oplus}}}(ZXnB)^{\ominus}$$

阳离子链引发反应速度极快，几乎瞬间完成，引发活化能 E_i 为 $8.4 \sim 21 kJ/mol$，远远小于自由基聚合引发活化能（E_i 为 $105 \sim 125 kJ/mol$）。

2. 链增长

链引发生成的碳阳离子活性种与阴离子形成离子对，单体分子不断插入其中而增长。

$$HMn^{\oplus}(CR)^{\ominus} + M \xrightarrow{K_p} HMnM^{\oplus}(CR)^{\ominus}$$

链增长是离子与分子的反应，活化能低，几乎与链引发同时完成；活性种与反离子形成离子对，单体按头尾结构插入增长，对构型有一定控制能力，但不及阴离子和配位聚合。

3. 链终止

很多种反应能够使正离子聚合反应中的活性链终止。但是，终止反应是否发生动力学链的终止是判别链终止的重要依据之一。

阳离子增长活性中心带有相同电荷，同种电荷相斥，不能双基终止。阳离子聚合往往通过链转移终止或人为添加终止剂终止。

（1）自发终止。

增长离子对重排，使原来的活性链终止，同时再生出引发剂-共引发剂络合物，继续引发单体，动力学链不终止。

$$HM_n^{\oplus}(CR)^{\ominus} \xrightarrow{K_t} M_{n+1} + H^{\oplus}(CR)^{\ominus}$$

（2）与阴离子加成。

当反离子亲核性较强时，与碳阳离子结合成共价键，导致活性链终止，如三氟乙酸引发苯乙烯聚合。

$$HMnM^{\oplus}(CR)^{\ominus} \longrightarrow HMnM(CR)$$

活性中心与反离子的一部分结合而终止。

$$CH_3C \thicksim CH_2C^{\oplus}(BF_3OH)^{\ominus} \longrightarrow CH_3C \thicksim CH_2COH + BF_3$$

反应需添加链终止剂，常用的有水、醇、酸、酸酐、酯、醚等。如添加胺，形成无引发能力的稳定季铵盐。

$$HMnM^{\oplus}(CR)^{\ominus} + XA \xrightarrow{K_{p,s}} HMnMA + XCR$$

上述反应式中的 XA 为终止剂。在阳离子聚合中，动力学链终止较难实现，但与阴离子聚合相比，不易生成活性聚合物。阳离子聚合的总体特点为快引发、快增长、易转移、难终止。

8.2　丁基橡胶阳离子聚合工艺

丁基橡胶是异丁烯（isobuty lene）和少量异戊二烯（isoprene）（用量为异丁烯质量的 $1.5\% \sim 4.5\%$，或者二者质量之比为 97：3），经阳离子聚合反应而得（Butyl rubber is synthesised by cationic polymerization of isobutylene and a small amount isoprene）。加入

异戊二烯的目的是在大分子主链上提供双键，因为异丁烯的均聚物大分子链上无双键，不易硫化为橡胶制品，而加入少量的异戊二烯与之共聚得到的共聚物经硫化后成为性能优良的丁基橡胶。

【丁基橡胶】

丁基橡胶的产品可划分为各种品级，不同品级的分子量和不饱和度有所区别：低不饱和度（0.5mol%～1mol%）的丁基橡胶可得到模数低、伸长率高、耐臭氧性良好的硫化橡胶。当不饱和度提高时，硫化速度和交联程度增大。通用丁基橡胶品级的不饱和度约为1.5mol%。

阳离子聚合工业化的品种相对较少，只有丁基橡胶、聚异丁烯、聚乙烯基醚、石油树脂等，而其中丁基橡胶是阳离子聚合中规模最大的工业化工艺。

8.2.1　生产丁基橡胶的原料和规格

合成丁基橡胶的主要原料有单体异丁烯及异戊二烯、溶剂氯甲烷和引发剂三氯化铝。其主要原料和纯度规格见表8-1，杂质类型和含量要求见表8-2。

表8-1　合成丁基橡胶的主要原料和纯度规格

主 要 原 料	纯 度 规 格
异丁烯	>99.5%
异戊二烯	>96.5%
氯甲烷	>99.8%
三氯化铝	>99.8%

表8-2　合成丁基橡胶的杂质类型和含量要求

杂 质 类 型	含 量 要 求
烯、炔烃	<0.5%
醇类	<0.005%
水	<0.005%
环戊二烯	<1%
过氧化物（以 H_2O_2 计）	$<10 \times 10^{-6}$
硫化物（以硫计）	$<500 \times 10^{-6}$
羰基含量（以丙酮计）	$<500 \times 10^{-6}$

8.2.2　合成丁基橡胶的生产配方及工艺条件

合成丁基橡胶的生产配方及工艺条件分别见表8-3和表8-4。

表8-3　合成丁基橡胶的生产配方（质量分数）

原 料 名 称	配比/(%)
异丁烯	97
异戊二烯	3.0
氯甲烷	70～65
三氯化铝（引发剂/单体）	0.05～0.03

表8-4 合成丁基橡胶的工艺条件

聚合温度/℃	$-100\sim-96$
釜内操作压力/kPa	$240\sim380$
单体浓度/[（%）（体积）]	$30\sim35$
单体转化率/（%）	$70\sim80$

8.2.3 丁基橡胶聚合反应的特点

以三氯化铝为引发剂，生产丁基橡胶的聚合反应可以简单地表示为

$$H_3C-\underset{\underset{CH_3}{|}}{\overset{\overset{CH_3}{|}}{C}}=CH_2+H_2C=\underset{\overset{|}{C}}{\overset{\overset{CH_3}{|}}{C}}-CH=CH_2 \xrightarrow[-100℃]{AlCl_3+0.002\%H_2O}$$

$$\left[\!\!\!-\left(\underset{\underset{CH_3}{|}}{\overset{\overset{CH_3}{|}}{C}}-CH_2\right)_{\!\!98.4\%} CH_2-\underset{}{\overset{\overset{CH_3}{|}}{C}}=CH-CH_2{}_{\Big]1.6\%}\right]_n$$

由于异丁烯分子中有两个供电子的甲基，使其端基=CH₂的亲核性增强，在某些较强的质子酸引发剂的作用下，反应速度极快，可在不到1s的时间内发生爆炸性的聚合。在一般情况下，可在1min左右完成放热反应。因此聚合反应必须在$-100℃$左右快速搅拌下进行。

异丁烯 $[M_1]$ 与异戊二烯 $[M_2]$ 的共聚遵循一般共聚组成的方程式（共聚物组成物质的量的比微分方程，以单体的物质的量的比或物质的量的浓度比表示共聚反应某个瞬间所形成的共聚物组成与该瞬间体系中单体组成的定量关系），即

$$\frac{d[M_1]}{d[M_2]}=\frac{[M_1]}{[M_2]}\frac{r_1[M_1]+[M_2]}{r_2[M_2]+[M_1]}$$

在$-100℃$下，以三氯化铝为引发剂引发聚合时，异丁烯和异戊二烯的r_1与r_2分别为2.5 ± 0.5和0.4 ± 0.1。因此在间歇聚合反应釜中，必须控制转化率不超过60%，在连续聚合反应釜中必须及时添加异丁烯才能确保生成的聚合物组成不变。

异丁烯和异戊二烯的聚合反应是一种沉淀聚合反应，整个聚合系统呈淤浆状。正是这种淤浆状态给聚合体系带来很多优点，如体系黏度低，聚合热可以很方便地排出，且便于聚合物物料的强制循环和输送。此外，沉淀聚合有利于加快反应速度，使反应迅速地达到所需的平衡，确保聚合物具有较理想的分子量和分子量分布。

8.2.4 丁基橡胶的生产工艺过程

工业上生产丁基橡胶常采用不良溶剂的淤浆聚合法。丁基橡胶的生产工艺流程如图8.2所示。

将粗异丁烯（isobutylene）和氯甲烷（methyl chloride）分别在脱水塔和精馏塔中进行脱水和精制以后，与异戊二烯在混合槽中按一定的比例混合。将混合液在冷却器里冷却至$-100℃$，然后流入反应器；同时配制好引发剂溶液并冷却。聚合反应在$-98℃$左右进行，几乎瞬间完成。聚合物在氯甲烷中沉淀形成颗粒状浆液。聚合后的淤浆液从反应器中溢流出来，进入盛有热水的闪蒸罐，在此蒸发氯甲烷和未反应单体。橡胶的淤浆液用泵送到挤出干燥系统，干燥后包装为成品。闪蒸罐出来的蒸汽经活性氧化铝干燥、分馏后送到

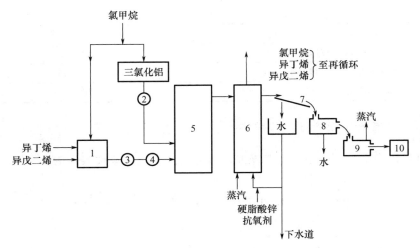

1—进料混合；2，4—乙烯冷却器；3—氨气冷却器；5—聚合反应器；
6—闪蒸罐；7—过滤器；8—脱水挤出机；9—干燥挤出机；10—打包机

图 8.2　丁基橡胶生产工艺流程

进料和催化剂配制系统循环使用。

1. 引发剂的配制

配制引发剂时，先把一部分溶液直接加入装有固体三氯化铝的容器中，配制成含4%～5%的三氯化铝溶液，然后稀释到1%左右，冷却至90～95℃后送入聚合反应器。引发剂的配制可采取常温配制法或低温配制法。

2. 聚合

丁基橡胶的聚合反应器是一种热交换器型的强制循环多管式聚合反应器，液化乙烯从下部通入，保持聚合温度在-100℃左右。聚合时，将异丁烯和异戊二烯溶于3倍体积的氯甲烷溶剂中，同时从底部的另一个管道通入配制好的三氯化铝的氯甲烷溶液，三氯化铝含量约为单体含量的0.02%。

为防止聚合反应器内发生聚合物的沉淀与挂胶，一般要求淤浆在反应器内的流速为2～5m/s。因此，强有力的搅拌器是该聚合体系必不可少的。

3. 分离后处理

聚合物的淤浆液被喷到闪蒸罐的热水中，变成颗粒而分散，溶剂与未反应单体被蒸发出来。闪蒸时的工艺条件如下：温度为65～75℃，操作压力为140～150kPa，胶液与热水的体积比为1∶(8～10)，pH为7～9。

为防止橡胶粒子黏接和老化，可加入橡胶量1%的金属硬脂酸盐和0.2%左右的防老剂。在真空汽提塔中进一步脱除残留的氯甲烷和单体异丁烯。汽提塔内装有搅拌器，操作真空度为30kPa，汽提温度为50～60℃。闪蒸后的橡胶颗粒经振动筛除去大部分夹带的水后，采用挤压膨胀干燥机或输送式热风箱进行干燥。

4. 回收

来自干燥系统的未反应单体和溶剂进入精馏分离系统。工业上的闪蒸气脱水干燥可用乙二醇吸收或固体吸附干燥。

乙二醇干燥脱水的流程如下：在操作压力 170～340kPa、温度 40～50℃下，乙二醇吸收闪蒸气中的大部分水和部分毒物，少量氯甲烷从塔底排出，解析再生。而塔顶流出的物料的含水量小于 $5×10^{-5}$，流入固体吸附干燥塔进一步脱水。固体吸附干燥塔采用活性氧化铝、沸石或分子筛做吸附剂。

来自干燥系统的未反应单体和溶剂进入精馏分离系统。第一精馏塔塔板约有 120 块，塔顶蒸出烯烃含量小于 $5×10^{-5}$ 的氯甲烷。塔底流出的异丁烯、异戊二烯和残余的氯甲烷被送入约有 30 个塔板的第二蒸馏塔。从第二蒸馏塔顶部得到含 3％～10％异丁烯的氯甲烷可再作为进料使用，从塔的底部得到异丁烯和异戊二烯，经过除去高沸点的精馏系统，可做原料用。

8.2.5　生产控制因素

1. 杂质

在丁基橡胶的聚合反应中，原料、惰性气体、聚合反应器、管道都可能带来杂质。按照作用原理，这些杂质可以分为给电子体和烯烃两大类。

当给电子体（如水、甲醇、氯化氢、二甲醚、二氧化硫、氨等）杂质含量极小时，与三氯化铝生成的络合物可以离解成活性催化剂。但是，若杂质与三氯化铝反应生成物的活性不强，则会降低转化率。分子量降低的程度与杂质和三氯化铝反应生成的化合物的离解度有关，离解度越大，能够进行链转移的负离子浓度越高，聚合物分子量越小。离解度与杂质和三氯化铝络合物的浓度有关，浓度越高，聚合物分子量越小。

烯烃主要是由原料异丁烯带入的正丁烯，包括 1-丁烯、反-2-丁烯、顺-2-丁烯、异戊二烯等。在聚合过程中，正丁烯可以加剧链转移反应，使分子量减小。而系统内存在二异丁烯时，只有当催化剂对二异丁烯的比例达到一定程度后，聚合才开始，随后迅速进行。

2. 单体浓度和配料比

在丁基橡胶的聚合反应中，单体浓度过高，聚合温度升高很快，反应过于激烈，难以控制，容易结块，甚至引发剂还未加足量就被迫停止反应；而单体浓度过低，结冰现象严重，也不能获得较高的转化率。

3. 聚合温度

聚合温度提高，聚合物分子量直线下降。因为单体链转移活化能 ΔE 总是比链增长活化能 ΔE_p 大 17.56～19.23kJ/mol，所以低温能够抑制单体的链转移，从而有利于分子量增大。降低聚合温度也可能提高聚合速度，有利于生成高分子量的聚异丁烯。

4. 引发剂

引发剂用量小时，单体转化率低；用量大时，单体转化率高。工业生产中，引发剂一般为单体用量的 0.02％～0.05％。

5. 溶剂

溶剂决定了生成的聚合物的溶解度。要求用于淤浆聚合的溶剂的沸点低于－100℃，不溶解聚合物，对引发剂是惰性的，通常使用易溶解三氯化铝的氯甲烷。均相溶液聚合采用正丁烷和异戊烷做溶剂。

8.3　丁基橡胶的结构、性能及应用

未经硫化的丁基橡胶（butyl rubber）为线型结构。其中异丁烯按头尾连接，异戊二烯按 1,4 连接。异戊二烯在共聚物中呈无规则分布。当分子量达 100 万以上时，线型丁基橡胶呈固状，其聚集态为无定型结构。因为未经硫化的丁基橡胶易产生冷流和蠕变，所以线型丁基橡胶必须经过交联形成网络结构，才能制成橡胶制品。由于异戊二烯链节仅占主链的 0.3%～0.6%，因此丁基橡胶分子链具有高度饱和性；同时，丁基橡胶分子链中的甲基排列密集，降低了链的柔顺性。这些结构特征使丁基橡胶具有优良的耐候性（weather resistance）、耐热性、耐碱性，特别是具有气密性好、黏结能力强、阻尼（damping）大、易吸收能量等性能特征。

丁基橡胶的空气透过率比天然橡胶的小一个数量级。与其他橡胶相比，丁基橡胶具有优异的耐热性。丁基橡胶的回弹性在很宽的温度范围内均不大于 20%，比通用橡胶回弹性小，这是它不适合做外胎的原因之一，但是这也相应地表征了它吸收机械能量的能力强——具有吸收振动及冲击能量的特性。所以丁基橡胶是抗冲击、防振优良的阻尼材料，在高形变速度下的阻尼性质是其聚异丁烯链段结构所固有的。在很大程度上该性质不受使用温度、不饱和度水平、硫化状态及配方变化的影响。

由于丁基橡胶性能优良，因此在汽车轮胎的内胎、探空气球、防辐射手套及其他气密性密封材料、防水涂层、化工防腐衬里、电绝缘层、蒸汽胶管、耐热传送带、防振材料等方面获得了广泛应用。丁基橡胶的用途见表 8-5。

表 8-5　丁基橡胶的用途

用　　途	所利用的特性
内胎	不透气性、耐热性、耐老化性
硫化水胎、胶囊	耐热性、耐蒸汽性
建筑物防水片材及蓄水池衬里	不透水性、耐候性、耐臭氧性
下水管垫缝材料	低吸水性、耐化学腐蚀性、耐细菌性
贮罐衬里	耐化学性
汽车抗振垫及码头防振板	高度吸收能量性
电线电缆	电绝缘性、耐热性、耐湿性、耐臭氧性
密封及塞缝材料	不透气性、耐老化性
蜡的添加剂	屈挠性、不透水性
改性聚烯烃	屈挠性

8.4 丁基橡胶的技术进展

虽然传统氯甲烷-三氯化铝低温淤浆聚合工艺历史悠久、技术成熟，但是聚合温度低、能量消耗大、聚合连续、运转时间短，因此生产成本高，其成品胶价格高于一般通用橡胶价格。为此出现了以下改进工艺。

（1）采用烃类溶剂的溶液聚合工艺。

苏联以烷基氯化铝（alkyl aluminium chloride）与水的络合物做引发剂，在烃类溶剂（如异戊烷）中于 $-90 \sim 70℃$ 下聚合，工艺过程经济性较好。其特点是可减轻聚合反应釜挂胶、延长运转周期，胶液中溶剂便于回收，无须溶剂转换。脱除未反应单体后即可直接进行氯化或溴化，可采用一般溶液聚合过程回收聚合物，避免采用易导致设备腐蚀、环境污染的氯甲烷。

【丁基橡胶
的应用】

（2）添加界面活性剂以改进淤浆的稳定性。

以苯乙烯与氯代乙烯基苯（后者为单体总量的 1％）在甲苯溶剂中生成的嵌段共聚物为稳定剂。该嵌段共聚物的亲液部分能溶于氯甲烷，憎液部分不溶于氯甲烷，而与丁基橡胶混溶或吸附在丁基橡胶的表面，由此使橡胶粒子即使碰撞也不聚结。改进了聚合淤浆的稳定性后，可使聚合物浓度从 28％ 提高到 35％，使聚合反应釜运转周期延长，这是淤浆聚合工艺的重大突破。

习　题

1. 阳离子聚合的单体具有哪些特性？
2. 阳离子聚合的催化剂有哪几种？
3. 阳离子聚合的溶剂对聚合体系有哪些影响？
4. 丁基橡胶聚合反应有什么特点？
5. 试述丁基橡胶的生产工艺。
6. 丁基橡胶有哪些结构性能？丁基橡胶有哪些方面的应用？

第9章
阴离子聚合

本章教学要点

知识要点	掌握程度	相关知识
活性聚合的特点、阴离子聚合的反应原理	掌握阴离子聚合反应的特点	阴离子加成引发
阴离子聚合的单体及引发剂	掌握阴离子聚合的单体及引发剂	吸电子基团的单体及共轭烯烃化合物
热塑性丁苯嵌段共聚物的生产工艺	掌握热塑性丁苯嵌段共聚物的生产工艺	三步法制备热塑性丁苯嵌段共聚物的工艺过程

阴离子聚合及应用

阴离子聚丙烯酰胺是水溶性的高分子聚合物。它具有澄清净化、促进沉降、促进过滤、增稠等作用，在废液处理、污泥浓缩脱水、选矿、洗煤、造纸等方面应用广泛。

对于悬浮颗粒较粗、浓度高、粒子带阳电荷、pH为中性或碱性的污水，由于阴离子聚丙烯酰胺分子链中含有一定量极性基能吸附水中悬浮的固体粒子，使粒子间架桥形成大的絮凝物。因此它能加速悬浮液中粒子的沉降，有非常明显的加快溶液澄清、促进过滤等效果。阴离子聚丙烯酰胺广泛用于化学工业废水、废液的处理，市政污水处理，自来水工业、高浊度水的净化、沉清、洗煤、选矿、冶金、钢铁工业、锌、铝加工业、电子工业等水处理。

阴离子聚丙烯酰胺用于石油工业，可进行泥浆处理，能防止水窜、降低摩擦阻力、提高采收率等。阴离子聚丙烯酰胺用于造纸工业，可提高填料、颜料等的存留率，以减少原材料的流失和对环境的污染；可提高纸张的强度（包括干强度和湿强度）；还可提高纸张的抗撕性和多孔性，以改进印刷性能；也可用于食品及茶叶包装行业。

阴离子聚合（anionic polymerization）是以负离子为增长活性中心进行的链式加成聚合反应，是合成高分子工业中生产橡胶、热塑性弹性体及合成树脂的一种重要方法。

阴离子聚合反应通式为

$$A^+B^- + M \longrightarrow BM^-A^+ \xrightarrow{M} \cdots \xrightarrow{M} M_n{-}$$

式中：B^- 表示阴离子活性中心，一般为自由离子、离子对等；A^+ 表示反离子，一般为金属离子。

因为阴离子聚合和自由基聚合同属连锁聚合反应，所以也可以划分为链引发、链增长和链终止三个步骤。但是，因为引发活性中心是阴离子而不是自由基，所以阴离子聚合具有许多独特的性质。

阴离子聚合具有以下特点。

（1）同一聚合体系中，可能有多种活性中心同时增长，这对聚合反应速率、聚合物分子量及微观结构都有极大的影响。

（2）在许多阴离子型反应体系中，不存在自发的终止反应。

（3）合成聚合物的平均分子量可以用简单的化学计量来控制。

（4）把不同的单体依次加入活性聚合物链中，可以合成真正的嵌段共聚物。

（5）用适当的试剂进行选择性的终止，可以合成具有功能端基的聚合物。

总之，阴离子聚合具有活性无终止的特点，应用广泛，可以制备嵌段共聚物（In a word, anion polymerization has the characteristics of activity without termination, with range of application, block copolymers can be prepared by it）。

9.1　阴离子聚合原理

9.1.1　阴离子聚合的单体

能够进行阴离子聚合的单体是分子中负电荷能够在较大范围内离域而使负离子稳定的单体。乙烯基单体取代基的吸电子能力越强，双键上的电子云密度越低，越易与阴离子活性中心加成，聚合反应活性越高。

阴离子聚合的单体主要有以下三种类型。

（1）带有氰基、硝基和羧基等吸电子取代基烯烃单体。

$$\begin{array}{c} CH_2{=}CH \\ | \\ X \end{array}$$

$$X = -CN、-COOR、-NO_2$$

此类单体含有强吸电子基团，反应性强，极易与阴离子聚合。但由于这类单体在阴离子聚合过程中过分活泼、副反应多，因此在阴离子聚合领域及工业领域应用不多。

（2）具有 π-π 共轭双键（conjugated double bond）的非极性单体，如苯乙烯（styrene）、丁二烯（butadiene）、异戊二烯（isoprene）。

$$\begin{array}{ccc} CH_2{=}CH & & CH_3 \\ | & & | \\ \bigcirc & ,\ CH_2{=}CH{-}CH{=}CH_2\ ,\ & CH_2{=}C{-}CH{=}CH_2 \end{array}$$

此类单体没有第（1）类单体活泼，反应温和，无论在实用价值上还是在理论研究中都具有重要意义，工业开发的阴离子聚合产品一般使用这类单体。

（3）含氧、氮等杂原子的环状化合物，其负电荷能够离域至电负性大于碳的原子上，如环氧化合物、环硫化合物、环酯、环酰胺、环硅、硅氧烷环状化合物等。

$$\underset{O}{\overset{CH_2\!-\!CH_2}{\diagdown\!\diagup}}\,,\ \underset{O}{\overset{CH_2\!-\!CH\!-\!CH_2}{\diagdown\!\diagup}}$$

此类单体既能进行阴离子聚合，也能参与阳离子聚合。

9.1.2　阴离子聚合的引发剂

阴离子聚合的引发剂是亲核试剂，如给电子体、碱类等（The initiator of cation polymerization is a nucleophile, such as a compound that gives electrons and alkaline）。

【亲核试剂】

1. 碱金属

锂、钠、钾的外层只有一个价电子，容易转移给单体或中间体。引发机理一般是由电子转移引发，形成双阴离子活性种引发聚合，有电子直接转移引发和电子间接转移引发两种方式。

（1）电子直接转移引发。

$$Na+\underset{X}{\overset{H_2C=CH}{|}} \longrightarrow Na^{\oplus\ominus}\underset{X}{\overset{H_2C-CH\bullet}{|}} \longleftrightarrow Na^{\oplus\ominus}\underset{X}{\overset{HC-CH_2\bullet}{|}}$$

单体自由基-阴离子

$$2Na^{\oplus\ominus}\underset{X}{\overset{HC-CH_2\bullet}{|}} \longrightarrow Na^{\oplus\ominus}\underset{X}{\overset{HC-CH_2-CH_2-CH}{|}}{}^{\oplus\ominus}Na$$

阴离子活性中心

由于碱金属不溶于溶剂，属非均相体系，因此利用率较低。

（2）电子间接转移引发。

碱金属也可以将电子转移给中间体，形成阴离子自由基，再将活性转移给单体，如萘钠在四氢呋喃（THF）中引发苯乙烯。

$$Na \ +\ \text{(naphthalene)} \xrightarrow{THF} \left[\text{(naphthalene)}\right]^{\bullet\ominus} Na^{\oplus}$$

$$\left[\text{(naphthalene)}\right]^{\bullet\ominus} Na^{\oplus}+\underset{\text{(phenyl)}}{H_2C=CH} \longrightarrow Na^{\oplus\ominus}\underset{\text{(phenyl)}}{HC-CH_2}^{\bullet}+\text{(naphthalene)}$$

（绿色）　　　　　　　　（红色）

$$2Na^{\oplus\ominus}\underset{\text{(phenyl)}}{HC-CH_2}^{\bullet} \longrightarrow Na^{\oplus\ominus}\underset{\text{(phenyl)}}{HC-CH_2-CH_2-CH}^{\ominus\oplus}Na$$

（红色）

由于萘钠在极性溶剂中是均相体系，因此碱金属的利用率高。

阅读材料9-1

阴离子聚合的引发剂

将钠片和萘加入四氢呋喃中，可很快溶解形成绿色溶液，金属钠原子将其外层电子转移给萘，形成萘自由基阴离子，而四氢呋喃中氧原子上的未共用电子对与钠离子形成比较稳定的络合阳离子，使萘钠结合疏松，更有利于萘自由基阴离子引发。

加入苯乙烯单体后，萘自由基阴离子就会将电子转移给苯乙烯，形成苯乙烯自由基阴离子，呈现红色。两个自由基阴离子耦合成苯乙烯双阴离子，从两端阴离子引发苯乙烯聚合，反应过程中始终保持红色，表明苯乙烯阴离子一直存在，且保持活性不终止。

当加入第二批苯乙烯单体时，聚合仍可进行，故称活性聚合。

2. 有机金属化合物

有机金属化合物的引发机理一般是由阴离子活性种直接引发单体，形成单阴离子活性中心。有机金属化合物类引发剂的品种较多，主要有金属氨基化合物和金属烷基化合物。金属氨基化合物是最早研究的一类引发剂，主要有 $NaNH_2$-液氨体系、KNH_2-液氨体系。但由于这类引发剂的活性太强，聚合时不容易控制，因此已不使用。

金属烷基化合物是应用广泛、常用的阴离子聚合引发剂，多为碱金属（alkali metal）的有机金属化合物（如丁基锂）。

$$BuLi + H_2C=\overset{\displaystyle |}{\underset{\displaystyle X}{CH}} \longrightarrow Bu-CH_2-\overset{\displaystyle |}{\underset{\displaystyle X}{CH}}^{\ominus}Li^{\oplus}$$

烷基锂类引发剂因能溶解在烃类溶剂之中而得到广泛应用。在非极性溶剂中，烷基锂常以缔合的形式存在，影响引发反应和增长反应的速率。

有机金属化合物中金属的电负性越弱，引发活性越强。金属烷基化合物引发剂见表9-1。

表 9 - 1　金属烷基化合物引发剂

金属	K	Na	Li	Mg
电负性	0.8	0.9	1.0	1.2～1.3
金属-碳键	K—C	Na—C	Li—C	Mg—C
键的极性	有离子性		极性共价键	极性弱
引发作用	活泼引发剂		常用引发剂	不能直接引发，制成格林尼亚试剂引发活性单体

3. 阴离子聚合引发剂与单体的匹配

在阴离子聚合体系中，并非任何一种阴离子聚合的单体都可以被同一种阴离子引发剂引发，单体对引发剂有选择性。

引发剂的碱性越强，越有利于进行阴离子的引发反应。碱金属及其烷基化合物（alkyl compound）的碱性极强，聚合活性最强，可以引发各种单体聚合；中强碱只能使极性较强的单体聚

合；最弱的碱只能引发反应能力最强的单体聚合。引发剂与单体的匹配关系见表9-2。

表9-2 引发剂与单体的匹配关系

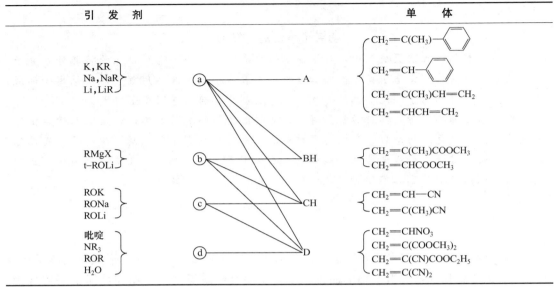

9.1.3 阴离子聚合的溶剂

阴离子聚合不能采用含有质子的化合物，如无机酸（inorganic acid）、醋酸（acetic acid）、三氯乙酸（trichloroacetic acid）、水、醇等。这类物质易与增长着的负离子反应，造成链终止。

阴离子聚合广泛采用非极性的烃类（烷烃和芳烃）溶剂（如正己烷、环己烷、苯、甲苯等），也常采用极性溶剂（如四氢呋喃、二恶烷、液氨等）。

含氧、硫、氮等原子的四乙二醇二甲醚、四甲基乙二胺、四氢呋喃、乙醚、络合能力极强的冠醚及穴醚等是给电子能力较强的化合物，促进紧密离子对分开形成松离子对，从而促进反应速率的提高。因此在采用烃类化合物做溶剂时，为了提高反应速率，常加入少量含氧、硫、氮等原子的极性有机物做添加剂。

9.1.4 阴离子聚合的机理

阴离子聚合（anionic polymerization）是一种连锁聚合反应，包含链引发、链增长和链终止三个步骤。其聚合特点是引发快、增长慢、无终止。阴离子聚合在纯净体系下，单体为非极性共轭双烯时可以不发生链终止或链转移，活性链直到单体完全耗尽仍可保持聚合活性。这种单体完全耗尽仍可保持聚合活性的聚合物链阴离子称为活性高分子。事实上，只要采用与增长负离子不发生链转移的惰性溶剂，如四氢呋喃、1,2-二甲氧基乙烷、二恶烷等，增长负离子中心就不会发生变化。这种不终止的聚合物的负离子称为活性聚合物。

1. 链引发

（1）电子转移引发。

引发剂将电子转移给单体，形成单体阴离子自由基，两个阴离子自由基结合成一个双阴离子，再引发单体聚合。

作为电子转移引发的典型例子，萘钠络合物对苯乙烯的引发中，金属钠把最外层电子转移到萘的最低空轨道上，使其形成负离子自由基。该负离子自由基与钠离子形成离子对，使溶液显中性，呈棕色。

其反应历程可以表示如下。

$$Na+ \text{[naphthalene]} \xrightarrow{\text{THF}} [\text{naphthalene}]^- \cdot Na^+$$

在生成的萘钠络合物的四氢呋喃溶液中加入苯乙烯，则生成苯乙烯的自由基负离子。

$$[\text{naphthalene}]^- + CH_2=CH(C_6H_5) \rightleftharpoons \text{naphthalene} + \cdot CH-\overset{\ominus}{C}HNa(C_6H_5)$$

新生成的自由基负离子迅速发生二聚反应生成双阴离子。

$$2 \cdot \overset{\ominus}{H_2}C-\overset{\oplus}{C}H_2Na(C_6H_5) \longrightarrow Na^+ \ ^-HC-CH_2-CH_2-\overset{\ominus}{C}HNa$$

【极性分子和非极性分子】

（2）负离子加成引发。

负离子加成引发常涉及亲核试剂（碱）B^- 对单体的加成。其中常用的是烷基锂类引发剂，其引发苯乙烯的反应如下。

$$BuLi + CH_2=CH(C_6H_5) \longrightarrow BuCH_2-CH^-Li^+(C_6H_5)$$

2. 链增长

经过极化的烯烃分子，"插入"碳负离子与反离子之间形成的离子对，从而完成一步聚合过程。接着不间断地循环下去，生成聚合度很高的阴离子活性链。

（1）单阴离子活性中心的链增长反应。

$$C_4H_9-CH_2-\overset{\ominus}{C}\overset{\oplus}{H}Li + nCH_2=CH(C_6H_5) \longrightarrow C_4H_9-[CH_2-CH]_n-CH_2-\overset{\ominus}{C}\overset{\oplus}{H}Li$$

这种链增长反应是单体插入离子对中间向一端增长。

（2）双阴离子活性中心的链增长反应。

$$Na\overset{\oplus}{C}H-CH_2-CH_2-\overset{\oplus}{C}HNa + 2nCH_2=CH(C_6H_5) \longrightarrow$$

$$Na\overset{\oplus}{C}H-CH_2-[CH-CH_2]_n-[CH_2-CH]_n-CH_2-\overset{\ominus}{C}HNa$$

3. 无终止的聚合反应

阴离子聚合的一个重要特点是在适当条件（没有空气、醇、酸等极性物质）下不发生链终止反应，而形成活性聚合物。链增长反应通常到单体耗尽为止，若再加入单体，则反应继续进行。

阴离子聚合之所以是活性聚合，是因为如果向单体转移，要脱去负离子，要求有很高的能量，阴离子聚合往往是在低温（0℃以下）进行的，另外，阴离子活性增长链中心离子具有相同电荷，活性链间相同电荷有静电排斥作用，不能发生双基终止；阴离子聚合中，阴离子活性增长链的反离子常为金属阳离子，中心离子为碳负离子，二者之间离解度大，不能发生中心离子和反离子的结合反应。

活性链（活性聚合物）是没有终止的增长链，通常寿命很长。产物的聚合度与引发剂浓度、单体浓度有关，可以定量计算。这类聚合可称为化学计量聚合（stoichiometric polymerization）。

实际上，无终止的聚合反应也会终止，因为在溶液中存在极微量的质子杂质是难免的，但微量的杂质（如水、二氧化碳、氧气）都易使反应终止，因此阴离子聚合可以发生链转移反应而终止。

（1）加入醇、酸、水等质子给予体发生链转移而终止。

由于阴离子活性中心具有与活泼氢（质子）反应的强烈倾向，因此凡是含有活泼氢的物质（如醇、酸、水、氧等）均能使阴离子链发生转移反应而终止。

（2）活性聚合物久置，链端发生异构化而终止。

（3）极性单体的终止反应。

极性单体甲基丙烯酸甲酯（methyl methacrylate）、丙烯腈（acrylonitrile）、甲基乙烯基酮（methyl vinyl ketone）等的侧基能与亲核试剂反应，即侧基能与增长的碳负离子反应而终止聚合。

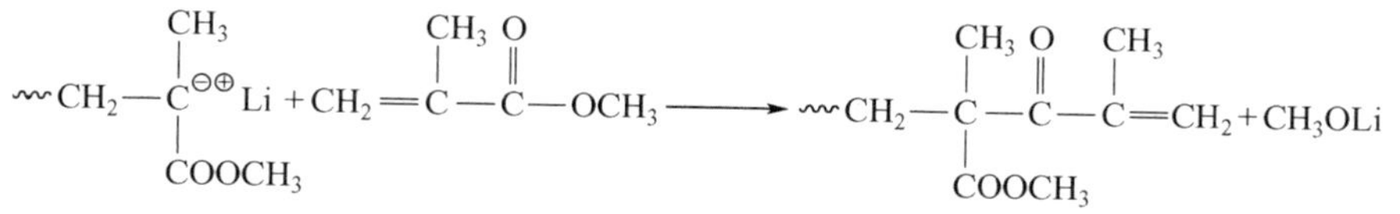

$$\sim CH_2-\underset{\underset{COOCH_3}{|}}{\overset{\overset{CH_3}{|}}{C}}{}^{\ominus}\oplus Li+CH_2=\underset{}{\overset{\overset{CH_3}{|}}{C}}-\overset{\overset{O}{\|}}{C}-OCH_3 \longrightarrow \sim CH_2-\underset{\underset{COOCH_3}{|}}{\overset{\overset{CH_3}{|}}{C}}-\overset{\overset{O}{\|}}{C}-\overset{\overset{CH_3}{|}}{C}=CH_2+CH_3OLi$$

因此甲基丙烯酸甲酯要在低温下聚合，采用极性溶剂并使用亲核性较弱的引发剂。

活性聚合物链端异构化在较长的有效期后，即使不存在终止剂和杂质，某些负离子活性中心的浓度也会逐渐降低，这是因为增长中心发生了消除碳负离子的异构化反应。如活性苯乙烯在四氢呋喃中久存，增长的碳负离子渐渐发生异构化。

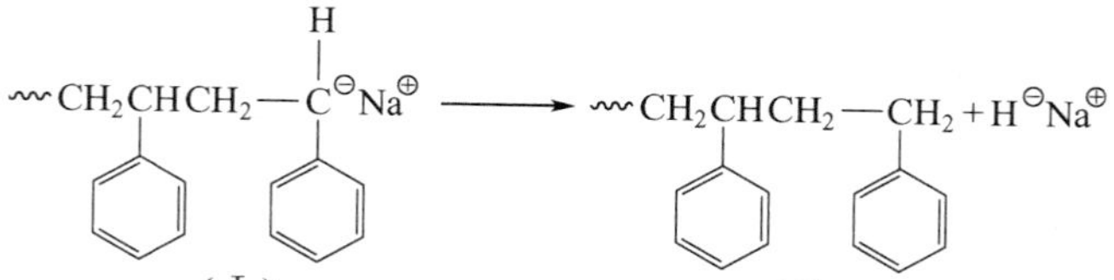

（Ⅰ）　　　　　　　　　　　　（Ⅱ）

当另一个增长碳负离子夺取了Ⅱ中不饱和端基上的氢时，便得到无反应性的1,3-二苯基烯丙基负离子，使动力学链完全终止。

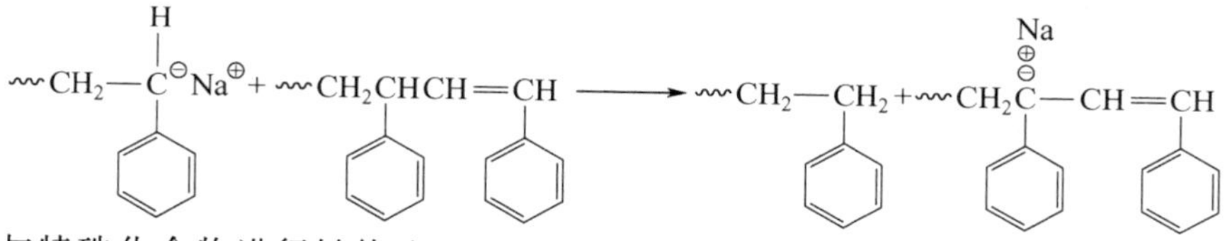

（4）与特殊化合物进行链终止——遥爪聚合物的合成。

① 加入环氧乙烷（ethylene oxide），再加入醇，生成高分子量的一元醇——"单爪"聚合物。

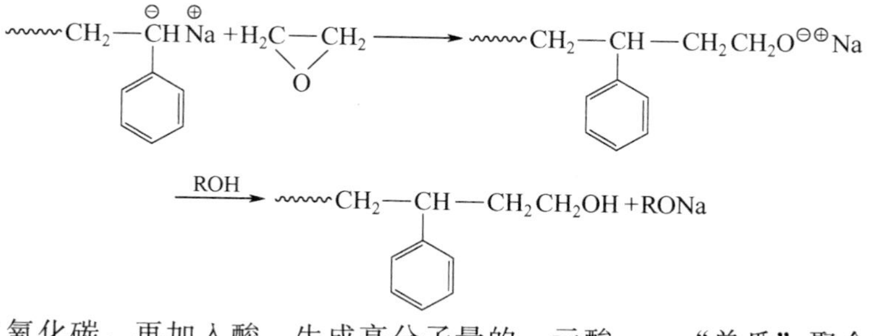

② 加入二氧化碳，再加入酸，生成高分子量的一元酸——"单爪"聚合物。

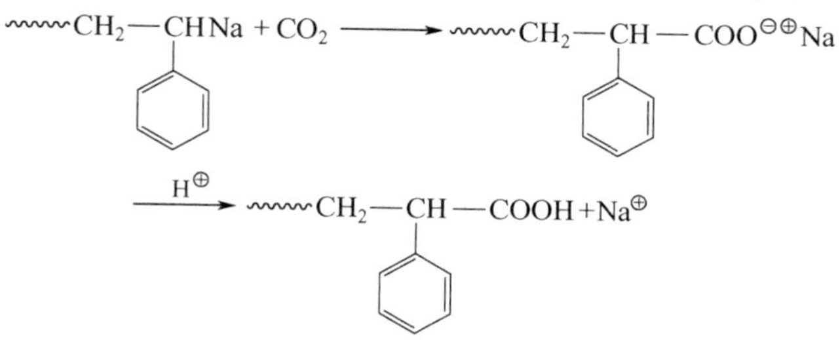

③ 与四氯硅烷反应——制备星形聚合物。

$$4C_4H_9 \left[CH_2-CH \right]_n CH_2-CH^- \cdots Li^+ + SiCl_4$$

$\longrightarrow$

④ 苯乙烯-丁二烯二嵌段共聚物与四氯化锡（四官能偶联剂）反应——制备星形聚合物。

$$4S \sim SB \sim B^-Li^+ + SnCl_4 \longrightarrow \sim Sn \sim + 4LiCl$$

　　星形聚合物的最大特点是其熔融黏度仅取决于每臂的分子量，而与聚合物的总分子量无关，该特性有利于成型加工。

⑤ 合成接枝和梳形共聚物。

$$\sim CH_2CH^-Li^+ \xrightarrow{CH_3SiCl_3(过量)} \sim CH_2CH-\underset{Cl}{\overset{Cl}{Si}}-CH_3 \xrightarrow{\sim CH_2-CH=CH-CH_2^-Li^+}$$

　　通过活性阴离子聚合制取接枝共聚物具有分子量分布窄且可定点接枝的优点。

9.2　热塑性弹性体及热塑性丁苯嵌段共聚物 SBS 的制备

　　热塑性弹性体（thermoplastic elastomer）是指在常温下显示橡胶的弹性，高温下又能塑化成型的材料。为了保持受力制品的弹性和形状，标准的弹性体是以共价键进行交联的。交联橡胶是热固性材料，不能通过加热再次成型。而热塑性弹性体高分子链的一部分由橡胶弹性的软链段组成，硬链段作为约束相分散在与之不相容的柔软的橡胶连续相之中。当温度升高时，这些约束成分在热的作用下丧失能力，聚合物熔化成熔融状而呈现塑性，便于成型加工；冷却下来，约束相又起物理交联作用，使热塑性弹性体无需化学交联便可使用，省去了传统的橡胶加工过程中的硫化工艺，而且可以多次成型。

苯乙烯类热塑性弹性体按照分子结构，可分为三嵌段对称性共聚物（ABA）、非对称性共聚物（ABC）及星形共聚物等；按照化学组成可分为苯乙烯（styrene）-丁二烯（butadiene）-苯乙烯三嵌段共聚物（SBS，称为热塑性丁苯嵌段共聚物），苯乙烯-异戊二烯-苯乙烯三嵌段共聚物（SIS），热塑性丁苯嵌段共聚物选择加氢的产物 S-EBS 等。

【热塑性弹性体】

【丁苯嵌段共聚物
工艺流程】

苯乙烯类热塑性弹性体在室温下的性能与硫化橡胶的性能相似，其弹性模量异常高，并且不随分子量的变化而变化。苯乙烯类热塑性弹性体凭借其强度高、柔软、具有橡胶弹性、永久变形小的特点，在制鞋、塑料改性、沥青改性、防水涂料、液封材料、电线、电缆、汽车部件、医疗器械部件、家用电器、办公自动化、黏合剂等领域有广泛的应用。苯乙烯-丁二烯-苯乙烯三嵌共聚物和苯乙烯-异戊二烯-苯乙烯三嵌段共聚物的最大问题是不耐热，使用温度一般不超过 80℃；同时，其强伸性、耐候性、耐油性、耐磨性等也都无法与橡胶相比。对它们进行改性氢化后，其在实际应用中性能显著提高，使用温度可达 130℃，尤其是具有优异的耐臭氧性、耐氧化性、耐紫外线性和耐候性，在非动态用途方面可与乙丙橡胶媲美。

9.2.1　热塑性丁苯嵌段共聚物的合成工艺

热塑性丁苯嵌段共聚物是同时具有橡胶性能和塑料性能的嵌段共聚物。热塑性丁苯嵌段共聚物的合成方法有二步法和三步法。二步法生产丁苯嵌段共聚物是采用双官能团引发剂 LiRLi 生产中心嵌段物（B），再加入苯乙烯（A）以增长两段嵌段的方法。这种方法适用于单方向嵌段聚合的体系，即 B 嵌段可以引发 A 嵌段共聚，而 A 嵌段不能引发 B 嵌段。另外，此种方法可能会因引入杂质造成 B 嵌段终止而形成单嵌段物。反应方程式如下。

$$(x\mathrm{B}+\mathrm{LiRLi}\rightarrow\mathrm{B}^-(\mathrm{BBB}\cdots)_{x/2-1}\mathrm{R}(\mathrm{BBB}\cdots)_{x/2-1}\mathrm{B}^- \xrightarrow{2ys} (\mathrm{SSS}\cdots\mathrm{S})_y(\mathrm{BBB}\cdots\mathrm{B})_x(\mathrm{SSS}\cdots\mathrm{S})_y$$

下面重点介绍三步法制备热塑性丁苯嵌段共聚物的工艺。

1. 原料

三步法制备热塑性丁苯嵌段共聚物的主要原料有苯乙烯、丁二烯、环己烷、己烷、异戊烷、加氢汽油、引发剂丁基锂及终止剂甲醇等，助剂有分散剂、稳定剂及微量杂质去除剂等。

2. 工艺过程

三步法制备热塑性丁苯嵌段共聚物包括四个重要工序：原料的精制、三嵌段共聚物的制备、三嵌段共聚物的脱气、橡胶的造粒和包装。分次加料法制备热塑性丁苯嵌段共聚物的工艺流程如图 9.1 所示。

（1）原料的精制。

生产热塑性丁苯嵌段共聚物的难点是其对杂质敏感，对原料质量要求高。纯化单体和溶剂一般可采取精馏或其他净化方法（如采用硅胶、活性炭、γ-氧化铝和分子筛）除去杂质和水分等。在三步法制备热塑性丁苯嵌段共聚物时，经过纯化处理后的溶剂和单体（苯乙烯和丁二烯）需用有机锂溶液滴定。其终点可以通过相应的视镜观察，发现滴定至溶液呈淡棕色为止。

（2）三嵌段共聚物的制备。

在惰性气体保护下，聚合反应在非极性溶剂中分以下三段进行。

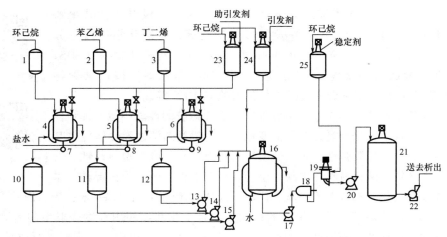

1, 2, 3, 10, 11, 12—计量槽；4, 5, 6—滴定槽；7, 8, 9—视镜；
13, 14, 15, 17, 20, 22—泵；16—聚合反应釜；18—过滤器；19—强化混合器；
21—中间贮槽；23, 24—引发剂制备槽；25—稳定剂制备槽

图 9.1　分次加料法制备热塑性丁苯嵌段共聚物的工艺流程

① 先向聚合反应釜内加入 1/2 总量的苯乙烯，然后加入引发剂。第一段苯乙烯聚合在 40～50℃下进行，维持 0.5～1h，使单体苯乙烯全部转化为聚合物。

② 在加入丁二烯之前，将聚合反应釜的温度降至 35℃，并控制丁二烯的加料速度以确保聚合反应釜温度不超过 60℃，此段聚合温度一般维持在 50～70℃。

③ 当丁二烯转化率达到 90％以上时，加入剩余 1/2 总量的苯乙烯。为了促使单体全部转化，聚合反应釜的温度可以提高至 70～80℃，并维持 1h。

（3）三嵌段共聚物的脱气。

三嵌段共聚物的脱气实际上只需脱除溶剂，可采用干法脱气和湿法脱气两种方式。

① 干法脱气。含 20％的三嵌段共聚物胶液先进入蒸汽夹套加热，并在装有搅拌装置的卧式浓缩器中浓缩至聚合物含量约为 26％；然后进入双辊脱气箱，该箱分为上下两室，当共聚物胶液落到热辊上后，即均匀分布在整个辊上，从而在脱气箱上室初步脱除溶剂，而在下室的工作辊上彻底脱气。

② 湿法脱气。向来自聚合段的三嵌段共聚物胶液中加入热水进行凝聚。凝聚胶粒经振动筛除去水分，经挤压脱水机和挤压膨胀机等机械干燥装置脱水干燥。干燥后的胶粒经振动提升机提升到包装机，称重包装。

（4）橡胶的造粒和包装。

橡胶由脱气箱的料斗进入螺杆挤压机，并用螺杆输送机送至装有造粒机的另一个螺杆挤压机。在喷头出口温度 150～180℃下制成 5mm×5mm×5mm 的颗粒。经空气除去胶粒表面的水分，然后包装入库。

9.2.2　热塑性丁苯嵌段共聚物的生产控制因素

1. 引发剂

工业上制备热塑性丁苯嵌段共聚物常用丁基锂化合物做引发剂，不同分子结构的丁基

锂引发剂对同类单体有不同的引发效果，因为非极性烃类溶剂中不同丁基锂的缔合度不同。当采用仲丁基锂合成热塑性弹性体时，缔合度小，具有高的引发速率，可获得分子量分布窄的聚合物；当采用正丁基锂合成热塑性弹性体时，缔合度相对较大，聚合反应速率小，会使部分丁基锂残存在嵌段聚合的各个阶段内，造成分子量分布加宽，并生成双嵌段共聚物和均聚物。但是正丁基锂性能稳定，易保存，价格相对便宜。在正丁基锂的烃类溶剂中加入少量活化剂（如醚类化合物、叔胺类化合物），可提高聚合反应速率，获得分子量分布窄的聚合物。

2. 杂质含量

由溶剂和单体带来的水、氧、二氧化碳、醇、酸、醛、酮等杂质能与引发剂有机锂发生反应，使引发剂失活或活性链终止，降低引发效率，生成单嵌段物和二嵌段物等。一般这些杂质的含量极低。

$$RLi + H_2O \longrightarrow R-H + LiOH$$
$$RLi + C_2H_5OH \longrightarrow R-H + C_2H_5OLi$$
$$RLi + HCl \longrightarrow R-H + LiCl$$

3. 聚合温度

聚合温度对阴离子聚合有重要影响。一般来讲，聚合温度提高可以增大聚合反应速率，但对活性聚合物的稳定性不利，得不到单分散性的高聚物。体系的聚合温度应根据单体、溶剂、引发剂、反应的转化率等因素来确定。

4. 溶剂和极性添加剂

引入溶剂使单体浓度降低，影响聚合反应速率。同时，阴离子活性增长链向溶剂的转移反应会影响聚合物的分子量。

阴离子聚合应该选用非质子溶剂（如苯、二氧六环、四氢呋喃、二甲基甲酰胺等），不能选用质子溶剂（如水、醇和酸等），质子溶剂是阴离子聚合的阻聚剂。溶剂和极性添加剂对聚合热塑性丁苯嵌段共聚物的影响主要包括对引发剂有机锂在非极性溶剂中缔合的影响和对嵌段物微观结构的影响。因为极性溶剂对其嵌段物微观结构的影响较大，所以一般只作为添加剂，少量地加入烃类溶剂中，促进聚合反应的进行。

习 题

1. 阴离子聚合具有哪些特点？
2. 阴离子聚合对溶剂有什么要求？
3. 可以采用哪些方法终止阴离子聚合？
4. 用阴离子嵌段共聚制备热塑性丁苯嵌段共聚物有哪几种方法？
5. 简述热塑性丁苯嵌段共聚物的合成工艺。
6. 阴离子聚合有哪些应用？
7. 什么是热塑性弹性体？热塑性丁苯嵌段共聚物有哪些应用？

第10章

配位聚合

本章教学要点

知识要点	掌握程度	相关知识
配位聚合的特点及原理	掌握配位聚合的特点及催化剂	配位聚合又称定向聚合，配位聚合反应催化剂
聚合物的立构规整性	掌握聚合物的立构规整性	α-烯烃聚合物、二烯烃聚合物、聚丙烯等立构规整性聚合物的性能
乙烯配位聚合	掌握乙烯配位聚合的催化剂；掌握影响聚合反应的主要因素及乙烯配位聚合的生产方法	钛系催化剂，高效钛系催化剂，单金属机理，影响分子量及支化度的因素
乙丙橡胶的生产工艺	掌握乙丙橡胶的催化剂；了解乙丙橡胶的结构、性能及应用	配位聚合生产乙丙橡胶的生产工艺

 导入案例

配位聚合及配位聚合催化剂

德国人齐格勒于 1953 年发现了乙烯低压（0.2～1.5MPa）聚合引发剂——四氯化钛-三乙基铝 [$TiCl_4$—$Al(C_2H_5)_3$]，合成了支链少、密度大、结晶度高的高密度聚乙烯。

意大利人纳塔于 1954 年将四氯化钛改为三氯化钛，用于聚合丙烯，得到分子量大、结晶度高、熔点高的聚丙烯，使得难以自由基聚合或离子聚合的烯类单体聚合形成立构规整聚合物，赋予材料特殊的性能。他和齐格勒因此荣获 1963 年的诺贝尔化学奖。

齐格勒-纳塔催化剂与配位聚合的出现，开创了高分子合成的新纪元，为乙烯、丙烯的定向聚合工业奠定了基础。齐格勒-纳塔催化剂催化活性低、定向能力不强；第二代配位聚合催化剂，加入带孤对电子的第三组分（如 Lewis 碱、电子给体），具有较强的活性和定向性；第三代配位聚合催化剂将四氯化钛负载在载体（如氯化镁）上，同时引入第三组分，活性高，等规度达 98%，聚合物颗粒形态较好，易分离，避免了聚合物的洗涤。高效催化剂一直是研究和发展的重点，但仅局限于乙烯、丙烯的聚合。

茂金属催化剂是聚合工艺上的重要进展之一。20 世纪 80 年代初，二氯化茂锆和铝氢烷均相超高活性催化体系被发现，它具有超高活性，每克锆可得 2 亿克以上的聚乙烯，并可由乙烯合成几乎所有类型的聚乙烯产品。茂金属催化剂可合成塑料级聚丙烯、纺丝级聚丙烯、弹性均聚丙烯，已在聚乙烯、聚丙烯工业上获得成功应用。当今影响茂金属催化剂发展的主要障碍是生产能力受限、成本高、加工方面尚存一定的问题。由于茂金属催化剂生产的树脂可在一些特殊的领域替代工程塑料，因此茂金属催化剂具有广阔的发展前景。

乙烯、丙烯在热力学上有聚合倾向。乙烯无取代基，结构对称，无诱导效应和共轭效应，单体活性低，但需在高温高压的苛刻条件下才能进行自由基聚合。丙烯中的烷基供电性和超共轭效应较弱，并且由于其具有阻聚作用，难以获得高分子量的聚合产物，因此在相当长的一段时期内不能得到高分子量的聚合物。20 世纪 50 年代初，齐格勒–纳塔催化剂与配位聚合的出现，使得乙烯不在高温高压下也可以进行聚合反应，得到高密度的聚乙烯，而且制备出了具有规整结构的聚丙烯，开创了高分子合成的新纪元。

10.1　配位聚合反应特点

配位聚合（coordination polymerization）是指烯类单体的碳–碳双键先在过渡金属引发剂活性中心上进行配位、活化，随后单体分子相继插入过渡金属–碳键中进行链增长反应。最早是用齐格勒–纳塔催化剂使烯烃（如乙烯、丙烯、丁烯等）和二烯烃［如丁二烯（butadiene）和异戊二烯等］合成具有规整链结构的高聚物，因此配位聚合又称定向聚合（directional polymerization）。

10.1.1　配位聚合反应催化剂

齐格勒–纳塔催化剂所含金属与单体之间的配位能力强，使单体在进行链增长反应时立体选择性更强，可获得高立构规整度的聚合产物，即其聚合过程是定向的。

1. 配位引发剂的作用

配位引发剂在聚合过程中提供引发聚合的活性种及独特的配位能力。引发剂中过渡金属反离子与单体和增长链配位，促使单体分子按照一定的构型进入增长链，即单体通过配位定位，引发剂起连续定向的模型作用。

2. 齐格勒–纳塔催化剂

齐格勒–纳塔催化剂是指由周期系 Ⅳ～Ⅷ 族过渡金属化合物（M_t）（主要是卤化物）

和Ⅰ～Ⅲ族金属有机化合物组成的络合催化剂。

$$M_{Ⅳ～Ⅷ}X + M_{Ⅰ～Ⅲ}R + 第三组分$$

其中：M为金属；$M_{Ⅳ～Ⅷ}X$为主催化剂，如$TiCl_4$；$M_{Ⅳ～Ⅷ}$为Ⅳ～Ⅷ族的金属，如Ti、V、Cr、Mn、Fe、Ni、Zr、Mo、W等；X为卤素，如Cl。

Ⅳ～Ⅵ副族中，Ti、V、Cr的卤化物和氧卤化物等主要用于α-烯烃的聚合，$TiCl_3$（α、γ、δ）的活性较高，$MoCl_5$、WCl_6专用于环烯烃的开环聚合。Ti系和V系多为非均相体，可生产高顺式1,4-聚戊二烯和聚丁二烯。其中V系常为反式1,4特性。

Ⅷ族：Co、Ni、Ru、Rh的卤化物或羧酸盐主要用于二烯烃的聚合，Ni系和Co系多用于生产顺式1,4-聚丁二烯。

如果主催化剂是不同的过渡金属组分，则$TiCl_3 > VCl_3 > ZrCl_3 > CrCl_3$；如果是同一过渡金属的不同价态，则$TiCl_3 > TiCl_2 > TiCl_4$。

助催化剂$M_{Ⅰ～Ⅲ}R$的主要作用是还原过渡金属并使其烷基化形成活性中心。$M_{Ⅰ～Ⅲ}$为周期系Ⅰ～Ⅲ族，如Al、Be等金属；R为烷基。RLi、R_2Mg、R_2Zn、AlR_3中，R为碳原子数为1～11的烷基或环烷基。

一卤代烷基铝的定向能力比烷基铝的高，一卤代烷基铝定向能力顺序为$AlEt_2I > AlEt_2Br > AlEt_2Cl$，因此一般选取$AlEt_2I$和$AlEtBr$。但由于$AlEtI$和$AlEtBr$均较贵，因此选用$AlEt_2Cl$。Al/Ti物质的量的比是决定催化剂性能的重要因素，适宜的Al/Ti物质的量的比为1.5～2.5。

加入第三组分的催化剂称为第二代催化剂，催化剂活性提高到$5×10^4$ g PP/g Ti。第三组分：含氮、含氧的有机物（如醚、酯、醇及脂肪族、芳香族胺类等）作为添加剂，以提高齐格勒-纳塔催化剂的催化活性和定向性。给电体NR_3与$AlEtCl_2$发生歧化反应形成$AlCl_3$，并部分形成$AlEt_2Cl$。

第三代催化剂除添加第三组分外，还使用了载体，如$MgCl_2$、$Mg(OH)Cl$，催化剂活性达到$6×10^5$ g/g Ti或更高。

第四代催化剂的化学组分与第三代的相同，但采用球形载体，不但具有第三代催化剂高活性、高等规度的特点，而且球形大颗粒流动性好，不需要造粒，可直接加工。采用多孔性球形催化剂还可以通过分段聚合方法制备聚烯烃合金。

第五代催化剂为单活性中心引发剂，如茂后催化剂和茂金属催化剂。

10.1.2　配位聚合反应的特点

1. 聚合机理系配位聚合

配位聚合采用齐格勒-纳塔催化剂，链增长的机理是先由烯烃或二烯烃单体的C=C双键与配位催化剂中活性中心的过渡元素（如Ti、V、Cr、Ni等）中空的d轨道配位形成σ-π络合物，使链节增长，形成高分子，所以称为配位聚合，又称络合聚合、插入聚合。

α-烯烃的聚合反应速率随双键上烷基的增大而降低，即

$$CH_2=CH_2 > CH_2=CH-CH_3 > CH_2=CH-CH_2-CH_3$$

链增长反应可表示为

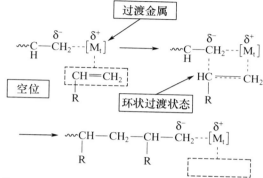

链增长的本质是单体对增长链端络合物的插入反应，即

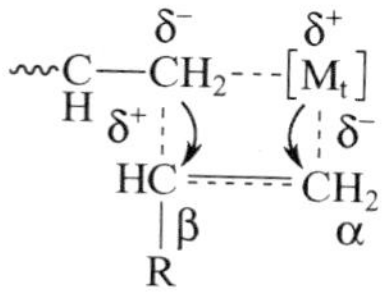

反应包括过渡金属阳离子 $M_t^{\delta+}$ 对烯烃双键 α 碳原子的亲电进攻和增长链端阴离子对烯烃双键 β 碳原子的亲核进攻。

2. 反应具有定向性

在配位聚合反应的链增长时，因为单体先与催化剂活性中心进行配位反应，使链增长的每个大分子链节的排列具有规整性或定向性，所以配位聚合属于定向聚合。

3. 配位聚合用的单体有选择性

不是所有的单体都能进行配位聚合，适用于聚合的单体仅局限于 α -烯烃和二烯烃。大多数含氧、氮等给电子基团和极性大的含卤素的单体不适合配位聚合。因为这些极性基团能与催化剂配位，干扰破坏链增长反应，所以配位聚合对原料纯度要求很高，如单体、溶剂的水分含量一般不超过 1×10^{-5}，而惰体气体（如氮气）均要用 γ -氧化铝、分子筛等进行处理，以便除去氮气中的水分、氧气等有害成分。含有活泼氢、极性大的含氧、含氮化合物的溶剂都不适合配位聚合。

10.2 乙烯配位聚合

聚乙烯产品有高压聚乙烯、超高压聚乙烯及中低压聚乙烯。高压聚乙烯主要用于制造薄膜制品，其次是管材、注射成型制品、电线包裹层等。超高压聚乙烯生成的超高分子聚乙烯具有优异的综合性能，可作为工程塑料。中低压聚乙烯一般用于制造注射成型制品及中空制品。

一般来说，配位阴离子聚合的立构规整化能力取决于引发剂的类型、特定的组合与配比、单体种类及聚合条件。

10.2.1 乙烯配位聚合的催化剂

1. 常规的齐格勒-纳塔催化剂

第一代常规齐格勒-纳塔催化剂的主催化剂是 $TiCl_4$，常用助催化剂是 $Al(C_2H_5)_3$、$Al(C_2H_5)_2Cl$、$Al_2(C_2H_5)_3Cl_3$、主要作用是将 $TiCl_4$ 还原成 $\beta\text{-}TiCl_3$，对 $\beta\text{-}TiCl_3$ 进行烷基化形成 $Ti\text{—}C$ 键活性中心。

$$TiCl_4 + Al(C_2H_5)_3 \longrightarrow C_2H_5 TiCl_3 + (C_2H_5)_2 AlCl$$
$$(C_2H_5)_2 TiCl \longrightarrow C_2H_5 + \beta\text{-}TiCl_3$$
$$2C_2H_5 \longrightarrow C_2H_4 + C_2H_6 \longrightarrow C_4H_{10}$$

2. 高效钛系催化剂

对高效催化剂的要求如下。

(1) 活性中心多，保持长效，催化效率要提高几十倍到上百倍。

(2) 节省聚合物的后处理（即脱除催化剂）工序。

(3) 具有多功能性，可调节聚合物分子量、分子量分布及侧链支化等。

(4) 可以提高聚合物的堆砌密度及颗粒均匀度，节省造粒工序。

高效催化剂的研究主要集中在选制超高活性载体、选制多配位基的主催化剂及选择具有较高活性的特殊有机铝化合物。钛系高效催化剂的常用载体为镁的化合物，如 $MgCl_2$、$Mg(OH)Cl$、$Mg(OH)_2$、MgO、$MgCO_3$、$Mg(OC_2H_5)_2$ 等，有的还用有机镁化物，如 MgR_2、$RMgX$ 等。

钛系高效催化剂的制备方法通常有以下两种。

(1) 将 $TiCl_4$ 载负于镁化物（如 $MgCl_2$），载负的方法有悬浮浸渍法和共研磨法。

(2) 以 MgR_2 或 $RMgX$ 做促进剂与 $TiCl_4$ 反应，使之完全溶于溶剂中，呈分子级分散。$TiCl_4$ 也可看成一种载体催化剂。

$$TiCl_4 + Mg(OH)Cl \longrightarrow ClMg(OTiCl_3) + HCl$$

用铬系高效催化剂中压法生产高密度聚乙烯时，压力为 $2\sim10MPa$。用 CrO_3 负载于 SiO_2、Al_2O_3 上的催化剂体系生产聚乙烯的方法常称为菲利浦法；MoO_3 负载于 Al_2O_3 上的催化体系生产聚乙烯的方法常称为美孚法。

10.2.2 乙烯配位聚合机理

P. Cossee 发展了量子化学理论，使单金属机理有一定的理论基础。由于实验证据较充分，因此双金属机理和单金属机理得到普遍认同。

1. 双金属机理

双金属机理是由帕塔、辛恩和纳塔提出的。其配位聚合机理的核心是认为增长中心是具有 $Ti\cdots C\cdots Al$ 碳桥电子三中心键的络合物，其结构如下。

在帕塔–辛恩的机理中，乙烯先与钛原子配位，然后插入 Ti—C 键并与之形成桥键，反应如下。

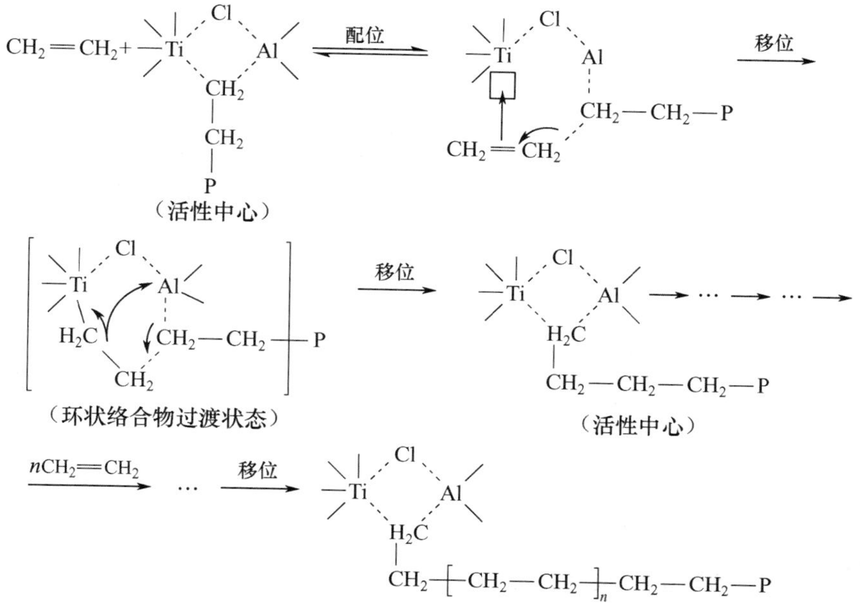

（活性中心）

（环状络合物过渡状态）　　　　（活性中心）

纳塔认为单体先配位于钛原子上并使其活化，然后转移到铝原子上，最后重新形成碳桥，反应如下。

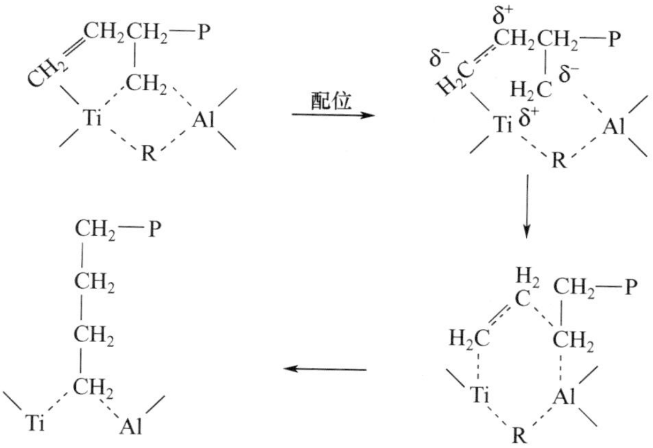

2. 单金属机理

单金属机理由 P. Cossee 于 1960 年提出，经 E. J. Arlman 补充完善——活性中心是带有一个空位的以过渡金属为中心的正八面体，反应如下。

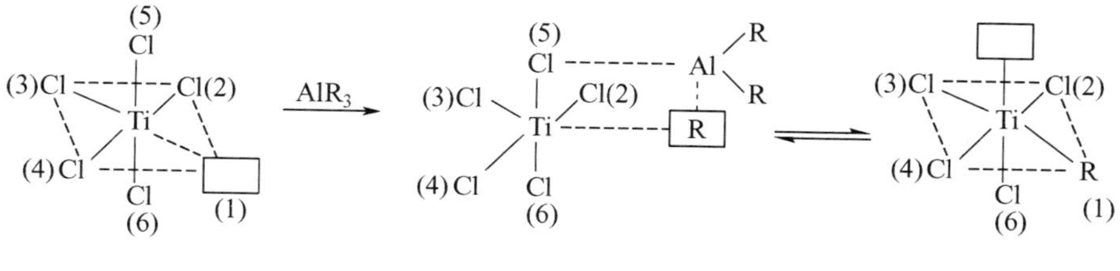

高分子合成工艺

在晶粒上存在带有一个空位的配位体，活性种是一个 Ti 上带有一个 R 基、一个空位和四个氯的五配位正八面体，AlR₃仅起到使 Ti 烷基化的作用，反应如下。

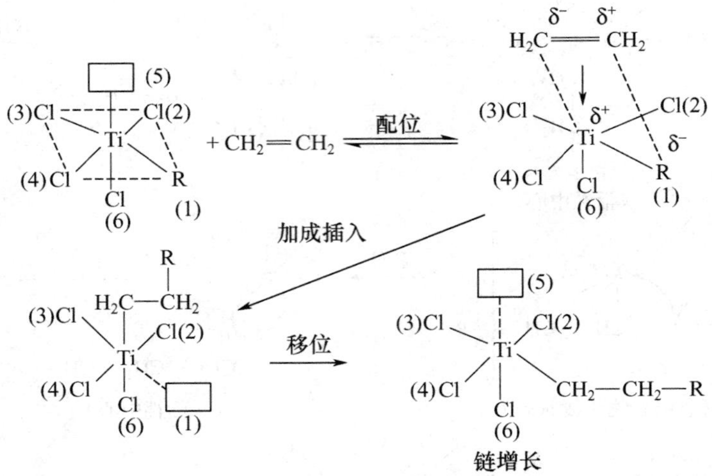

如此重复下去，便可得聚乙烯大分子。

10.2.3　影响乙烯配位聚合反应的主要因素

1. 影响聚合反应速率的因素

（1）Al/Ti 物质的量的比。

齐格勒-纳塔催化剂体系不同，其 Al/Ti 物质的量的比对聚合反应速率及催化效率的影响也不同。常规齐格勒-纳塔催化剂 Al/Ti 物质的量的比在 4 左右时聚合反应速率最高，而高效催化剂 Al/Ti 物质的量的比在 20 左右时聚合反应速率最高，甚至 Al/Ti 物质的量的比为 30 时聚合反应速率仍然较高。

（2）扩散。

多数齐格勒-纳塔催化剂是非均相体系，若采用溶液法，则聚合反应是在气、液、固三相组成的复杂系统中进行的。

在非均相反应中，反应步骤如下。

① 单体乙烯向溶剂液面扩散和溶解，溶解的单体在液相中向固体催化剂表面扩散。
② 单体分子在催化剂表面吸附或络合。
③ 吸附的单体插入过渡金属—碳键，使聚合链增长。
④ 聚合链终止或转移，聚合物脱离催化剂表面。
⑤ 聚合物向溶剂扩散。

2. 影响分子量的因素

（1）聚合时间。

聚乙烯聚合度随时间的增加而增大，通常聚合 2h 后分子量趋于恒定。分子量和聚合时间的关系与增长着的聚合链的平均寿命相关。由于反应条件不同，其平均寿命也不尽相同，因此分子量与时间的关系曲线也有一定差异。时间对分子量的影响如图 10.1 所示。

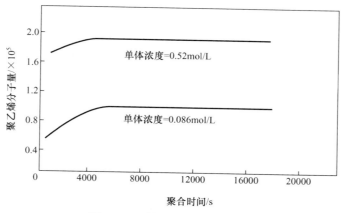

图 10.1　时间对分子量的影响

（2）温度及链转移剂。

在 Al-Ti 催化体系中，**工业上大多用氢做分子量调节剂（氢的链转移常数约是单体链转移常数的 200 倍）**。氢的用量和聚合温度对聚乙烯分子量有很大的影响。由于温度升高，链转移常数增大的幅度超过链增长速率常数，因此聚乙烯分子量下降。但在实际生产中，氢作为分子量调节剂加入量较大，分压达总压力的 20%～40%，导致单体乙烯浓度降低。

3. 影响支化的因素

乙烯配位聚合中，由于活性大分子链向单体转移及自身 β-脱氢转移可形成端烯基大分子，这种大分子能继续向活性中心配位进行链增长，产生少量支链。配位催化剂除能使乙烯聚合外，还能使乙烯二聚生成少量 1-丁烯，它与乙烯共聚便能得到乙烯基支化链。所以用配位聚合得到的高密度聚乙烯（high density polyethylene，HDPE）的分子内，大约每 1000 个碳原子含 2～3 个支链。

乙烯与 α-烯烃配位共聚，由于引入了 α-烯烃，因此得到的大分子含有一定数量的短支链，可以得到线性低密度聚乙烯（LLDPE），降低了聚合物结晶度、熔点和密度。1-辛烯含量对共聚物熔点、结晶度及密度的影响如图 10.2 至图 10.4 所示。

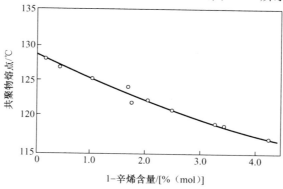

图 10.2　1-辛烯含量对共聚物熔点的影响

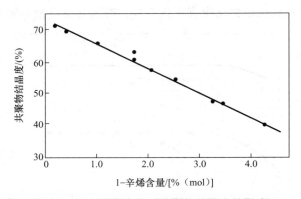

图 10.3　1-辛烯含量对共聚物结晶度的影响

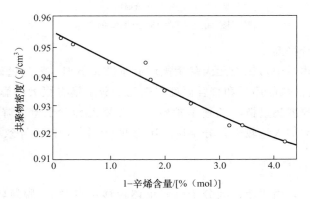

图 10.4　1-辛烯含量对聚合物密度的影响

4. 影响催化剂长效的因素

（1）充分搅拌及散热可降低活性中心被包埋的程度，保持催化剂长效。

（2）消除有害杂质的影响，因为水、氧、一氧化碳、二氧化碳及某些含活泼氢的物质都会使催化剂中毒，所以单体和溶剂应严格纯化。

（3）加强反应器的传热或快速搅拌，防止聚合温度过高及局部过热；也可采用负载催化剂，大大降低聚合反应釜结块程度，改善散热效果。

（4）采用合适的烷基铝用量。烷基铝具有多种功能，会使增长着的聚合链向烷基铝转移而形成新的活性中心。

$$\overbrace{催化剂\ Ti}—P+AlR_3 \longrightarrow \overbrace{催化剂\ Ti}—R+R_2Al—P$$
$$\qquad 活性中心 \qquad\qquad\qquad\qquad 活性中心$$

$R_2A—P$ 暂时与乙烯单体结合，使单体活化。

$$R—\underset{\underset{R}{|}}{\overset{\overset{R}{|}}{Al}} \longleftarrow CH_2{=}CH_2$$

此外，烷基铝与活性中心的空轨道配位使活性中心暂时失活，避免活性中心中毒。

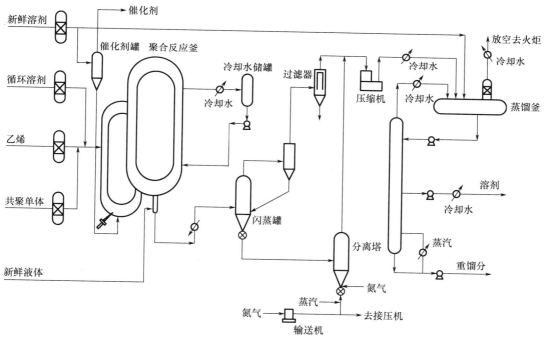

10.2.4 乙烯配位聚合生产工艺

1. 工艺流程简述

中国生产高密度聚乙烯的方法中，以淤浆法为主。淤浆法是将乙烯溶于脂肪烃稀释剂中，在催化剂的作用下，在一定温度与压力的条件下使乙烯聚合生成高密度聚乙烯，生成物中不溶于稀释剂的颗粒悬浮其中，将含有聚乙烯的淤浆液排出反应器，进入闪蒸罐，经闪蒸、离心干燥等工艺后得到聚乙烯。具有代表性的聚合工艺有三井油化工艺、赫斯特工艺和菲利浦工艺。菲利浦工艺流程如图 10.5 所示。

图 10.5 菲利浦工艺流程

2. 聚合工艺的关键工艺条件

（1）聚合温度为 $60 \sim 75 ℃$，聚合温度对引发剂的活性及聚乙烯的特性黏度、产率都有影响。

（2）聚合压力一般为 $0 \sim 0.981 \text{kPa}$。对高活性引发剂而言，压力增大，乙烯在溶剂中的吸收速率增大，聚合反应速率增大。但所得产物的分子量与压力无关。

（3）浓度为 34%（质量分数）的淤浆固体，其单体转化率可达 97%。

（4）介质选用烃类，如汽油、环己烷。

（5）要控制聚合终点，可加入少量终止剂，如氢。

（6）控制较低的温度，减少活性中心向大分子转移，从而控制聚合物分子量及分子量分布。

10.3　乙丙橡胶

乙丙橡胶（ethylene propylene rubber，EPR）是由乙烯和丙烯共聚得到的二元聚合物，或由乙烯、丙烯与非共轭二烯烃单体共聚得到的三元共聚物（ethylene propylene diene tripolymer，EPDM）的总称。乙丙橡胶分子主链上，乙烯和丙烯单体呈无规则排列，失去了聚乙烯或聚丙烯的结构规整性，从而成为弹性体。由于二元乙丙橡胶分子不含双键，不能用硫黄硫化，因此二元乙丙橡胶只占总数的 10% 左右。而三元乙丙橡胶二烯烃位于侧链上，因此其不但可以用硫黄硫化，而且保持了二元乙丙橡胶的各种特性。

乙丙橡胶主链由化学性稳定的饱和烃组成，仅在侧链中含不饱和双键，基本属于一种饱和型橡胶。由于乙丙橡胶分子结构内无极性取代基，分子间内聚能低，因此分子链可在较宽的温度范围内保持柔顺性。乙丙橡胶的化学结构使其硫化制品具有独特的性能。

工艺种类根据生产规模和对产品的要求不同而不同。乙丙橡胶的工业化生产工艺主要有溶液聚合、悬浮聚合和气相聚合三种。

10.3.1　三元乙丙橡胶的第三单体

【三元乙丙橡胶】

工业生产上，三元乙丙橡胶用的第三单体有亚乙基降冰片烯（ethylnorbornene，ENB）、双环戊二烯（dicyclopentadiene，DCPD）及 1,4-己二烯（1,4-hexadiene，1,4-HD），它们的共同特点如下。

（1）至少含有两个烯烃单元。

（2）沿聚合物主链相对均匀分布。

（3）显示出较高的共聚合速率，同时不妨碍乙烯与丙烯的聚合反应。

亚乙基降冰片烯是三元乙丙橡胶的首选第三单体，虽然其成本高，但是其为双环结构，共聚活性很高，而且聚合很快，制备的橡胶的硫化速度比其他第三单体的快，可以克服乙丙橡胶硫化速度慢的缺点。由亚乙基降冰片烯合成的三元乙丙橡胶具有耐臭氧、耐化学药品、耐放电、耐水蒸气等性能，可用作发动机周围的橡胶制品、防水板等建筑材料和耐冲击性塑料的改性材料。

10.3.2　乙丙橡胶的催化剂

（1）钒系催化剂主要是指 V-Al 活化剂、V-Al 载体催化体系。钒系催化剂技术比较成熟。随着 V-Al 催化剂中活化剂及高活性载体 $MgCl_2$ 的引入，效果稳定的钒系催化剂仍在乙丙橡胶工业中占重要地位。

（2）钛系催化剂主要是以 $TiCl_3$、$TiCl_4$ 为主要成分的 Ti-Al 催化剂，包括可溶性高、反应活性强的 Ti-Mg 高效催化剂。这类催化剂合成的三元乙丙橡胶的结晶度几乎为零，聚合物中含有微量嵌段序列，拉伸强度和断裂性能优良。

（3）茂金属催化剂由过渡金属（如 Ti、Zr 等）与环状不饱和基团构成，通常与助催化剂甲基铝氧烷（methy aluminoxane，MAO）组成催化剂体系。由于茂金属催化剂活性强（比钒系催化剂或钛系高效催化剂的催化活性还高 10～100 倍）、催化剂用量少（可节省脱钒工序）、容易克服空间位阻，因此共聚物结构均匀，共聚物分子量分布及化学组成较窄，物理性能优异。尤其可通过茂金属结构的改变，大范围调控聚合物的微观结构，又可在较高温度下进行溶液共聚。茂金属催化剂与钒系催化剂和钛系催化剂（$TiCl_3/Et_2AlCl$）的特点比较见表 10-1。

表 10-1　茂金属催化剂与钒系催化剂和钛系催化剂（$TiCl_3/Et_2AlCl$）的特点比较

性　　能	茂金属催化剂	钒系催化剂	钛系催化剂（$TiCl_3/Et_2ALCl$）
分子量分布	窄	窄-宽	宽
分子链不规则性	好	好	差
环状二烯烃共聚性	好	好	差
高碳 α-烯烃共聚物	好	中	差
催化活性	好	中	中
聚合温度	一般为 60℃或小于 60℃	一般在 40℃以下	可以高温

10.3.3　乙丙橡胶的性能

乙丙橡胶有优异的低密度、高填充性、耐老化性、耐化学药品性等。

1. 低密度、高填充性

乙丙橡胶是一种密度较低的橡胶，可大量充油和加入填充剂，可降低橡胶制品的成本，弥补了乙丙橡胶生胶价格高的缺点。并且对高门尼值的乙丙橡胶来说，高填充后物理机械性能下降幅度不大。

2. 耐老化性

乙丙橡胶制品可在 120℃下长期使用，用过氧化物交联的三元乙丙橡胶可在更苛刻的条件下使用。

3. 耐化学药品性

由于乙丙橡胶主链上没有双键，缺乏极性，因此对各种极性溶剂（如醇、酸、碱、氧化剂、制冷剂、洗涤剂、动植物油、酮、脂等）均有较好的耐抗性。

10.3.4　三元乙丙橡胶的合成工艺

三元乙丙橡胶的工业化生产工艺主要有气相聚合、悬浮聚合和溶液聚合三种。

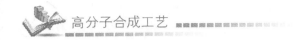

高分子合成工艺

1. 气相聚合

气相聚合生产三元乙丙橡胶是由 Himont 公司于 20 世纪 80 年代后期实施工业化的，工艺流程简短，不需要溶剂或稀释剂，无需溶剂回收和精制工序。但其产品通用性较差，为避免聚合物过黏，气相聚合均采用炭黑做流态化助剂，因此产品皆为黑色。

气相聚合工艺分为聚合、分离净化和包装三个工序。在 50～65℃ 和绝对压力 2.07kPa 下，质量分数为 60% 的乙烯、35.5% 的丙烯、4.5% 的乙叉降冰片烯与催化剂、氢气、氮气和炭黑一起加入流化床反应器进行聚合反应。从反应器排出的乙丙橡胶粉末经脱气降压后进入净化塔，用氮气脱除残留烃类。来自净化塔顶部的气体经冷凝回收乙叉降冰片烯后，用泵送回流化床反应器。最后对生成的微粒状产品进行包装。

2. 悬浮聚合

用悬浮聚合法生成的聚合物不溶于反应介质丙烯，体系黏度较低，转化率较高，聚合物的质量分数高达 30%～35%，其生产能力是溶液聚合法的 4～5 倍，无溶剂回收、精制等工序。

悬浮聚合法的缺点是由于不使用溶剂，因此从聚合物中脱离残留催化剂较困难；生成的聚合物是不溶于液态丙烯的悬浮粒子，使之保持悬浮状态较难，当聚合物浓度较高和出现少量凝胶时，聚合反应釜易挂胶；质量均匀性差；制备产品的电绝缘性能较差。

3. 溶液聚合

溶液聚合生产三元乙丙橡胶在 20 世纪 60 年代初实现工业化，经不断完善和改进，技术较成熟，是工业生产采用的主要聚合方法，约占乙丙橡胶总生产能力的 77.6%。

溶液聚合生产三元乙丙橡胶是在既可以溶解单体和催化剂，又可以溶解产品的溶剂中进行的均相反应，通常采用 V－Al 催化剂体系，以直链烷烃（如正己烷）为溶剂，聚合温度为 30～50℃，在压力 0.4～0.8MPa 的条件下，反应产物中聚合物的质量分数一般为 8%～10%。

溶液聚合的优点是原料和循环单体不需要精制，催化剂效率高，三废中钒含量低。

阅读材料10-1

图 10.6　三元乙丙橡胶

三元乙丙橡胶

三元乙丙橡胶（图 10.6）在汽车制造行业中用量较大，主要应用于汽车密条、散热器软管、火花塞护套、空调软管、胶垫、胶管等。在汽车密封条行业中，主要利用其弹性、耐臭氧、耐候性等特性，其中亚乙基降冰片烯型的三元乙丙橡胶已成为汽车密封条的主体材料。

　　虽然世界上第一条汽车散热器胶管是采用丁苯橡胶制造的，但是自汽车发动机舱内的工作温度变得越来越高后，基于良好的性能/成本考虑，三元乙丙橡胶已成为公认的汽车散热器胶管的首选材料。三元乙丙橡胶中第三单体的种类和含量对硫化速度和硫化橡胶的性能均有直接影响。市售三元乙丙橡胶的第三单体大多为亚乙基降冰片烯和双环戊二烯。亚乙基降冰片烯型的三元乙丙橡胶硫黄硫化速度快，生产效率高，因而品种较多，应用也很广；双环戊二烯型的三元乙丙橡胶虽然硫黄硫化的速度相对较慢，但过氧化物硫化的速度相对较快，且较高的支化度在某些产品上应用具有特色。还有一些既含有亚乙基降冰片烯又含有双环戊二烯的综合型三元乙丙橡胶。

　　自20世纪70年代开始大规模采用三元乙丙橡胶生产汽车散热器胶管以来，这种胶管的使用寿命已得到极大延长，主要是它解决了原有胶管因老化破裂而造成发动机严重损害的问题。

习　　题

1. 配位聚合有什么特点？配位聚合的催化剂有哪些？
2. 为什么聚乙烯大分子链中会形成支化链？
3. 影响配位聚合反应的主要因素有哪些？
4. 乙丙橡胶的合成工艺有哪几种？各有哪些优缺点？
5. 简述乙丙橡胶的性能及应用。
6. 配位聚合中影响催化剂长效的因素有哪些？

第**11**章
线型缩聚原理及生产工艺

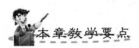 本章教学要点

知 识 要 点	掌 握 程 度	相 关 知 识
线型缩聚	了解线型缩聚的类型及实施方法；掌握线型缩聚反应体系的组成	熔融缩聚、溶液缩聚、界面缩聚和固相缩聚
熔融缩聚生产涤纶树脂	掌握直接缩聚法（TPA 法）、酯交换法（DMT 法）及环氧乙烷法（ED 法）生产涤纶树脂的优缺点，以及酯交换法的生产工艺	熔融缩聚的优缺点，缩聚反应体系的组成，酯交换法的生产工艺
熔融缩聚反应的影响因素	掌握熔融缩聚反应的影响因素	单体配比、反应程度、平衡常数及温度等
尼龙 - 66 的生产工艺	掌握尼龙 - 66 的生产工艺路线	尼龙 - 66 的生产工艺路线
溶液缩聚	掌握溶液缩聚的特点及分类	溶液缩聚的主要影响因素
界面缩聚	了解界面缩聚的工艺特点，掌握界面缩聚的影响因素及聚碳酸酯的合成工艺	单体配比、反应温度、溶剂性质、单官能团化合物的影响；聚碳酸酯气-液相界面缩聚法

导入案例

缩聚反应的发展

含有反应性官能团的单体经缩合反应析出小分子化合物而生成聚合物的反应称为缩合聚合反应，简称缩聚反应。单体分子中所含的反应性官能团数目大于或等于 2 时，才能由缩聚反应生成聚合物。

一般来说，塑料工业的形成是基于采用缩聚方法。1907 年，L. H. Backland 制造了第一个工业合成产品——酚醛树脂。随后出现了醇酸树脂，在 1920 年开发了脲醛树脂。到 20 世纪 30 年代才出现用聚合方法制备高分子聚合物的大规模生产。缩合聚合的概念是 W. H. Carothers 于 1929 年提出的，在此之前他曾系统地研究了很多双官能团化合物的缩合反应。30 年代尼龙-6 和尼龙-66 问世后，开始了合成纤维的工业化生产。50 年代初聚酯纤维开始工业化生产，虽比聚酰胺纤维问世晚，但发展速度很快。

Paul. J. Flory 通过研究缩聚反应，在理论上提出了缩合产物分子量的概率分布、聚酯合成的缩聚反应动力学及多官能团化合物缩聚产生交联的凝胶化理论。20 世纪 50 年代末，P. W. Morgan 提出界面缩聚法，为合成熔点与分解温度接近的高熔点芳杂环聚合物提供了一条切实可行的途径，芳香族聚酰胺（如聚间苯二甲酰间苯二胺和聚对苯二甲酰对苯二胺）才得以成批生产，从而推向市场。

20 世纪 60 年代初，随着航空航天技术的发展，宇航用材得以迅速开发。C. S. Marvel 由多官能团单体（其官能团处于"有效邻位"）的缩聚反应和闭环反应，得到在分子主链上含芳杂环的耐高温聚合物，如聚酰亚胺和聚苯并咪唑等，开发出各种线型聚合物、半梯型聚合物及梯型聚合物。此外，人们还合成了具有各种功能的高分子材料，如高强度、高模量的结构材料，以及用于导体、半导体、吸附、分离、感光、生物活性等的高聚物。近年出现的新型聚合物中，大多是缩聚类高分子，更说明了缩聚反应形式和产物结构的多样化，表明缩聚在整个国民经济中的地位是举足轻重的。

11.1 缩聚反应概述

缩聚反应（condensation polymerization）是指两种带有两个以上能反应的官能团的低分子化合物发生反应，形成高分子聚合物的过程。由于其链是官能团间相互反应形成的，且中间产物可分离出来，链增长过程中无能量传递，因此与加成聚合有本质不同。一般缩聚反应中要放出低分子，且反应的中间产物可分离出来。现在一般将聚氨酯（polyurethane，PU）合成的反应与缩聚反应统称为逐步聚合反应（step polymerization），但聚氨酯的合成反应不放出低分子。

线型缩聚反应是指含有两个官能团的低分子化合物，在官能团之间发生反应，在缩去小分子的同时生成线型高聚物的逐步可逆平衡反应。加聚反应与缩聚反应的比较见表 11-1。

表 11-1 加聚反应与缩聚反应的比较

比 较 项 目	加 聚 反 应	缩 聚 反 应
大分子子链形成的特点	按链段进行	按链段进行
反应过程中活性大分子的数目	不变	减小
单体分子的消失	发生在反应的后期	发生在反应的初期
链增长机理及增长速率	分为引发、增长、终止三个机理的基元反应。增长反应的活化能较低，反应速率极大，以秒计	无引发、增长和终止反应。反应活化能较高，反应速率小，以小时计

11.1.1 线型缩聚物的主要类别及其合成反应

常见的线型缩聚物有聚对苯二甲酸乙二醇酯（polyethylene terephthalate，PET），聚酰胺（polymide）（尼龙-6、尼龙-66、尼龙-1010、尼龙-11、尼龙-12），聚碳酸酯等。聚酯中的聚对苯二甲酸乙二酯主要用于合成纤维（即涤纶纤维），还可用来生产薄膜、饮料瓶，制造感光胶片、录音带、录像带等；聚对苯二甲酸丁二酯与双酚 A 聚碳酸酯主要用作工程塑料；聚酰胺中的尼龙-66、尼龙-6 主要用于合成纤维；尼龙-6 还可用浇注成型的方法制造大型耐磨制件（如滚筒），尼龙-1010 则主要用作热塑性塑料生产卫生洁具的塑料配件等；聚砜、聚酰亚胺及芳族杂环聚合物主要用作耐高温塑料、耐高温合成纤维、耐高温涂料、黏合剂等。

工业生产中利用缩聚反应生产的线型高分子量缩聚反应类型及典型产品见表 11-2。

表 11-2 线型高分子量缩聚反应类型及典型产品

反应类型	键合基团	典型产品
聚酯化	$\overset{O}{\overset{\|}{-C-O}}$	涤纶、聚碳酸酯、不饱和聚酯、醇酸树脂
聚酰胺化	$\overset{O}{\overset{\|}{-C-NH-}}$	尼龙-6、尼龙-66、尼龙-1010、尼龙-610
聚醚化	$-O-$ $-S-$	聚苯醚、环氧树脂、聚苯硫醚、聚硫橡胶
聚氨酯化	$\overset{O}{\overset{\|}{-O-C-NH-}}$	聚氨酯类
酚醛缩聚		酚醛树脂
脲醛缩聚	$-NH-C-NH-CH_2-$	脲醛树脂
聚烷基化	$-[CH_2]_n-$	聚烷烃
聚硅醚化	$-\overset{\|}{Si}-O-$	有机硅树脂

11.1.2 单体、官能团与活性中心

缩聚反应中用的单体是含有两个或多个—OH、—NH$_2$ 或—COOH 基团的低分子化合物。在单体分子中，能参加反应且能表征出反应类型的基团称为官能团，官能团中直接参加化学反应的部分称为活性中心。官能团决定化学反应的行为，而活性中心作用的结果就形成了聚合物链节。

单体的官能度是指在一个单体分子上参加反应的活性中心的数目。在形成大分子的反应中，不参加反应的官能团不计算在官能度内。反应条件（如溶剂、温度、体系 pH 等）不同时，同一单体可能表现出不同的官能度。

在酚醛树脂（phenolic resin）的生成过程中，若以酸为催化剂，则在甲醛用量不足的条件下，苯酚上羟基邻位的氢比较活泼，易与甲醛反应生成线型聚合物。

若以碱为催化剂，甲醛过量，则苯酚上羟基对位的氢也比较活泼，易与甲醛反应生成支化聚合物或交联聚合物。

生成的聚合物的结构既与参加反应的各种单体本身的官能度有关，又与它们的配比有关。所谓平均官能度是指每种原料分子的平均官能度，用 $\bar{f}$ 表示。

$$\bar{f} = \frac{f_A N_A + f_B N_B + f_C N_C + \cdots}{N_A + N_B + N_C}$$ (11.1)

式中：f_A、f_B、f_C——单体 A、B、C 的官能度；

N_A、N_B、N_C——单体 A、B、C 的物质的量。

根据卡罗塞斯定律

$$P = 2/\bar{f}$$ (11.2)

式中：P——反应程度。

若单体皆为二官能度，$\bar{f} = 2$ 时，$P = 1$，则生成线型聚合物；若 $\bar{f} > 2$，则可能生成支化聚合物甚至网状聚合物。

11.1.3　线型缩聚的实施方法

缩聚反应主要用于生产线型高分子缩聚物，广泛采用的方法有熔融缩聚（melt polycondensation）、溶液缩聚（solution polycondensation）、界面缩聚（interfacial polycondensation）、固相缩聚（solid phase polycondensation）等。

（1）熔融缩聚。将单体、催化剂、分子量调节剂等一起加入聚合反应釜中，加热熔融，逐步形成高聚物的过程，称为熔融缩聚。

（2）溶液缩聚。溶液缩聚是指将单体溶于适当的溶剂中，进行缩聚合成高聚物的过程。

（3）界面缩聚。界面缩聚是指将两种单体分别溶于两种互不相溶的溶剂中，制成两种单体的溶液，在两种单体溶液的界面处发生缩聚反应而形成高聚物的过程。界面缩聚有静态和动态两种方法。

（4）固相缩聚。固相缩聚是指单体或预聚体在固态条件下的缩聚反应。

四种缩聚方法的比较见表 11-3。

表 11 - 3 四种缩聚方法的比较

缩聚方法	优　点	缺　点	适　用　范　围
熔融缩聚	生产工艺比较简单，产品比较纯净，可直接纺丝，其设备利用率高、生产能力强	对单体纯度要求高、原料配比严格；设备的气密性要求非常高；长时间受高温影响容易发生氧化、脱羧、脱胺等副反应，影响产品的色泽	用于大部分缩聚反应，如聚酰胺、聚酯的生产
溶液缩聚	比较缓和、平稳，不需要高真空系统，对单体纯度要求不高	要求用反应活性强的单体，引入溶剂，工艺过程复杂，设备利用率降低，生产成本增加；大部分溶剂有毒、易燃且污染环境	适用于单体或缩聚物容易高温分解的产品，主要是芳香族聚合物和芳杂环聚合物
界面缩聚	比较缓和、平稳，对制备分子量高的缩聚物有一定的优势，对单体的纯度和单体官能团物质的量的要求不高	要求用反应活性高的单体，消耗大量溶剂，工艺过程复杂，设备利用率降低，生产成本增加；大部分溶剂有毒、易燃且污染环境	适用于气-液相、液-液相界面缩聚，芳香族酰胺等特种聚合物
固相缩聚	温度较低时可合成高分子化合物，可以避免很多在高温熔融缩聚反应下发生的副反应，从而提高树脂的纯度和质量	原料需充分混合并达到一定细度，反应速率低，低分子不容易脱除	适用于熔点很高或在熔点以上易分解的单体缩聚，以及耐高温聚合物，特别是无机聚合物的制备

11.2　熔融缩聚

　　熔融缩聚是工业生产线型缩聚物的主要方法，反应温度需高于单体和所得缩聚物的熔融温度，一般为150～350℃。全芳环聚合物的缩聚温度较高，聚酯、聚酰胺、聚碳酸酯等一般都是用熔融缩聚进行工业生产的。

11.2.1　反应体系组成

　　熔融缩聚的主要原料配方中除单体外，还有催化剂、分子量调节剂、稳定剂等，用作合成纤维时还需要添加消光剂，必要时需添加着色剂。由于线型缩聚物的熔融黏度很高，因此通常在原料配制过程中将生产合成纤维或热塑性塑料制品所需的全部物料组分加入聚合系统中，而不再进行熔融混炼。

　　1. 单体

　　多数情况下，缩聚反应在分别含有两种官能团的单体之间进行。双官能团单体配料时，理论上两种单体的物质的量之比应当严格相等。但在实际工业生产中，当一种单体可挥发脱除时，这种单体可以过量；当两种单体都不能挥发脱除时，其物质的量的比应相等。

2. 催化剂

为了增大缩聚反应速率，在缩聚生产过程中有时要加入适当的催化剂，由于催化剂具有选择性，因此应根据缩聚反应的类型、反应条件等选择催化剂。在聚酯生产中，当用二元酸与二元醇直接缩合时，可用质子酸或路易斯酸做催化剂；而在高温酯化时，可用乙酸钙、三氧化二锑等碱性催化剂，以减少不适当的副反应。如果用酯交换反应合成聚酯，则用乙酸锰、乙酸钴等弱碱盐做催化剂。

3. 分子量调节剂

线型缩聚物主要用于合成纤维及热塑性塑料，由于它们的用途不同，对产品的平均分子量的要求也不同，因此要加入一定量的分子量调节剂（如一元酸）来控制产品的分子量。分子量调节剂的用量应根据残存基团的活性来确定，如酰胺化反应比酯化反应速率高 2～3 个数量级，其残存的端基很活泼，需多加一些来稳定残存的端基。

4. 稳定剂

线型缩聚物在熔融加工过程中受热温度过高，为防止热分解，需加入热稳定剂；同时为了防止使用过程中受日光中紫外线的作用而降解，还需加入紫外线吸收剂。聚酯常用的热稳定剂为含磷化合物，如磷酸三苯酯或亚磷酸三苯酯等，它们也具有光稳定作用。聚酰胺用热稳定剂为亚磷酸酯，与聚酯用的热稳定剂相同。此外，还可以双（2,2,6,6-四甲基-4-哌啶基）癸二酸酯作为抗氧剂和紫外线吸剂。

5. 消光剂

纯粹的聚酰胺树脂或聚酯树脂等经熔融纺丝得到合成纤维制成织物后，具有强烈的极光，为消除其光泽，可在缩聚原料中加入少量与合成纤维具有不同折射率的物质（如钛白粉、锌白粉和硫酸钡等白色颜料）作为消光粉。

11.2.2 熔融缩聚生产工艺

1. 熔融缩聚生产的工艺特性

熔融缩聚的反应温度（200～300℃）较高，过程的持续时间比较长，一般在几个小时以上，为避免高温下高聚物的氧化降解，常需在惰性气氛（氮气、二氧化碳或过热蒸汽）保护下进行反应；反应后期需为高真空条件，便于从反应系统中完全排出副产物。为了达到该目的，可在薄层中进行，也可将惰性气体鼓入熔融体中。

熔融缩聚的工艺流程比较简单；制得的聚合物的质量比较高，不需要洗涤及其他后处理过程。但熔融缩聚对设备要求较高，过程工艺参数指标高（高温、高压、高真空、长时间）。

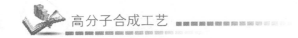

2. 熔融缩聚后处理

由缩聚釜生产的线型高分子量缩聚树脂，根据树脂种类和用途的不同而有不同的后处理方法：直接纺丝制造合成纤维和进行造粒生产粒料。

由于缩聚反应前后反应物料的状态变化明显，因此反应开始前反应物料受热熔化为黏度很低的液体，反应结束时则转变为高黏度流体。反应前期有较多小分子化合物逸出，而反应后期小分子化合物脱除困难，特别是聚酯生产过程平衡常数小，必须采用高真空，而且接近结束时的转化率对产品分子量有重要影响。

11.2.3　涤纶树脂的熔融缩聚生产工艺

1. 生产涤纶树脂的工艺路线

生产聚对苯二甲酸乙二醇酯（涤纶树脂）（**polyethy lene terephthalate**）的方法有直接缩聚法、酯交换法和环氧乙烷法。

（1）直接缩聚法。

直接缩聚法就是直接将对苯二甲酸（terephthalic acid TPA）与乙二醇（ethylene glycol）进行缩聚制备聚涤纶树脂的方法。涤纶树脂的生产方法是熔融缩聚，其对单体的纯度要求很高，而对苯二甲酸中含有杂质——对羧基苯甲醛，因此必须对对苯二甲酸进行精制。由于对苯二甲酸容易升华，并且在溶剂中的溶解性较差，因此不能用一般的精馏、重结晶等精制方法。1965 年利用加氢方法精制对苯二甲酸获得成功，使对羧基苯甲醛的质量分数下降到 2.5×10^{-5}，得到聚合级对苯二甲酸，使直接缩聚法得以实现，促进了涤纶树脂的生产。

$$\text{HOOC}\text{—}\!\!\bigcirc\!\!\text{—}\text{CHO}+2\text{H}_2 \xrightarrow{\text{Pb，280℃，6.8MPa}} \text{HOOC}\text{—}\!\!\bigcirc\!\!\text{—}\text{CH}_3+\text{H}_2\text{O}$$

直接缩聚法有关化学反应简式如下。

① 对苯二甲酸与乙二醇酯化，生成对苯二甲酸二乙二醇酯（BHET）。

$$\text{HOOC}\text{—}\!\!\bigcirc\!\!\text{—}\text{COOH}+2\text{HOCH}_2\text{CH}_2\text{OH} \longrightarrow$$

$$\text{HOCH}_2\text{CH}_2\text{OOC}\text{—}\!\!\bigcirc\!\!\text{—}\text{COOCH}_2\text{CH}_2\text{OH}+2\text{H}_2\text{O}$$

② 以对苯二甲酸二乙二醇酯为单体进行均缩聚，生成聚对苯二甲酸乙二醇酯。

$$n\text{HOCH}_2\text{CH}_2\text{OOC}\text{—}\!\!\bigcirc\!\!\text{—}\text{COOCH}_2\text{CH}_2\text{OH} \longrightarrow$$

$$\text{H}\text{—}\!\!\left[\text{OCH}_2\text{CH}_2\text{OOC}\text{—}\!\!\bigcirc\!\!\text{—}\text{CO}\right]_{n}\!\!\text{OCH}_2\text{CH}_2\text{OH}+(n-1)\text{HOCH}_2\text{CH}_2\text{OH}$$

由对苯二甲酸与乙二醇直接酯化制取对苯二甲酸二乙二醇酯在工业上应用较晚，因为直接酯化时对对苯二甲酸的纯度要求较高。另外，对苯二甲酸不易溶解于乙二醇中，反应是在非均相体系中进行的，而且反应速率较小。后对直接酯化部分进行了改进，解决了对苯二甲酸的精制方法，降低了乙二醇用量以抑止醚化反应。改进后，直接缩聚法比酯交换法优越，原料费用低，可省去回收甲醇等步骤，使涤纶树脂的成本下降。

（2）酯交换法。

酯交换法生产涤纶树脂是先将对苯二甲酸和甲醇反应，制备对苯二甲酸二甲酯；然后将对苯二甲酸二甲酯与乙二醇进行酯交换反应，制备对苯二甲酸二乙二醇酯；最后以对苯二甲酸二乙二醇酯为单体进行均缩聚，从而生产出涤纶树脂。酯交换法生产涤纶树脂是最早使用的方法，也是最成熟的方法。

酯交换法有关化学反应简式如下。

① 酯化反应。

$$HOOC-\!\!\!\left\langle\right\rangle\!\!\!-COOH+2CH_3OH \xrightarrow{65\sim100℃}$$

$$CH_3OOC-\!\!\!\left\langle\right\rangle\!\!\!-COOCH_3+2H_2O$$

② 酯交换反应。

$$CH_3OOC-\!\!\!\left\langle\right\rangle\!\!\!-COOCH_3+2HOCH_2CH_2OH \longrightarrow$$

$$HOCH_2CH_2OOC-\!\!\!\left\langle\right\rangle\!\!\!-COOCH_2CH_2OH+2CH_3OH$$

③ 缩聚反应。

$$n\,HOCH_2CH_2OOC-\!\!\!\left\langle\right\rangle\!\!\!-COOCH_2CH_2OH \xrightarrow{270\sim280℃}$$

$$H\!\!\left[\!OCH_2CH_2OOC-\!\!\!\left\langle\right\rangle\!\!\!-CO\right]_n\!\!OCH_2CH_2OH+(n-1)HOCH_2CH_2OH$$

酯交换法的主要缺点是需要制备对苯二甲酸二甲酯，消耗甲醇，生产流程长，成本高；但这种方法工艺条件成熟，我国仍主要采用该方法制备涤纶树脂。

（3）环氧乙烷法。

环氧乙烷法是 20 世纪 70 年代研究出来的生产涤纶树脂的方法。环氧乙烷法是指由对苯二甲酸与环氧乙烷直接酯化，制得对苯二甲酸二乙二醇酯，然后以对苯二甲酸二乙二醇酯为单体进行均缩聚。

环氧乙烷法有关化学反应简式如下。

$$HOOC-\!\!\!\left\langle\right\rangle\!\!\!-COOH+2CH_2\!\!-\!\!CH_2 \longrightarrow$$
$$\underset{O}{}$$

$$COOH_2CH_2OH-\!\!\!\left\langle\right\rangle\!\!\!-COOCH_2CH_2OH$$

$$n\,HOCH_2CH_2OOC-\!\!\!\left\langle\right\rangle\!\!\!-COOCH_2CH_2OH \xrightarrow{270\sim280℃}$$

$$H\!\!\left[\!OCH_2CH_2OOC-\!\!\!\left\langle\right\rangle\!\!\!-CO\right]_n\!\!OCH_2CH_2OH+(n-1)HOCH_2CH_2OH$$

环氧乙烷法的优点是用环氧乙烷直接与对苯二甲酸反应，省去了制备乙二醇的工序；不使用甲醇，生成的对苯二甲酸二乙醇酯易于提纯；环氧乙烷与对苯二甲酸反应速率大，设备利用率高；缺点是环氧乙烷的沸点低，常压下为气体，对设备的气密性要求较高；易燃易爆；反应速率过大，不易控制，副反应多，影响对苯二甲酸二乙二醇酯的质量。鉴于环氧乙烷法的缺点，其在高分子合成工业中应用较少。

2. 酯交换法合成涤纶树脂的生产工艺

【聚对苯二甲酸乙二醇酯】

酯交换法合成涤纶树脂的方法有间歇法和连续法两种。现介绍用连续法生产涤纶树脂的工艺。

对苯二甲酸和甲醇在 $65\sim100℃$、$0.4\sim0.5MPa$ 条件下发生酯化反应，制备对苯二甲酸二甲酯；然后以对苯二甲酸二甲酯和乙二醇为原料，在 $180℃$ 下，用 Zn、Mn、Co 等的乙酸盐做催化剂进行酯交换反应，生成的对苯二甲酸二乙二醇酯再进行缩聚生成涤纶树脂。

（1）缩聚反应的工艺条件。

酯交换反应生成的对苯二甲酸二乙二醇酯及相应的低聚物的熔点最高为 $220℃$。在缩聚过程中，缩聚物的平均聚合度不断增大，最后生成的缩聚物的熔点可达 $260℃$，缩聚反应的温度一般控制在超过反应物的熔点 $20\sim30℃$，但考虑到涤纶树脂的分解温度为 $290℃$，因此高分子合成工业中合成涤纶树脂的缩聚反应温度控制在 $270\sim280℃$，压力为 $0.1kPa$。

（2）缩聚反应的催化剂。

因为酯交换反应中加入的催化剂在高温下分解失效，所以缩聚时应另加催化剂。乙酸铂、乙酸钙、乙酸锌等在高温下能使涤纶树脂加速热降解，自身又能被产生的羧基抑制而"中毒"，失去催化效用。最合适的催化剂是 Sb_2O_3，Sb_2O_3 的催化活性与反应中羟基的浓度成反比，浓度上升，催化活性增强，其用量为对苯二甲酸二甲酯质量的 $0.03\%\sim0.04\%$。

（3）添加剂。

常在涤纶树脂的合成过程中加入添加剂，如催化剂、稳定剂、消光剂等。扩链剂为草酸二苯酯，其与涤纶树脂反应缩去苯酚，使涤纶树脂的分子量成倍增大。消光剂（如 TiO_2）有增白作用。此外，还加入耐温型的着色剂，如酞青蓝、炭黑等，以得到颜色较均匀的有色涤纶树脂。各种添加剂的作用及要求见表 11-4。

表 11-4　各种添加剂的作用及要求

名　　称	主　要　品　种	作用及要求
催化剂	①促进反应，要求活性强；②对聚合物的热稳定性影响小；③可溶于反应混合物；④在酯交换或缩聚前加入	三氧化二锑，0.03% 对苯二甲酸二甲酯；乙酸锑，0.01%～0.05% 对苯二甲酸二甲酯
稳定剂	①防止聚合物受热分解；②在酯交换后期或缩聚前加入	亚磷酸、磷酸二甲酯，磷酸二苯酯，0.03% 对苯二甲酸二甲酯
消光剂	调节纤维的光泽，要求粒度细、分散性好，在缩聚或纺丝前加入	二氧化钛，0.3%～1% 对苯二甲酸二甲酯

（4）连续酯交换法合成涤纶树脂的工艺过程。

连续酯交换法合成涤纶树脂的工艺流程如图 11.1 所示。

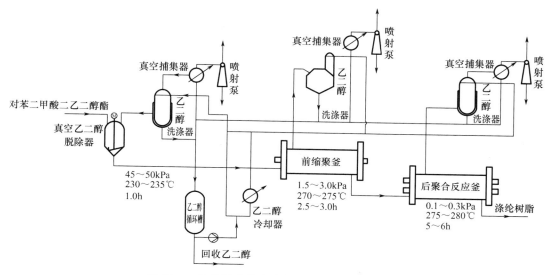

图 11.1　连续酯交换法合成涤纶树脂的工艺流程

① 缩聚。单体对苯二甲酸二乙二醇酯在预缩聚塔中进行缩聚，操作压力为 45～50kPa，温度为 230～235℃缩出的小分子乙二醇进入洗涤器，用冷乙二醇进行喷淋，冷凝回收乙二醇。

② 后缩聚。预聚物经中间接受罐自齿轮泵送至前缩聚釜，前缩聚釜在 1.5～3.0kPa、270～275℃条件下操作。前缩聚釜的操作压力由真空系统控制。经前缩聚釜缩聚，缩聚物的分子量逐步增大，再经齿轮泵送至后缩聚釜继续缩聚，压力为 0.1～0.3kPa，温度为 275～280℃。缩聚好的物料用齿轮泵抽出，挤压成细条状，经水冷却、造粒、干燥入仓或直接送至纺丝工序。

3. 对苯二甲酸二乙二醇酯缩聚反应的工艺控制

（1）小分子副产物的脱除可采取的措施。

① 采取强有力的抽真空系统。

② 采取激烈的搅拌，以增大小分子副产物的扩散面积。在预缩聚阶段对真空度的要求并不高，而是希望采用较激烈的搅拌增大扩散面积，不断把小分子副产物带到表面，使之暴露于负压下，从而有利于小分子产物经短距离扩散出去，提高分子量及缩短反应时间。

③ 改善反应器结构。初缩聚阶段黏度低，可在塔式装置内进行反应，塔内可安装使熔体做薄层运动的特殊结构的塔盘，或使熔体沿某些垂直管自上而下做薄层运动，从而增大蒸发的表面积。在后缩聚过程中，熔体黏度较大，通常可在卧式缩聚釜中进行反应。

④ 惰性气体带走小分子副产物的方法。惰性气流的通入可使缩聚过程在涡流条件下进行，物料得到良好的搅拌，通入气体的速度使小分子副产物的分压维持在比较低的水平，这样才有显著的效果，常用的气体有氮气、二氧化碳等。

（2）强化传热途径。

① 提高缩聚釜的传热效果。为使物料受热均匀，提高传热速率，载流体可采用强制

循环的形式。为进一步改善传热状况，缩聚釜的夹套可做成半圆管式。

② 缩聚终点的控制。由于熔融缩聚反应过程既存在使分子链增长的缩聚反应，又存在使分子链变短的裂解反应，因此反应速率方程较复杂，通常要经过实验来确定。

4. 涤纶树脂的性能与用途

涤纶树脂的玻璃化温度为 81℃，熔点为 255～270℃。PET 是乳白色或浅黄色、高度结晶的聚合物，表面平滑、有光泽；在较宽的温度范围内具有优良的物理机械性能，长期使用温度可达 120℃，电绝缘性优良，甚至在高温高频下电性能仍较好；有酯键，在强酸、强碱和水蒸气作用下会发生分解，耐有机溶剂、耐候性好。但其结晶速率低，成型加工困难，模塑温度高，生产周期长，冲击性能差。一般采用增强、填充、共混等方法改进其加工性和物性。为改进涤纶树脂的性能，可将其与聚碳酸酯、弹性体、聚对苯二甲酸丁二醇酯、丙烯腈-丁二烯-苯乙烯形成合金。

涤纶树脂有三个方面的用途：纤维、薄膜和塑料。黏度在 0.72 左右的用于制作纤维；黏度稍低（0.60 左右）的用于制作薄膜，如电影胶片的片基材料、录音磁带及电机、电器中的绝缘薄膜等；黏度高（1.0 以上）的用于制作工程塑料，可制成一般的摩擦零件，如轴承、齿轮、电器零件等。

阅读材料11-1

新型聚酯品种

利用对苯二甲酸和其他二元醇（不用乙二醇）或另一种二元酸与乙二醇缩聚，即可得到与涤纶树脂性能不同的新型聚酯。工业上应用较广泛的是聚对苯二甲酸丁二醇酯。它由对苯二甲酸二甲酯与 1,4-丁二醇进行酯交换反应，再在高温、高真空下缩聚而得；也可由对苯二甲酸与丁二醇直接酯化，再经缩聚而得。其缩聚生产工艺与涤纶树脂的生产工艺相近，但所用催化剂多为正钛酸丁酯，而制备涤纶树脂所用的催化剂（乙酸锌等）对聚对苯二甲酸丁二醇酯的形成没有太大效果，反而生成较多副产物——四氢呋喃（由丁二醇及分子链中的丁二醇链节分解产生）。

1970 年美国 Celanese 公司开发了增强聚对苯二甲酸丁二醇酯树脂（X-971），1971 年正式作为工程塑料投产。由于其具有突出的机械性能和尺寸稳定性、较好的耐热性和耐化学腐蚀性、便于加工、价格低，因此一出现就发展迅速，仅次于聚酰胺、聚碳酸酯、聚甲醛和改性聚苯醚，成为第五大工程塑料。聚对苯二甲酸丁二醇酯与涤纶树脂相同，也可加工成薄膜、单丝、片材和纤维。

11.2.4　熔融缩聚反应的影响因素

【熔融缩聚
工艺处理】

1. 配料比

在聚酯化反应中，若加入的羟基数与羧基数相等，即物质的量相等（[COOH]/[OH]=1），且副产物——水全部除尽，则可以把所有的—OH

与—COOH 交迭地连接起来，构成一个大分子。但如果 [COOH]/[OH]＝1/2，则反应按下式进行。

$$2HO—R_1—OH + HOOC—R_2—COOH \longrightarrow$$

$$HO—R_1—O—\overset{\overset{O}{\|}}{C}—R_2—\overset{\overset{O}{\|}}{C}—O—R_1—OH$$

此时，即使把水分子全部除尽也只能获得低分子而非高分子。因此官能团和等物质的量之比对获得高分子量的聚合物非常重要。在己二酸与己二胺制备尼龙-66 的缩聚反应中，随着某组分过量越大，分子量下降越大。反应可用下式表示。

$$xaAa + xbBb \rightarrow a(AB)_x b + (2x-1)ab \tag{11.3}$$

如果 A/B＝2，即 A 过量 100%，则理论上只能得到 ABA，平均聚合度 $\overline{DP}$＝1；如果 A/B＝3/2，即 A 过量 50%，则理论上只能得到 ABABA，$\overline{DP}$＝2。可见，过量的 A 把分子链的端基封闭起来，不能连续反应。根据这个推断，得到

$$\overline{DP} = 100/q \tag{11.4}$$

式中：q——单体过量百分数。

不仅在开始配料时要求配料比，其他反应过程也要求配料比，特别在较高温度条件下，A 与 B 的挥发性有差异，官能团的化学稳定性也有差异，从而为高分子链的进一步增长带来困难。在工业生产中常将异缩聚转变为均缩聚来控制配料比。如在聚酯生产中，为保证原料的物质的量之比相等，常合成出中间体——对苯二甲酸-β-羟乙酯，再用中间体进行缩聚。在尼龙-66 的缩聚过程中，可先使二元酸与二元胺生成盐，然后缩聚。

2. 反应程度

对任何高聚物合成反应来说，不但要求有高的转化率或高的反应程度，还必须有高的聚合物产率。缩聚型反应的高聚物产率必须达到一定的反应程度，如大于 99% 时才能考虑；反应程度过低时，产物分子量太小，不足以具有一定的强度。

当两种原料当量比相等时，以结构单元为基准的数均聚合度 X_n 与反应程度 P 的关系为

$$X_n = 1/(1-P) \tag{11.5}$$

以涤纶树脂为例，工业上要得到有实用价值的聚酯，则其分子量应为 10 000～30 000 或以上，要求反应程度为 99%～99.5% 或以上。作为一般纤维的尼龙-66，反应程度 P 约为 99.5%；作为高强度纤维的尼龙-66，反应程度 P 必须达到 99.5%，如果 P 小于 99%，就不能得到符合要求的树脂。

对于两种原料单体 aAa 和 bBb，以 N_A 表示 A 分子中官能团的总数，N_B 表示 B 分子中官能团的总数。当 B 分子过量（即 $N_B > N_A$）时，设 $N_A/N_B = \gamma$，P_A 为以单体 A 为基准的反应程度，则

$$X_n = \frac{N_A + N_B}{N_A + N_B - 2N_A P_A} \tag{11.6}$$

将 $N_A/N_B = \gamma$ 代入式(11.6)，整理得

$$X_n = \frac{1+\gamma}{2\gamma(1-P_A)+(1-\gamma)} \tag{11.7}$$

而单体过量百分数 q 与 γ 有如下关系。

$$q = \frac{N_B - N_A}{N_A} \times 100\% = \frac{1-\gamma}{\gamma} \times 100\% \qquad (11.8)$$

则

$$\gamma = \frac{100}{100+q} \qquad (11.9)$$

将式(11.9)代入式(11.8),得

$$X_n = \frac{200+q}{200(1-P_A)+q} \qquad (11.10)$$

式(11.10)表达了平均聚合度与反应程度、单体过量百分数之间的关系。

3. 平衡常数

平衡常数越小,逆反应的倾向越大,若让其自然平衡,就得不到高分子量的聚合物。为获得高分子量产物,就必须采取一定措施抑制逆反应、促进正反应,如采用真空以及时移除生成的低分子副产物,使平衡向有利于高分子形成的方向移动。

4. 反应温度

反应温度对聚合反应有双重影响,既影响反应速率又影响平衡常数。温度越高,反应速率越大。但温度过高时,要防止官能团分解及挥发性单体逸出等不良影响。由于缩聚反应通常是放热反应,因此温度越高,平衡常数越小。为缩短反应时间及获得较大分子量的聚合物,可使反应先在高温下进行,此时反应速率大,达到平衡的时间缩短,然后适当降低反应温度(因为在低温下接近平衡时的分子量较大)。

5. 杂质

具有反应活性的杂质,尤其是单官能团的杂质,对聚合物的分子量影响极大,严重时甚至导致得不到高分子量产物。例如,双酚 A 中往往有苯酚杂质,对苯二甲酸中可能有苯甲酸杂质,这些杂质易引起封端,不利于分子链增长。杂质不仅会影响分子量,有些杂质还会影响反应速率、产物结构、分子量分布等。

聚合体系中微量氧会导致聚合物在高温下发生氧化降解与交联,并且会产生发色基团,聚合物易发生黄变,同时伴随制品发脆、其他性能下降。因此,聚合反应体系应在氮气、二氧化碳等气体保护下进行反应。另外,在配料时可酌量加入一些抗氧剂,如磷酸三苯酯、亚磷酸三苯酯等。

11.3 溶液缩聚

在溶剂中进行的缩聚反应称为溶液缩聚。溶液缩聚是当前工业生产缩聚物的重要方法,其应用规模仅次于熔融缩聚。溶液缩聚适用于熔点过高、易分解的单体缩聚。随着耐高温缩聚物的发展,溶液缩聚的重要性日益提高。溶液缩聚主要适合生产一些产量小、具有特殊结构或特殊性能的缩聚物,如聚砜、聚酰亚胺、聚苯硫醚、聚苯并咪唑、芳杂环树脂、聚芳酰胺等。

11.3.1　溶液缩聚的特点及分类

1. 溶液缩聚的特点

溶液缩聚的原料配方与熔融缩聚的基本相同，不同的是增加了溶剂，从而对缩聚反应产生一定影响。溶液缩聚的反应温度比较低，通常为室温至 100℃ 左右，有时甚至为 0℃ 以下，常用活性较强的二元酰氯或二元羧酸酯取代二元羧酸。溶液缩聚一般是不可逆反应或平衡常数 K 较大（$K > 1000$）的反应，不要求在真空下操作，也不必增大压力，设备比较简单。与熔融缩聚相比，溶液缩聚缓和、平稳，有利于热交换，避免了局部过热现象。溶液缩聚制得的聚合物溶液可直接做清漆、黏合剂或用于成膜或纺丝。但由于其使用溶剂，因此成本较高，此外，还需增加缩聚产物的分离、精制、溶剂回收等工序。

2. 溶液缩聚的分类

溶液缩聚可按不同的方法分类。

（1）根据反应温度，可分为高温溶液缩聚和低温溶液缩聚，后者一般用于活性较强的单体。

（2）根据反应是否可逆，可分为可逆的溶液缩聚和不可逆的溶液缩聚。

（3）根据缩聚产物在溶剂中的溶解情况，可分为均相溶液缩聚和非均相溶液缩聚。在溶液缩聚过程中，单体与缩聚产物均呈现溶解状态时称为均相溶液缩聚；产生的缩聚物沉淀析出时称为非均相缩聚。均相溶液缩聚过程的后期通常是将溶剂蒸出后继续进行熔融缩聚，此情况也属于熔融缩聚。

11.3.2　溶剂的作用

（1）溶液缩聚过程中，由于存在大量溶剂，因此反应温度最高为溶剂的沸点温度，从而可根据溶剂的沸点确定反应温度，并可使反应条件稳定，易控制。

（2）有些原料单体熔点过高或受高温加热后易分解，不能进行熔融缩聚。选择适当溶剂使单体溶解后反应，既可避免单体分解，又可促进化学反应，还可使生成的缩聚物溶解或溶胀，便于继续增长。

（3）降低反应物料体系的黏度，吸收反应热量，有利于热交换。

（4）可与反应生成的小分子副产物形成共沸物，排出反应体系，或与小分子化合物发生化学反应以消除小分子副产物。所选用的有机溶剂通常可与缩聚反应生成的水形成共沸物而将水蒸出，有利于缩聚反应向生成缩聚物的方向进行。

（5）溶剂可兼作缩合剂。某些化合物（如多聚磷酸、浓硫酸等）用作芳杂环聚合物或梯型结构的聚合物等的合成用溶剂时，既可用作溶剂，又可用作缩合剂。例如如下反应。

（6）溶剂可起一定的催化作用。如二元酰氯与二元胺溶液缩聚过程中产生的副产物 HCl 不及时排除，则将与二元胺反应生成稳定的盐，最终导致生成低分子量聚合物。如加入的有机碱主要是叔胺，其可与 HCl 反应，并可起催化剂的作用，从而在较低温度下缩聚生成高分子量聚合物，工业上多用于合成芳香族聚酰胺。

（7）直接合成缩聚物溶液，用作黏合剂或涂料。

11.3.3 溶液缩聚工艺与后处理

1. 均相溶液缩聚工艺与后处理

均相溶液缩聚主要用于生产产量较小、结构比较复杂的芳香族聚合物、杂环聚合物，采用间歇操作方式。间歇操作中的溶液缩聚、脱溶剂及后来的熔融缩聚过程，实际上是在同一个缩聚釜中完成的。有的树脂品种（如聚酰亚胺）难以熔融成型，则利用其中间产品可溶解的特点，分阶段完成缩聚过程。第一阶段由原料四元芳酸或其酸酐与二元芳胺（如 $4,4'$-二氨基二苯醚）在适当溶剂中（如二甲基甲酰胺），反应生成可溶的聚酰胺酸。第二阶段经流延使溶剂蒸发后生成薄膜或用作绝缘漆。第三阶段待溶剂挥发除去后，进一步进行高温（270～380℃）处理，使之生成耐高温的聚酰亚胺。反应如下。

由于溶液缩聚过程中存在溶剂，单体浓度下降，因此缩聚反应速率与产品的平均分子量下降，而且可能发生副反应。例如单体能生成环状物时，则环化反应速率提高。如果单体浓度过高，则反应后期的缩聚釜中物料的黏度太大，不利于继续反应。因此各品种树脂的溶液缩聚过程中，溶剂的用量存在一个最佳范围。

2. 非均相溶液缩聚工艺与后处理

溶液缩聚过程中，如果生成的缩聚物不溶于溶剂，则将沉淀析出，成为非均相体系，因此非均相溶液缩聚又称沉淀缩聚。其工艺较简单，反应结束后经过滤、干燥即可得到缩聚树脂。由于缩聚物沉淀析出后，在固相中大分子的端基易被屏蔽，难以继续发生缩聚反应，因此其分子量受到限制，不能得到分子量很高的缩聚树脂。

实际上，在非均相溶液缩聚过程中，产品的分子量取决于链增长过程与沉淀过程之间的竞争。若沉淀速率大于增长速率，则产品分子量低；若沉淀速率小于增长速率，则大分子链有较长的增长时间，产品分子量较高。

若析出的缩聚物呈结晶状态，则其分子结构的有序度高、密度大，链增长基本停止；若析出的缩聚物无定形状态，则可能在溶剂中溶胀，大分子链仍可能进一步增长。例如，在聚芳酯合成过程中，加入沉淀剂反而会使分子量提高。

由此可知，当进行非均相溶液缩聚时，可改变一些反应条件和因素，如单体浓度、反应浓度、溶剂的性质或加入适当盐类以提高缩聚物的溶解度；改变搅拌速度、加入沉淀剂等来控制反应，以获得最佳的缩聚结果。非均相溶液缩聚主要用来制备耐高温的芳香族缩聚树脂。

11.3.4 溶液缩聚过程的主要影响因素

溶液缩聚过程的主要影响因素有单体的比例和单官能团化合物、反应程度、单体浓度、反应温度及催化剂。

1. 单体的比例和单官能团化合物

单体的比例对缩聚物分子量有明显的影响。当二元羧酸的酰氯与双酚 A 合成聚酯时，一种单体过量对产品分子量的影响较大。当二甲苯基甲烷溶剂中缩聚时，一种单体过量，聚酯分子量均下降，而且过量越大，聚酯分子量下降幅度越大。

在溶液缩聚过程中，单官能团化合物的存在同样可终止分子链的增长，改变其加入量可调整分子量。有时虽未另外加入单官能团化合物，但由于原料单体与溶剂中含有单官能团化合物杂质，因此产物分子量降低。

2. 反应程度

一般缩聚物的分子量与反应程度的倒数呈线性关系，但在溶液缩聚过程中，由于溶剂的影响，特别是在高沸点溶剂中，后期会发生一些副反应，偏离这一理论上的线性关系。

3. 单体浓度

通常不采用稀溶液缩聚体系，因为其不仅会降低设备的生产能力，而且单体的内环化副反应会增加，有时甚至超过主反应而得不到高分子量产品。

4. 反应温度

溶液缩聚过程中，反应温度升高，反应速率增大。反应温度对产品分子量、收率等均有影响。对于活泼性不是很强的原料单体，在一定温度范围内升高温度时，产品分子量及产率等都伴随其升高而增大。对于活泼性较强的单体，通常是在较低的温度（如室温或更低）下反应，才能得到较高的分子量与产率。反应温度高时，易发生副反应而导致产品分子量与产率下降。

5. 催化剂

一般来说，大多数溶液缩聚反应无需催化剂即能顺利进行。但对于反应速率比较低的可逆过程，如醇与羧酸的酯化及醇与酯的酯交换，若不采用适当的催化剂，反应很难进行。但催化剂的用量不宜过多，否则会导致分子量下降，因为催化剂封住了增长链端的部分羟基。

11.4　界面缩聚

【界面缩聚】

　　界面缩聚是将可以发生缩聚反应的两种有高度反应活性的单体分别溶于互不相溶的溶剂（如水和烃等有机溶剂），使缩聚反应在两相界面上进行的一种反应。由于反应使用了活性单体，因此可以在常温乃至低温下以极高的速率进行。界面缩聚是合成高分子量缩聚物的重要方法之一。可以通过界面缩聚制备聚酰胺、聚酯、聚氨酯等。界面缩聚可发生在气-液相、液-液相、液-固相界面之间，工业上以液-液相界面缩聚为主。光气与双酚 A 钠盐反应合成聚碳酸酯的方法为典型的气-液相界面缩聚。

界面缩聚的主要特点是反应条件缓和；可在室温下进行；反应是不可逆的，且即使一种原料过量也可生成高分子量缩聚物。

11.4.1　界面缩聚的分类

1. 按两相体系分类

按两相体系的不同，界面缩聚可分为气-液相界面缩聚、液-液相界面缩聚、液-固相界面缩聚三类。

气-液相界面缩聚是指一种单体为气体，另一种单体溶于水相或有机相中，缩聚反应发生在气-液相的界面的反应。液-液相界面缩聚是指参与界面缩聚的两种单体通常分别溶于水相和有机相中，缩聚反应发生在两液相的界面的反应。液-固相界面缩聚是指一种单体为液相，另一种单体为固相，缩聚反应发生在液-固相的界面的反应。液-液相界面缩聚反应体系和气-液相界面缩聚反应体系分别见表 11-5 和表 11-6。

表 11 - 5　液-液相界面缩聚反应体系

树脂品种	相互反应的单体	
	溶于水相的单体	溶于有机相的单体
聚酰胺	二元胺	二元酰氯
聚磺酰胺	二元胺	二元磺酰氯
聚氨酯	二元胺	双氯甲酸酯
含磷缩聚物	二元胺	磷酰氯
聚苯并咪唑	芳香族四元胺	邻苯二甲酸二苯酯

表 11 - 6　气-液相界面缩聚反应体系

树脂品种	相互反应的单体	
	气　相　中	液　相　中
聚碳酸酯	光气	双酚 A
聚脲	光气	二元胺
聚酰胺	二元酰氯	二元胺
聚硅氧烷	苯基三氯硅烷	水

2. 按反应过程是否搅拌分类

按反应过程是否搅拌，界面缩聚可分为静态界面缩聚和动态界面缩聚。

静态界面缩聚是指分别含有两种可发生缩聚反应单体的水相与有机相静置分为两层液体时，其界面可以发生缩聚反应。由于静态界面缩聚不用搅拌，聚合物在界面生成，反应速率由扩散控制，因此聚合物的分子量与总体系的当量比无关。但静态界面缩聚要求形成有足够韧性的高聚物膜，否则不能将膜移走，在界面会生成新的聚合物。由于接触的界面极有限，因此静态界面缩聚没有工业生产的实际意义。工业生产中采用的是动态界面缩聚。

动态界面缩聚是指在搅拌力的作用下使两相中的一相为分散相，另一相为连续相的界面缩聚反应。动态界面缩聚大大地增大了两相的接触面积，而且界面层可以不断地更新，从而促进缩聚反应的进行。为了改进分散性，有时还加入表面活性剂。动态界面缩聚中，通常水相为分散相。动态界面缩聚比静态界面缩聚对原料的物质的量之比和纯度要求稍高，但在溶剂和聚合物类型方面有较大的选择范围。

11.4.2　界面缩聚的基本原理

具有工业生产实际意义的界面缩聚是水相-有机相之间的液-液相界面缩聚，典型代表是溶于水相的二元酰氯与溶于有机相的二元胺的界面缩聚，反应如下。

$$\underset{\text{水相}}{H_2N-R-NH_2 + NaOH + H_2O} \qquad \underset{\text{有机相}}{ClOC-R'-COCl + \ \text{有机溶剂}}$$

$$\left[\!\!\begin{array}{c} NH-R-NH-\overset{O}{\overset{\|}{C}}-R'-\overset{O}{\overset{\|}{C}} \end{array}\!\!\right]_n + NaCl$$

进入有机相 　　　　　　　　　　　　　 进入水相

在水相中加入氢氧化钠的目的在于中和反应生成的盐酸，以减少副反应。由于反应生成的聚酰胺亲有机相，因此其界面缩聚反应发生在界面的有机相一侧。反应物料在搅拌下的分散状态类似于自由基悬浮聚合中的状态。

11.4.3 界面缩聚的特征

1. 相界面的性质对缩聚反应的影响很大

界面两相的溶解性能为缩聚过程中每种反应（主反应和副反应）提供适宜的条件。例如，在二元胺与二元酰氯的界面缩聚反应中，水相提供中和盐酸和溶解二元胺的适宜场所；有机相溶解二元酰氯并溶胀生成聚酰胺；在相界面及其附近区域进行链的增长反应，这样就减少了各个过程的相互干扰。而具有足够的界面张力是制得高分子量聚合物的必要条件。一般而言，产品分子量随界面张力的增大而提高。

2. 不同的反应将在不同的相中进行

在静态条件下，二元胺与酰氯在有机相一侧进行界面缩聚，而双酚盐与酰氯在水相一侧进行界面缩聚。一般在界面上倾向于在有机相一侧进行。

3. 扩散速率决定了界面缩聚反应速率和反应区的单体浓度比

（1）影响缩聚反应扩散速率的因素有有机溶剂的极性、水相的酸碱性质、水解及其他副反应的相对速率、聚合物从溶液中沉淀的速率、排除反应副产物的速率等。

（2）影响单体扩散速率的因素有表面张力、单体在相间的分布系数、单体从一相转移到另一相的速率、有机相对聚合物的溶解能力、聚合物薄膜对单体的渗透性、聚合物薄膜对单体的吸附性质、系统的黏度等。

由于相互反应的两种单体在反应区的浓度比取决于两种单体的扩散速率，因此扩散是控制步骤，在反应区域，单体总是达不到平衡浓度，扩散到反应区域的单体立即反应掉，使缩聚反应向正反应方向进行。

11.4.4 界面缩聚的工艺特点

1. 反应速率高

由于界面缩聚采用高反应活性的单体，因此反应速率高，在界面上反应很快完成。由于界面缩聚一般为不可逆反应，因此易获得高分子量产物。单体的总转化率与界面更新

（聚合物移出速率）有关。

2. 非均相反应体系

互不相溶的两种液体有一定的接触面积，聚合物就在界面形成，如不及时除去，必将限制进一步反应，因此不断地更新或扩大界面面积对反应有利，并可利用界面处的反应直接进行纺丝或成膜。

3. 扩散速率比反应速率低

因为界面处反应速率很高，单体供应取决于扩散速率，整个界面缩聚反应速率受扩散控制，所以影响扩散的因素必然影响界面缩聚。

界面缩聚对反应物及反应条件要求不高，但由于需回收溶剂，因此工艺流程比熔融缩聚的工艺流程长。三种缩聚方法的比较见表 11-7。

表 11-7 三种缩聚方法的比较

项　　目	熔融缩聚	溶液缩聚	界面缩聚
单体纯度	高纯度	不严格	不严格
单体热稳定性	好	不严格	不严格
单体物质的量之比	等物质的量	可以不等物质的量	无要求
反应温度	高	与溶剂沸点有关	室温至100℃
反应时间	1小时至数天	数分钟至数小时	数分钟
反应压力	高真空	常压	常压
反应设备	特殊结构、密封性高	简单	简单
产品转化率	必须很高	低至高	低至高
后处理	冷却、造粒	需回收溶剂	需回收溶剂

11.4.5　聚碳酸酯的生产

光气法合成聚碳酸酯以双酚 A 和光气为原料，二氯甲烷为溶剂，苯酚为分子量封锁剂，在氢氧化钠存在的情况下进行缩聚制得。反应如下。

$$(n+1)Cl\text{—}\underset{\underset{O}{\|}}{C}\text{—}Cl + nHO\text{—}\langle\text{—}\rangle\text{—}\underset{\underset{CH_3}{CH_3}}{C}\text{—}\langle\text{—}\rangle\text{—}OH \xrightarrow{(2n+1)NaOH}$$

$$Cl\text{—}\left[\underset{\underset{O}{\|}}{C}\text{—}O\text{—}\langle\text{—}\rangle\text{—}\underset{\underset{CH_3}{CH_3}}{C}\text{—}\langle\text{—}\rangle\text{—}O\text{—}\underset{\underset{O}{\|}}{C}\right]_n\text{—}Cl +(2n+1)NaOH+((2n+1)H_2O$$

$$Cl\text{—}\left[\underset{\underset{O}{\|}}{C}\text{—}O\text{—}\langle\text{—}\rangle\text{—}\underset{\underset{CH_3}{CH_3}}{C}\text{—}\langle\text{—}\rangle\text{—}O\text{—}\underset{\underset{O}{\|}}{C}\right]_n\text{—}Cl +2\langle\text{—}\rangle\text{—}OH \longrightarrow$$

$$\langle\text{—}\rangle\text{—}O\text{—}\left[\underset{\underset{O}{\|}}{C}\text{—}O\text{—}\langle\text{—}\rangle\text{—}\underset{\underset{CH_3}{CH_3}}{C}\text{—}\langle\text{—}\rangle\text{—}O\text{—}\underset{\underset{O}{\|}}{C}\right]_n\text{—}O\text{—}\langle\text{—}\rangle +HCl$$

随着国民经济的发展和国防工业的需要，对聚碳酸酯的质量和数量提出了更高的要求。界面缩聚制备聚碳酸酯有间歇法和连续法两种。这里介绍连续法制备聚碳酸酯。

连续法制备聚碳酸酯的工艺流程如图 11.2 所示。

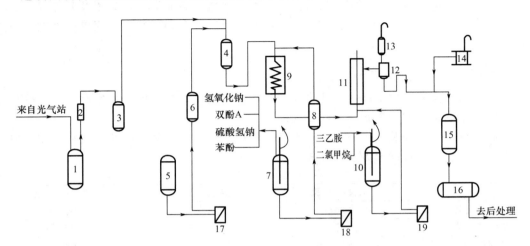

1—光气稳压罐；2—转子流量计；3—光气缓冲罐；4—光气、二氯甲烷混合冷凝器；5—二氯甲烷贮罐；
6—二氯甲烷冷却器；7—双酚 A 钠盐配制槽；8—双酚 A 盐冷却器；9—光气化反应器；
10—三乙胺配制器；11—塔式缩聚反应器；12—水油分相器；13—冷阱；
14 -甲酸高位槽；15—中和反应器；16—成品储槽；17，18，19—计量泵

图 11.2 连续法制备聚碳酸酯的工艺流程

1. 原料配制

（1）双酚 A 钠盐水溶液（水相）的配制。

将氢氧化钠配制成质量分数为 7％水溶液，将双酚 A、抗氧剂亚硫酸氢钠（NaHSO₃）、分子量调节剂苯酚等一起加入双酚 A 钠盐配制槽中，并搅拌至全部溶解，得到透明溶液。

（2）光气的二氯甲烷溶液（油相）的配制。

将二氯甲烷溶剂置于溶剂储罐中，用冷冻盐水冷却至 0℃，然后由上部连续进入光气、二氯甲烷混合冷凝器中。来自光气站的气态光气经过稳压罐，在 30℃的条件下经转子流量计计量，经缓冲罐由上部进入光气、二氯甲烷混合冷凝器，与二氯甲烷混合，混合溶液的温度为 0～5℃。

2. 光气化反应和缩聚反应

（1）光气化反应。由计量泵连续打入双酚 A 钠盐水溶液并冷却至 10℃，然后与上述光气-二氯甲烷溶液一起从光气化反应器的顶部进入，进行光气化反应（预聚反应）。

（2）缩聚反应。光气化反应后的物料温度约为 12℃，与连续打入物料管道的催化剂三乙胺（或三甲基苄基氯化铵）的二氯甲烷溶液混合后，通过计量泵自塔式缩聚反应器底部进入。物料在反应器内停留时间约为 1h，反应温度约为 20℃。塔式缩聚反应器采用多层浆式搅拌器搅拌，产物的分子量为 42000～45000，呈白色半透明的黏稠状物与水相一起从

186

塔式缩聚反应器上部溢流至分离器中。

3. 分离阶段和中和阶段

在分离器中，水相从上部溢流而出，含有缩聚物的有机相在分离器下部经倒置的 U 形管溢流至中和反应器中，边搅拌边加入质量分数为 5% 的甲酸进行中和，直至 pH 为 3～5。中和后的物料由下部流出，流至聚合物溶液贮槽进行后处理。

4. 聚合物后处理阶段

聚合物后处理的目的是除去低分子量的级分、未反应的双酚 A 及中和后产生的盐质。

（1）用水洗法除去树脂中的盐质。在聚合物溶液中加入蒸馏水，搅拌一定时间后停止搅拌，静止分层，抽出上层水相。如此反复洗涤，直至溶液中不含氯离子。

（2）用沉淀法除去树脂中低分子量的级分。在聚合物溶液中加入沉淀剂，使聚合物沉淀出来。选择沉淀剂的原则是其不溶解树脂，但与溶剂有很好的互溶性且容易与溶剂分离。根据该要求，沉淀剂可选择甲醇、乙醇、正丁醇、乙酸乙酯、乙酸丁酯、丙酮、丁酮等。此外，还可以选择石油醚、甲苯、二甲苯等。将聚合物沉淀出来后，溶剂和沉淀剂经精馏分离可循环利用。经后处理的聚碳酸酯进行干燥，得到产品，包装后入库。

11.4.6　界面缩聚的影响因素

1. 两相单体的比例

一般情况下，扩散速率小的单体，其浓度要配得大些；扩散速率大的单体，其浓度要配得小些。

2. 单官能团化合物

在界面缩聚过程中，加入单官能团化合物是为了控制线型缩聚物的分子量。单官能团化合物对产品分子量的影响既取决于其活性，又取决于其向反应区域的扩散速率。由于大多数界面缩聚反应的反应区域在两相界面上靠近有机相一侧，因此易溶于有机相的单官能团化合物比水溶性单官能团化合物对缩聚物分子量的影响显著。

3. 反应温度

由于界面缩聚所用的单体的活性都是比较高的，通常在室温下的反应速率就很高，因此界面缩聚大多在室温条件下进行。虽然温度升高有利于反应速率的提高，但同时副反应的速率也会提高，从而导致产品分子量明显下降。

有些界面缩聚（如芳香族聚酰亚胺的界面缩聚）过程中，由于苯甲酰氯在水中的溶解度极小，因此，副反应（水解反应）在一定温度范围内的反应速率增大不大，同时苯甲酰氯在有机相中的溶解性能不好，温度高时，增长链在有机相中的溶解度增大，对链增长有利，因此能得到相对分子质量高的缩聚物。因此，在不良溶剂中的界面缩聚应采用较高的反应温度。

4. 溶剂性质

选择适当的溶剂很重要,因为溶剂决定了反应物在两相中的分配系数、扩散系数和反应速度,所以对产品分子量有影响。

一般而言,液-气相界面缩聚中,液相最好为水,这样能得到高分子量的缩聚物;若采用非水溶剂,其应有足够高的极性。

液-液相界面缩聚中,一个液相为有机溶剂,另一个液相为水。采用水的优点如下:可加速界面处进行的基本反应,很好地溶解二元胺、双酚盐等单体,以及低分子副产物、酸接受体等,从而使反应顺利进行。有机溶剂要能很好地溶解或溶胀聚合物,与水不互溶,对碱稳定,以减少酰氯的水解。水中不含单官能团化合物杂质,分子量随其用量的减小而提高。因为反应多在有机相一侧进行,反应开始后有机相内齐聚物密度大,界面间反应端基密度大,分子间作用有所提高,水解相对降低,所以有利于产物分子量的提高。

5. 搅拌速度

高分子合成工业生产大多采用动态界面缩聚。为了保证两相充分混合,不断更新界面,应提高搅拌速度。实践证明,适当提高搅拌速度对反应有利,但速度超过一定值时无明显效果。

习　　题

1. 什么是线型缩聚?线型缩聚的实施方法有哪几种?
2. 熔融缩聚有哪些优缺点?涤纶树脂的生产方法有哪几种?
3. 试探讨涤纶树脂的熔融缩聚生产工艺。
4. 熔融缩聚的技术关键是什么?主要影响因素有哪些?
5. 什么是溶液缩聚?溶液缩聚有哪几种?溶剂的作用有哪些?
6. 什么是界面缩聚?界面缩聚的特征是什么?

第12章

体型缩聚的原理及生产工艺

 **本章教学要点**

知 识 要 点	掌 握 程 度	相 关 知 识
体型缩聚的原理	掌握体型缩聚的原理	预聚反应，固化反应
环氧树脂的生产和固化	掌握环氧树脂的生产和固化，以及影响环氧树脂低聚物合成反应的因素	环氧值、原料物质的量的比、加料方式及投料方式对低聚物分子量的影响
酚醛树脂低聚物的生产和固化	掌握酚醛树脂低聚物的生产和固化	热塑性酚醛树脂和热固性酚醛树脂的生产和固化反应，固化剂
压塑粉、玻璃钢及层压塑料的生产工艺	掌握压塑粉、玻璃钢及层压塑料的生产工艺	玻璃纤维表面处理、成型与固化制备玻璃钢，层压塑料的填料浸胶与加热压制工艺

 导入案例

聚乙烯的应用

聚乙烯是结晶热塑性树脂，其化学结构、分子量、聚合度和其他性能很大程度上均依赖于使用的聚合方法。聚合方法决定了支链的类型和支链度。结晶度取决于分子链的规整程度，聚乙烯的性能取决于聚合方法。1933年，英国卜内门化学工业公司发现乙烯在高压下可聚合生成聚乙烯（称为高压法聚乙烯），并于1939年工业化，通称为高压法。1953年联邦德国齐格勒发现以 $TiCl_4 - Al(C_2H_5)_3$ 为催化剂，乙烯在较低压力下也可聚合，称为低压法聚乙烯。在中等压力（15～30个大气压）、有机化合物催化条件下，通过齐格勒-纳塔聚合而成的是高密度聚乙烯。这种条件下聚合的聚乙烯分子是线性的，且分子链很长，分子量高达几十万。

低密度聚乙烯俗称高压聚乙烯，密度较低，材质较软，主要用于制造塑胶袋、农业用膜等。

高密度聚乙烯俗称低压聚乙烯，与低密度聚乙烯及线性低密度聚乙烯相比，有较强的耐温性、耐油性、耐蒸汽渗透性，耐环境开裂性不如低密度聚乙烯，特别是热氧化作用会使其性能下降，所以需加入抗氧剂和紫外线吸收剂等。另外，其电绝缘性、抗冲击性及耐寒性很好，主要应用于吹塑、注塑等领域。

线性低密度聚乙烯是乙烯与少量 α-烯烃在催化剂作用下聚合的共聚物。线性低密度聚乙烯的外观与低密度聚乙烯的相似，但透明性较差，表面光泽好，具有低温韧性、高模量、抗弯曲和耐应力开裂性，低温下抗冲击强度较高。

近年来超支化聚合物由于其独特的支化分子结构，分子之间无缠结，并且含有大量的端基成为研究热点，超支化聚合物表现出高溶解度、低黏度、高的化学反应活性等许多线型聚合物所不具有的特殊性能，这些性能使得超支化聚合物在聚合物共混、薄膜、高分子液晶及药物释放体系等许多方面显示出诱人的应用前景。

超支化聚合物和超支化苯分别如图 12.1 和图 12.2 所示。

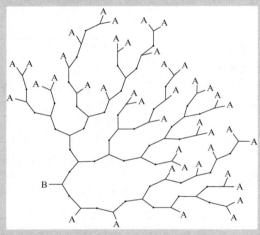 

图 12.1　超支化聚合物　　　　　图 12.2　超支化苯

12.1　体型缩聚的原理

在缩聚体系中，参加反应的单体中只要有一种单体具有两个以上官能团（平均官能度 $\bar{f} > 2$），缩聚反应便向着三个方向发展，生成体型缩聚物。生成体型缩聚物的缩聚反应称为体型缩聚（trimensional polycondensation）。

AB_x $(x \geq 2)$ 型的单体的缩聚反应生成可溶性的高度支化的聚合物，这种聚合物不是完美的树枝状大分子，而是结构有缺陷的聚合物，这种聚合物称为超支化聚合物（hyperbranched polymer）。

体型结构聚合物构成的高分子材料包括热固性塑料制品、固化后的涂层材料及固化后的黏合剂等，受热后不再熔化。

12.1.1 体型缩聚的特点

1. 分两步进行

预聚反应：生成线型略带支链的具有反应活性的低聚物（预聚物）的过程。

固化反应：应用或成型加工所得的低聚物时，在一定条件下使潜在的未反应的官能团继续反应，直至生成体型缩聚物的反应。

2. 平均官能度大于 2 是生成体型缩聚物的必要条件

$$P < P_C，\quad P_C < 2/\bar{f} < 1$$

式中：P——反应程度；

$\quad P_C$——凝胶点；

$\quad \bar{f}$——单体的平均官能度。

当反应进行到一定程度时，反应体系的黏度突然增大，出现不熔、不溶的弹性凝胶，该现象称为凝胶化。开始出现凝胶时的临界反应程度称为凝胶点，用 P_C 表示。

凝胶不溶于任何溶剂，分子量可以看成无穷大，如反应产生凝胶，其将固化在预聚釜中而报废，因此凝胶点是控制体型缩聚的主要指标。

3. 各阶段树脂的划分

甲阶树脂：$P < P_C$ 时的缩聚物，特点是溶解性、熔融性好；微观结构为线型或支链型，分子量为 500～5000。

乙阶树脂：$P \to P_C$ 时的缩聚物，特点是溶解性差、能软化，但难熔融；微观结构为线型或支链型，分子量为 500～5000。

丙阶树脂：$P > P_C$ 时的缩聚物，特点是不能溶解、熔融、软化；微观结构为网状。

12.1.2 体型缩聚的应用

具有反应活性低聚物的合成树脂的主要用途如图 12.3 所示。

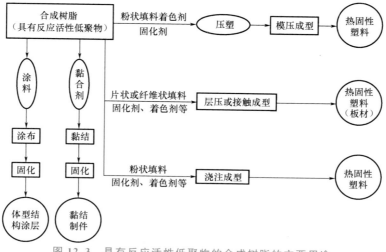

图 12.3　具有反应活性低聚物的合成树脂的主要用途

12.2 环氧树脂的生产和固化

分子中含有两个以上环氧基团的合成树脂称为环氧树脂。它是由具有环氧基的化合物与多元羟基化合物进行缩聚反应生成的热塑性高聚物。由于其分子链中还含有很多环氧基、羟基等活性基团，在固化剂作用下能交联为体型结构。

1947 年美国首先进行了环氧树脂的工业化生产。20 世纪 80 年代以前，人们主要研究树脂的合成；80 年代以后，主要研究环氧树脂的改性、固化机理、产物结构及性能。

12.2.1 双酚 A 型环氧树脂的合成反应

双酚 A 型环氧树脂低聚体是由双酚 A 和环氧氯丙烷（epoxy chloropropane）经缩聚反应得到的。

双酚 A 和环氧氯丙烷在氢氧化钠存在的情况下进行缩聚反应的简式如下。

在氢氧化钠作用下，链端上的氯原子与羟基上的氢原子结合成氯化氢，闭合为新的环氧基，反应式如下。

开环反应和闭环反应循环下去，得到环氧高聚物，反应式如下。

分子结构中，双酚 A 成分赋予树脂以刚性和耐热性，醚键赋予其耐化学药品性和黏结性，羟基和环氧基使其具有黏结性及与多种固化剂的反应性，反应式如下。

环氧树脂的工业品种较多，分子量一般为 300～7000，分为低分子量、中等分子量及高分子量三类，软化点在 50℃ 以下为低分子量，在 100℃ 以上为高分子量。

环氧值（epoxide number）是指每 100g 树脂中所含环氧基的物质的量。

$$E=\frac{100f}{\overline{M}}$$

式中：$\overline{M}$——环氧树脂平均分子量；

f——环氧基团数。

以双酚 A 为主要组成物质，其环氧值为 0.48～0.54mol/100g，则其平均值为 0.51mol/100g，该树脂称为 E-51 环氧树脂。

环氧值的倒数乘以 100 称为环氧当量。环氧当量是指含有 1mol 环氧基的环氧树脂的克数。

$n=0～2$，低分子量，室温下为液体，如 E-31 环氧树脂。

$n=2～5$，中等分子量，室温下为固体，软化点为 50～90℃，如 E-20 环氧树脂。

$n>5$，高分子量，室温下为固体，软化点大于 100℃，如 E-03 环氧树脂。

双酚 A 型环氧树脂的分子量由小变大，除环氧值由大变小外，软化点、羟值含量、柔韧性均逐渐变大，固化温度从室温逐渐升高，环氧树脂由液态变为固态。

12.2.2 合成环氧树脂的主要成分

环氧塑料由环氧树脂、固化剂、稀释剂、增塑剂、增韧剂、增强剂、填料等组成。

固化剂：起交联固化作用，常见的有乙二胺（用量为 6%～8%）、二乙烯三胺（用量为 8%～10%）、间苯二胺（用量为 14%～16%）等。

稀释剂：为改善环氧树脂的流动性，降低其黏度，可在其中加入稀释剂，如戊醇、邻苯二甲酸二辛酯、邻苯二甲酸二丁酯、苯乙烯、苯乙烯氧化物、苯基缩水甘油醚及烯丙基缩水甘油醚等。

增塑剂：如邻苯二甲酸二辛酯、邻苯二甲酸二丁酯及磷酸酯类等，用量为 5%～20%。

增韧剂：环氧树脂固化后制品较脆，为增强韧性、提高抗弯强度及抗冲强度，往往加入增韧剂。不带活性基团的增塑剂主要有邻苯二甲酸酯类化合物和磷酸酯类化合物，用量一般为树脂用量的 5%～20%；由于其为小分子，因此长时间使用会游离出来，影响制品性能。而分子中有活性基团的增韧剂（如端羧基液体丁腈橡胶、聚酯树脂、环氧化植物油、有机硅橡胶等）可参加固化反应。

增强剂：一般为纤维类，主要有玻璃纤维及织物。

填料：加入填料可降低成本和制品收缩率，对大型浇注制品尤为重要，一般为无机矿物粉类，如石英粉、云母粉、碳酸钙、钛白粉等，用量为单体的 200%。

12.2.3 影响环氧树脂低聚物合成反应的因素

【环氧树脂】

1. 原料物质的量的比

低分子量的环氧树脂与中等分子量的环氧树脂的原料配比（环氧氯丙烷与双酚 A 的物质的量的比）理论上是 2∶1，实际上环氧氯丙烷的量还要大些。生产高分子量的环氧树脂时，原料配比接近 1∶1。环氧氯丙烷与双酚 A 的理论物质的量的比为 $(n+2)∶(n+1)$，即低聚物分子量越大，其配比越接近于理想配比。

环氧氯丙烷∶双酚 $A=(n+2)∶(n+1)$（均为物质的量的比）。

$n=0$（树脂的分子量为 340），环氧氯丙烷∶双酚 $A=2∶1$，实际合成时环氧氯丙烷过量很大（2.75∶1）；

$n=4$（树脂的分子量为 1476），环氧氯丙烷∶双酚 $A=1.2∶1$，实际合成时环氧氯丙烷过量（1.218∶1），但过量较小。

2. 碱的用量、质量分数和投料方式

（1）碱的用量。

由于加入氢氧化钠的目的是中和反应在缩合反应和闭环反应中生成的氯化氢，因此称氢氧化钠为缩合剂。理论上其与环氧氯丙烷的用量应为 1∶1（物质的量的比）。在合成低分子量的环氧树脂时，因为环氧氯丙烷过量，所以氢氧化钠也过量。

（2）碱的质量分数。

在浓碱介质中，脱氯化氢的作用比较迅速、完全，有利于生成低分子量树脂。但副反应也加速，生成的树脂的分子量较低，树脂的产率降低。因此合成分子量较低的树脂时，用质量分数为 30% 的氢氧化钠溶液；合成分子量较高的树脂时，用质量分数为 10% 的氢氧化钠溶液。

（3）碱的投料方式。

合成环氧树脂的反应分为开环、加成、缩合和闭环四步进行。由于过量的环氧氯丙烷易被水解，因此碱液一般分两次加入，以提高环氧氯丙烷的回收率。第一次加入氢氧化钠主要是加成反应（在环氧氯丙烷上引入羟基）及部分闭环反应（脱去氯化氢），当树脂的分子量基本达到要求，体系的黏度较低时，立即回收过量的环氧氯丙烷。第二次加入氢氧化钠是为了中和闭环反应中生成的氯化氢，反应式如下。

$$\underset{O}{H_2C-CH}-CH_2 \xrightarrow[H_2O]{NaOH} \underset{OH\ OH}{H_2C-CH}-CH_2 \xrightarrow[H_2O]{NaOH} \underset{OH\ OH\ OH}{H_2C-CH}-CH_2$$
$$\qquad\qquad Cl \qquad\qquad\qquad Cl$$

3. 加料方式

（1）将双酚 A 溶于碱液，制成双酚 A 钠盐水溶液，然后将其滴入环氧氯丙烷中，可得到中等分子量的环氧树脂。

（2）将双酚 A 溶于碱液，制成双酚 A 钠盐水溶液，然后一次加入环氧氯丙烷，可得到高分子量的环氧树脂。

（3）将双酚 A 溶于环氧氯丙烷，然后滴加碱液，生成低分子量的环氧树脂。

合成低分子量、中等分子量、高分子量的环氧树脂的工艺控制见表 12-1。

表 12-1　合成低分子量、中等分子量、高分子量的环氧树脂的工艺控制

环氧树脂类型		低分子量（$n=0$）	中等分子量	高分子量（$n=4$）
配比（物质的量的比）（双酚 A：环氧氯丙烷：氢氧化钠）	理论 $(n+1)/(n+2)/(n+2)$	1:2:2	介于中间	1:1.2:1.2
	实际	1:2.75:2.42	介于中间	1:1.218:1.185
加料方式		先将双酚 A 溶于环氧氯丙烷，然后滴加氢氧化钠溶液	先将双酚 A 溶于氢氧化钠溶液，然后将其滴加到环氧氯丙烷中	先将双酚 A 溶于氢氧化钠溶液，然后加入环氧氯丙烷
氢氧化钠	用量	过量	过量	与理论配比相当
	浓度	30%	10%～30%	10%
	加入方式	分两批滴加	分两批滴加	一次性加入
反应温度/℃		50～55	55～85	85～95
反应时间/h		8～12	介于中间	2～4

12.2.4　环氧树脂的生产工艺流程

由于单体配比为环氧氯丙烷：双酚 A=（7～10）：1，因此反应初期环氧氯丙烷大量过剩，催化剂及氢氧化钠应先后分批投入。升温并保温至 50～55℃。反应 4～6h后减压，回收未反应的环氧氯丙烷。加入苯，使树脂溶解，同时滴加余下的碱液，维持 3～4h，反应温度为 65～70℃。反应结束后减压，脱除过量的环氧氯丙烷，此时釜内温度可达 120℃；用苯或其他有机溶剂萃取环氧树脂。用苯萃取抽吸一次下层盐水后放掉，分出盐水或固体盐粒后，在回流脱水釜中，利用苯-水共沸原理脱出物料中的水分，再用常压蒸馏和减压蒸馏脱苯，得到液态环氧树脂。环氧树脂的生产工艺流程如图 12.4 所示。

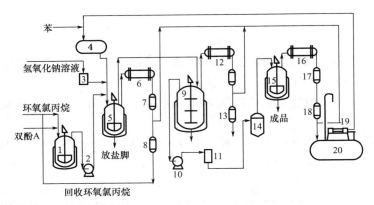

1，5—聚合反应釜；2，10—泵；3—碱液高位计量槽；4—苯高位槽；6，12，16—冷凝器；7，8，11，13，17，18—过滤器；9—回流脱水釜；14—沉降槽；15—脱苯釜；19—干燥器；20—树脂储槽

图 12.4　环氧树脂的生产工艺流程

12.2.5　双酚 A 型环氧树脂的固化

双酚 A 型环氧树脂低聚物是热塑性的线型大分子，环氧树脂固化前属于线型结构，是淡黄色至青铜色的黏稠液体或脆性固体。中等分子量、低分子量的环氧树脂多用于黏合剂和涂料，用于塑料时必须加入固化剂交联固化后形成网状结构才可以使用。高分子量的环氧树脂可以直接加工成塑料制品。

由于树脂中含有很多可以反应的活性基团（如环氧基、羟基），因此树脂均能在酸性固化剂或碱性固化剂的作用下固化。双酚 A 环氧树脂本身很稳定，即使加热到 200℃也无变化。

1. 固化剂

环氧树脂低聚物的固化剂主要有以下几类。

（1）胺类固化剂。

胺类固化剂分为脂肪胺类固化剂、脂环族胺类固化剂和芳香族胺类固化剂，如乙二胺，己二胺，间苯二胺，伯胺，仲胺，叔胺和多乙烯多胺（二乙烯三胺、三乙烯四胺等）。

脂肪胺可与环氧树脂任意混溶，活性强，室温可固化且固化速度快，黏度低，使用方便。但固化放热给操作带来不便，多余的胺残留在制品中会使树脂裂解，一般不适合作为结构黏合剂的固化剂。由于芳香胺类固化剂分子中存在苯环，因此固化环氧制品热性能较好。用胺做固化剂时，其用量一般为环氧树脂质量的 10%～15%。

$$RNH_2 + H_2C-CH\text{\textbackslash} \longrightarrow R-N-CH_2-CH\text{\textbackslash}$$

$$R-N-CH_2-CH\text{\textbackslash} + H_2C-CH\text{\textbackslash} \longrightarrow R-N\text{\textbackslash}$$

叔胺只起催化作用的反应如下。

$$R_3N + CH_2\text{—}CH\text{————} \longrightarrow \text{————}CH_2\text{—}CH\text{———} \overset{+}{\underset{O^-}{N}}R_3 \quad CH_2\text{—}CH\text{———} \longrightarrow$$

$$\text{———}CH\text{—}CH_2\text{—}O\text{—}CH\text{—}CH_2\text{———} \overset{+}{\longleftarrow}NR_3$$
$$\underset{O^-}{|}$$

（2）有机多元酸和酸酐。有机多元酸和酸酐中主要有邻苯二甲酸酐、顺丁烯二酸酐、均苯四酸二酐等。用酸酐作为固化剂时，其用量一般为环氧树脂质量的 10%～20%。

这类固化剂固化慢，固化温度较高（150～160℃），由于存在酯键，因此产品韧性较强。受热固化后的收缩率低，固化后所得产品耐热性、机械性能和电性能优良。脂环族环氧树脂和由烯烃氧化得到的环氧树脂主要用多元酸酐作为固化剂，一般可加入 1%～3% 的叔胺（作为催化剂），酸酐发生开环反应与环氧反应后生成单酯和二酯，反应如下。

$$\underset{\substack{\|\\O}}{R} + R'\text{—}OH \longrightarrow R\begin{matrix} C\text{—}OH \\ \| \\ O \\ C\text{—}OR' \\ \| \\ O \end{matrix}$$

$$\underset{\substack{\|\\O}}{R} + H_2O \longrightarrow R\begin{matrix} C\text{—}OH \\ \| \\ O \\ C\text{—}OH \\ \| \\ O \end{matrix}$$

开环后的羧基与环基酯化的反应如下。

$$\text{———}C\text{—}OH + H_2C\text{—}CH\text{———} \longrightarrow \text{———}C\text{—}O\text{—}CH_2\text{—}CH\text{———}$$

与羟基酯化的反应如下。

$$\text{———}C\text{—}OH + CH\text{———} \longrightarrow + H_2O$$

醚化的反应如下。

$$\text{———}CH\text{———} + H_2C\text{—}CH\text{———} \longrightarrow$$

（3）咪唑类固化剂。

咪唑类固化剂属于中温固化剂，在室温下无挥发物，毒性低；在室温下有较长的使用期（数十小时不凝胶），操作方便，用于浇注料、黏合剂、复合材料等。咪唑用量一般为环氧树脂质量的 3%～5%，2-乙基-4甲基咪唑用量为环氧树脂质量的 2%～5%，固化条件为 60～80℃，6～8h。

氮分子的活泼氢先与环氧基加成，反应如下。

咪唑环的氮原子催化环氧均聚反应如下。

2. 固化剂用量的计算

用胺作为固化剂时，其用量一般为环氧树脂质量的 10%～15%；用酸酐作为固化剂时，其用量一般为环氧树脂质量的 10%～20%；用低分子量的聚酰胺作为固化剂时，其用量一般为环氧树脂：聚酰胺=1:1（质量比）。

为了提高胶黏强度，可以将多种固化剂混用，如将低分子量的聚酰胺、间苯二胺和 4,4'-二氨基二苯甲烷混合，提高热变形温度，黏合剂的耐热性能较好。

12.2.6 环氧树脂的特点及用途

【环氧树脂固化剂】

1. 环氧树脂的特点

环氧树脂有羟基和环氧基，具有较好的黏结性。环氧树脂固化过程中不产生低分子物，环氧树脂本身具有仲羟基，再加上环氧基固化时部分残留的羟基，它们的氢键缔合后使分子排列紧密，因此环氧树脂的固化收缩率较低。固化后的环氧树脂不再具有活性基团和游离的离子，吸水率低，具有优异的电绝缘性能和较高的机械强度；另外，分子结构中双酚 A 成分赋予环氧树脂坚韧性和耐热性。

2. 环氧树脂的用途

环氧树脂在诸多方面应用广泛，可用作大型壳体，如游船、汽车车身、座椅、餐桌、仪表板、汽车发动机部件、头灯反射镜、线圈架、家电底座、电动机外壳、各种电子和电器元件的塑封、中低温度绝热材料、轻质高强夹心材料、防振包装材料、漂浮材料、飞机吸音材料等。

12.3 酚醛树脂低聚物的生产和固化

苯酚和甲醛、脲和甲醛、三聚氰胺和甲醛在酸或碱的催化作用下经缩聚反应分别得到的具有反应活性的酚醛树脂、脲醛树脂和三聚氰胺甲醛树脂都是以甲醛为主要原料的树脂，统称为甲醛树脂（formaldehyde resin）。

甲醛树脂的合成分两步：加成反应和缩合反应。加成反应是苯酚、脲或三聚氰胺上的活泼氢原子转移到甲醛分子上生成羟甲基的反应，也称羟甲基化反应，可在酸或碱的催化作用下进行，在碱催化作用下反应比较温和。缩合反应是生成的羟甲基上的羟基与苯酚（或脲或三聚氰胺）生成低聚体的反应。

在酸或碱催化剂（pH＜3.0 或 pH＞3.1）的作用下，甲醛与苯酚发生加成反应，生成具有反应官能团的羟甲基苯酚。

在酸性条件下，苯酚羟基邻位上的氢较活泼，故

$$HCHO + H^+ \longrightarrow H{-}\overset{+}{\underset{H}{C}}{-}OH$$

$$\text{苯酚} + \overset{+}{\underset{OH}{C}}H_2 \rightleftharpoons \text{邻-}CH_2OH\text{苯酚} + H^+$$

碱催化酚羟基邻位、对位的氢都活泼，故

$$\text{苯酚} + OH^- \rightleftharpoons \text{苯酚}O^- + H_2O$$

$$\text{苯酚}O^- + HCHO \rightleftharpoons \overset{O^-}{-}CH_2OH \xrightarrow{H_2O} \overset{OH}{-}CH_2OH + OH^-$$

按照合成条件及树脂的用途，可将酚醛树脂分为热塑性酚醛树脂和热固性酚醛树脂。

1. 热塑性酚醛树脂的合成

以酸为催化剂，反应介质的 pH＜3，甲醛与苯酚的物质的量的比小于 1（一般为 0.8 : 1）时，反应控制甲醛的用量，确保多余的甲醛不构成羟甲基，因此这种支链型混合物尽管反复加热，也不会转变为体型结构大分子，反应得到一种受热后不固化的线型酚醛树脂。

在酸的催化作用下，加成产物甲基苯酚上的羟甲基先在酸性条件下脱水生成阳离子，然后阳离子与苯酚发生亲电取代反应。

$$\overset{OH}{-}CH_2OH + H^+ \longrightarrow \overset{OH}{-}\overset{+}{CH_2} + H_2O$$

$$\overset{OH}{-}\overset{+}{CH_2} + \text{苯酚} \longrightarrow \cdots \longrightarrow \overset{OH}{-}CH_2{-}\overset{OH}{-} + H^+$$

反应生成物为邻位或对位上的各种异构体的混合物,并仍可继续发生反应。但醛量不足,甲醛消耗完后,可得到分子量为 300～1000 的树脂,其结构如下。

该树脂能溶于丙酮、酒精及碱性溶液,其黏稠状的液体树脂多用于制备低黏度的酚醛环氧树脂,硬脆的固体树脂则用于制备热塑性酚醛压塑粉。

2. 热固性酚醛树脂的合成

在氨水、氢氧化钠或氢氧化钾(pH＞7)的催化作用下,过量甲醛与苯酚的物质的量的比为 (1.1～1.5):1,生成热固性酚醛树脂,其反应可分为以下三个阶段。

【酚醛树脂】　　　(1) 甲阶酚醛树脂。

苯酚和甲醛反应生成羟甲基苯酚,反应如下。

由于羟甲基苯酚在碱性介质中是稳定的,因此羟甲基与苯酚上的活泼氢原子的反应速率小于甲醛与苯酚的加成反应速率,从而生成二羟甲基苯酚或三羟甲基苯酚。

它们可生成二聚体或三聚体。

这些混合物可能是液体、半固体或固体，可溶于丙酮、酒精、碱性溶液等，称为可溶可熔性酚醛树脂或甲阶（A阶）酚醛树脂。其分子量为300～700，固体树脂用于制备热固性酚醛压塑粉，液体树脂则用于制备层压材料。

（2）乙阶酚醛树脂。

甲阶酚醛树脂在100～130℃下加热，部分发生交联，即可转变为半熔酚醛树脂，或称乙阶（B阶）酚醛树脂。它是固体，在丙酮中不能溶解，只能溶胀，热塑性较差。

乙阶酚醛树脂分子式如下。

（3）丙阶酚醛树脂。

乙阶酚醛树脂继续加热，生成网状结构树脂，称为不溶不熔酚醛树脂或丙阶（C阶）酚醛树脂。它完全硬化，失去热塑性，也不溶于（或溶胀）任何溶剂。

丙阶酚醛树脂分子式如下。

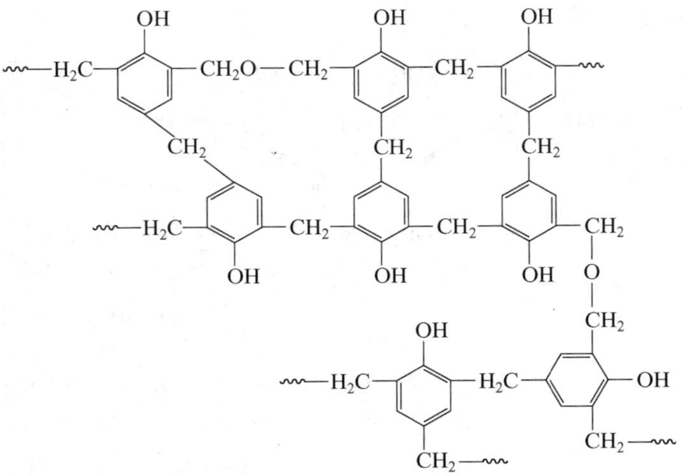

3. 中等 pH(pH＝4～7) 苯酚与甲醛的缩聚

若采用 Zn、Mg、Al 的碱式盐（如 ZnO）或 Cu、Mn、Co、Ni 的氢氧化物作为催化剂，则反应介质的 pH 为 4～7，在催化剂的金属原子作用下，甲醛与苯酚的加成反应只发生在邻位上，苯酚与甲醛的物质的量的比大于 1 时，可得到高邻位的酚醛清漆，一旦加入过量甲醛，就会很快凝胶，并且固化速度较快。

高邻位的酚醛清漆分子式如下。

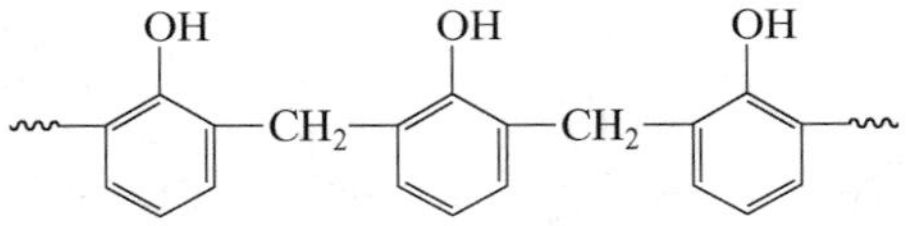

4. 酚醛树脂的固化

（1）热塑性酚醛树脂的固化。

由于热塑性酚醛树脂大分子结构中没有能进一步缩合的羟甲基，因此加热不发生交联反应。加入固化剂后得到三维体型交联结构，常用的固化剂为多聚甲醛、六次甲基四胺，后者用量通常为树脂质量的 $10\%～15\%$，成型温度约为 $160℃$。

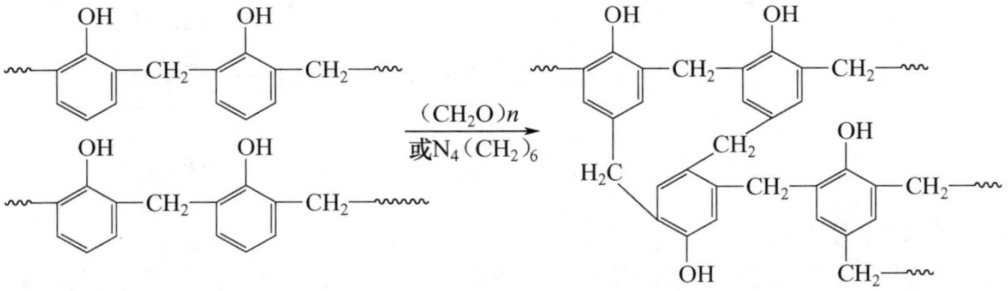

（2）热固性酚醛树脂的固化。

由于原料配比中甲醛过量，因此无须加入固化剂。一般将甲阶酚醛树脂浸渍填料（纸、布等）后经烘焙，转变为乙阶酚醛树脂。然后在压机中热压成型，树脂完成向丙阶的转化，生成网状结构树脂。酚醛树脂低聚物的制备及固化流程如图 12.5 所示。

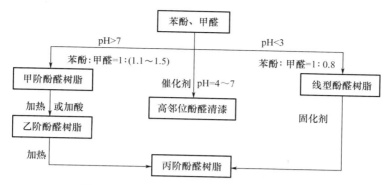

图12.5 酚醛树脂低聚物的制备及固化流程

12.4 压塑粉、玻璃钢及层压塑料的生产工艺

压塑粉（compression moulding powder）是指以具有反应活性的低聚物为基本材料，添加粉状填料、着色剂、润滑剂、固化剂等，经浸渍、干燥、粉碎等工艺过程制得的供模压成型制造热固性塑料制品的粉状高分子材料。

工业上常用的压塑粉有酚醛压塑粉、脲醛压塑粉、三聚氰胺-甲醛压塑粉等。添加剂可提高合成树脂的物理机械性能，并可降低制品的成本。粉状物料具有模压成型操作方便的优点。

12.4.1 压塑粉的生产工艺

生产压塑粉，一般先合成具有反应活性的低聚物（合成树脂），采用辊压法、螺旋挤出法和乳液法使树脂浸渍填料并与其他助剂混合均匀，再经粉碎过筛即可制得压塑粉。如果采用的是合成树脂的水溶液，则还需经过干燥脱水，然后粉碎即得到压塑粉。

可用模压法、传递模塑法和注射成型法将压塑粉制成各种塑料制品。热塑性酚醛树脂压塑粉主要用于制造开关、插座、插头等电气零件，日用品及其他工业制品。热固性酚醛树脂压塑粉主要用于制造高电绝缘性制件。

1. 酸法酚醛树脂压塑粉的生产过程

酸法酚醛树脂压塑粉是由占40%～50%的热塑性酚醛树脂与填充剂、润滑剂、颜料及固化剂混合，并在110～120℃下塑化、研磨配制而成的。在固化剂——六次甲基四胺的作用下，甲阶酚醛树脂向乙阶酚醛树脂转变。在最后加工成型过程中，由乙阶酚醛树脂向丙阶酚醛树脂转变，最后生成网状结构的酚醛树脂。

2. 酸法酚醛树脂压塑粉的主要组分

（1）固化剂及固化促进剂。常用六次甲基四胺作为固化剂。为了提高树脂的固化速率、中和树脂中残存的催化剂、提高树脂的耐热性和机械强度、加速固化反应的进行，可

高分子合成工艺

加入固化促进剂。常用的固化促进剂有氧化镁、氧化锌、碱性物质（如石灰）等。

（2）填充剂。填充剂必须是粉状的，常用木粉做填料，为制造某些高电绝缘性和耐热性制件，也可用云母粉、石棉粉、石英粉等无机填料。用木粉做填料可提高制品的机械强度、电气绝缘性和成型能力；用石棉粉做填料可提高制品的抗张强度，增强制品的柔性和弹性，提高制品的耐碱性、耐酸性、耐水性和耐热性。粉状填料的用量为酚醛树脂质量的50%～80%。

（3）着色剂。常用的着色剂有油墨、有机染料和无机染料。因压塑粉在压制过程中需加热到140～200℃，故着色剂应具有较强的耐热性。

（4）润滑剂。润滑剂也可作为脱模剂。常用的润滑剂有硬脂酸、硬脂酸锌和硬脂酸钙，这些物质在压制压塑粉过程中能迁移到制品表面，使制品容易脱模。

（5）其他添加剂。加入滑石粉、高岭土等填料不仅可以降低成本，而且可以增强压塑粉的流动性，填补孔隙以使制品光洁。

12.4.2 玻璃钢的生产工艺

玻璃钢，学名纤维增强塑料（fiber reinforced plastic，FRP）。它是以玻璃纤维及其织物（玻璃布、带、毡、纱等）为填料，以具有反应活性的低分子量的树脂为黏合剂，经过一定的成型加工工艺制成的一种高分子材料。因其机械强度很高，甚至接近钢材的强度，故称为玻璃钢。其中作为黏合剂的树脂主要是不饱和聚酯树脂、环氧树脂、酚醛树脂和有机硅树脂。

玻璃钢的生产过程主要分为玻璃纤维表面处理和成型与固化两个工序。随着对玻璃钢研究的深入，作为塑料基的增强材料，玻璃纤维扩展到碳纤维、硼纤维、芳纶纤维、氧化铝纤维、碳化硅纤维等，这些新型纤维制成的增强塑料是高性能的纤维增强复合材料。

1. 玻璃纤维表面处理

用于生产玻璃钢的玻璃纤维是由低碱含硼硅酸盐玻璃经熔融拉丝而成的，其强度高于一般的天然纤维和合成纤维。在使用玻璃纤维前必须对其进行处理，以除去玻璃纤维表面上的润滑剂。去除润滑剂后，树脂与玻璃纤维的表面黏结力增大，但玻璃纤维表面光滑且亲水，会影响树脂与玻璃纤维的黏合，同时使玻璃钢的湿强度显著下降。为克服此缺点，应当在除去润滑剂的玻璃纤维上用化学处理剂进行表面处理。化学处理剂是一种偶联剂，偶联剂中的某些基团与玻璃表面上的某些烃基作用形成化学键，而另一些基团与树脂发生化学反应或溶于树脂，通过偶联剂使树脂与玻璃纤维黏结得更牢固。在玻璃纤维表面涂上化学处理剂后，其具有憎水性，可改善树脂与玻璃纤维的浸润性，从而提高玻璃钢的强度。

2. 成型与固化

玻璃钢的生产工艺基本上分为两大类，即湿法接触型和干法加压成型；如按工艺特点来分，有手糊成型、层压成型、树脂传递模塑成型（resin transfer molding，RTM）法、挤拉法、模压成型、缠绕成型等，手糊成型又包括手糊法、袋压法、喷射法、湿糊低压法和无模手糊法。

12.4.3　层压塑料的生产工艺

层压是制造增强塑料和制品的一种重要方法。层压塑料是以片状材料（如棉布、丝绸、纸和玻璃布等）为填料浸渍树脂后，经干燥叠合成层，加热、加压后使树脂固化成型而得到的层状高分子材料。层压塑料中所用的树脂有酚醛树脂、脲醛树脂和三聚氰胺-甲醛树脂等。

层压塑料的生产工艺如下。

1. 合成树脂

碱法酚醛树脂常温下是棕色的液体，能溶于乙醇。碱法酚醛树脂含有过量的羟甲基，常温下会慢慢固化而转变为固态的体型缩聚物。

2. 填料浸胶

在碱法酚醛树脂中加入乙醇调节黏度，以纸、玻璃纤维等为填料，浸胶时要求树脂均匀地涂在填料上，并且浸透到纸的内部，浸渍上胶的好坏是衡量层压塑料质量好坏的关键。

3. 加热压制

将叠好的层压材料放在压制机上进行加热加压，温度从室温到面层固化反应开始温度，同时芯层树脂受热，排出部分挥发物，施加压力为全压的 $1/3 \sim 1/2$。在每个适当的温度和压力下维持一定时间，直到固化完全。固化完毕，先冷却加热板，然后解除压力，取出制品。

阅读材料12-1

玻璃钢的应用

玻璃钢是一种复合材料。70%的玻璃纤维都用来制造玻璃钢。玻璃钢硬度高，比钢材轻得多。喷气式飞机上用玻璃钢制作油箱和管道，可减轻飞机的质量。登上月球的宇航员们身上背着的微型氧气瓶也是用玻璃钢制成的。玻璃钢加工容易，不锈不烂，不需要油漆。进入 21 世纪，随着手机通信的流行，玻璃钢因其良好的透波性而被广泛应用于制造 2G 和 3G 天线外罩；玻璃钢以其良好的可成型性能、外观的可美化性，起到了很好的小区美化作用。

玻璃钢还为提高体育运动的水平立下了汗马功劳。自从有撑竿跳高这项运动以来，男运动员使用木制撑竿创造的最高纪录是 3.05m。后来换成竹竿，1942 年该纪录提高到了 4.77m。竹竿的优点是质量轻且富有弹性；缺点是下端粗上端细，再要提高纪录有很大困难，于是人们用铝合金竿代替竹竿。铝合金竿虽然质量轻且牢固，但弹性不足，因此从 1942—1957 年，撑竿跳高的最高纪录仅提高了 1cm。自从玻璃钢竿出现以后，由于它质量轻且富于弹性，撑竿跳高纪录多次被破，如今已超过 6m。

【玻璃钢】

　　玻璃钢材料因其独特的性能优势，已在航空航天、铁道铁路、装饰建筑、家居家具、游艇泊船、体育用品、环卫工程等行业中广泛应用，并深受赞誉。同时，玻璃钢制品在性能、用途、使用寿命上远优于传统制品。

习　　题

　　1. 写出制备双酚 A 型环氧树脂的反应简式，说明原料双酚 A 和环氧氯丙烷的物质的量的比对环氧树脂分子量的影响。

　　2. 环氧树脂室温固化和高温固化一般用哪种固化剂？

　　3. 什么是压塑粉？什么是玻璃钢？什么是层压塑料？

　　4. 合成高分子量的环氧树脂的合成反应影响因素有哪些？

　　5. 固化剂的选择原则是什么？

　　6. 如何选择环氧树脂？

第 **13** 章
逐步加成聚合原理及 生产工艺

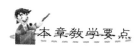

本章教学要点

知识要点	掌握程度	相关知识
聚氨酯的合成原理	了解合成聚氨酯的原料和有关化学反应	聚氨酯的合成原理，合成聚氨酯的原料，聚氨酯合成的有关化学反应
聚氨酯泡沫塑料的生产工艺	掌握聚氨酯泡沫的分类；了解聚氨酯泡沫塑料的生产工艺	聚氨酯泡沫塑料的组分及作用，聚氨酯泡沫塑料的生产工艺
聚氨酯涂料的生产工艺	了解聚氨酯涂料的生产工艺	聚氨酯涂料的生产工艺

导入案例

聚 氨 酯

聚氨酯（简称 PU）是由多异氰酸酯和聚醚多元醇或聚酯多元醇和/或小分子多元醇、多元胺或水等扩链剂或交联剂等原料制成的聚合物。通过改变原料种类及组成，可以大幅度地改变产品形态及性能，得到从柔软到坚硬的最终产品。聚氨酯制品（图 13.1）形态有软质、半硬质及硬质泡沫塑料、弹性体、油漆涂料、黏合剂、密封胶、合成革涂层树脂、弹性纤维等，广泛应用于汽车制造、冰箱制造、交通运输、土木建筑、鞋类、合成革、织物、机电、石油化工、矿山机械、航空、医疗、农业等领域。

图 13.1　聚氨酯制品

1937 年德国 Otto Bayer 教授首先发现多异氰酸酯与多元醇化合物加聚后可制得聚

氨酯，并以此为基础进入工业化应用。1945—1947 年，英国、美国等从德国获得聚氨酯树脂的制造技术，并于 1950 年相继开始工业化应用。1955 年日本从德国拜耳公司及美国杜邦公司引进聚氨酯工业化生产技术。20 世纪 50 年代末，我国聚氨酯工业开始起步，近年来发展较快。密胺聚氨酯俗称三聚氰胺泡沫，是由密胺树脂多元醇和氮磷复合膨胀型阻燃剂与异氰酸酯混合发泡制成的。

13.1 逐步加成聚合

某些单体分子官能团之间通过相互加成形成高聚物，但不析出小分子副产物；聚合物的分子量随聚合时间的延长而增大，聚合物与缩聚物结构类似，这种逐步聚合称为逐步加成聚合。

逐步加成聚合有如下几种。

（1）由二异氰酸酯与二元胺制备聚脲的反应。

$$n OCN—R—NCO + n H_2N—R'—NH_2 \longrightarrow$$

（2）由双环氧化物（二环氧化丁二烯、二甘油醚等）与双酚化物（双酚 A、双酚 F、对苯二酚等）制备环氧树脂的反应。

（3）狄尔斯-阿尔德（Diels-Alder）反应是双键间的逐步加成聚合反应。2-乙烯基-1,3-丁二烯与苯醌反应，先生成一种中间产物，然后自聚得到高聚物，产物为梯型高聚物。它们由两条独立的长碳链组成，两条长链间依靠价键或原子桥连接，成为梯型高聚物，具有独特的耐高温与耐氧化性能。

（4）某些烯类化合物的逐步加成聚合，如双烯烃与二硫醇的逐步加成聚合反应如下。

$$n CH_2=CH—R—CH=CH_2 + n HS—R'—SH \longrightarrow$$

$$[CH_2—CH_2—R—CH_2—CH_2—S—R'—S]_n$$

以上反应所得聚合物为聚硫橡胶，对有机溶剂与油脂相当稳定，适合制造电线、电缆的耐油套管与绝缘层、化工设备及贮槽的衬里等。

丙烯酰胺在催化剂作用下的逐步加成聚合反应如下。

$$n CH_2=CH-\overset{\overset{\textstyle O}{\|}}{C}-NH_2 \longrightarrow \left[CH_2-CH_2-\overset{\overset{\textstyle O}{\|}}{C}-NH \right]_n$$

以上反应所得聚丙烯酰胺的应用较广泛，主要在石油工业中用作压裂液、增稠剂、起油剂、阻水剂与堵漏剂；在造纸工业中用作增强剂；在自来水厂中用作水处理剂等。

（5）聚氨酯的合成反应是典型逐步加成聚合反应。

因为聚氨酯分子中有重复的强极性氨基甲酸酯基团，在大分子间存在氢键，所以聚合物具有高强度、耐磨、耐溶剂等特性；而且可通过改变端基化合物的结构、分子量等调节聚氨酯的性能，使之在塑料（特别是泡沫塑料）、橡胶、涂料、黏合剂、合成纤维等领域有广泛应用。在逐步加成聚合物中，聚氨酯不仅品种最多，而且产量最大，用途最广。由二异氰酸酯和二元醇合成聚氨酯的反应如下。

$$nO=C=N-R-N=C=O + nHO-R'-OH$$
$$OCN-R-NHCO \left[O-R'-O-CONH-R-NHCO \right]_{n-1} O-R'-OH$$

13.2 聚氨酯的合成原理

工业生产的高聚物主要是加聚高聚物和缩聚高聚物。加聚高聚物包括 α-烯烃聚合物、乙烯基聚合物、二烯烃类聚合物等。缩聚高聚物包括聚酯、聚氨酯类、有机硅聚合物、酚醛树脂、环氧树脂等。

【聚氨酯】

13.2.1 合成聚氨酯的原料

异氰酸酯化合物中的—N=C=O 基团是一个高度不饱和的基团，其化学性能十分活泼，能与任何一种含有活泼氢原子的化合物反应，甚至能与一些含有极不活泼氢原子（即不易被钠取代）的化合物反应。如今工业生产的聚氨酯树脂主要是由多元异氰酸酯和多元醇反应合成的。

1. 二异氰酸酯

二异氰酸酯中使用最广、耗量最大的是甲苯二异氰酸酯（toluene diisocyanate，TDI）。若以甲苯为原料，先经过二硝化还原成二胺，随后经光气化反应而制得甲苯二异氰酸酯，其有两种异构体：甲苯-2,4-二异氰酸酯和甲苯-2,6-二异氰酸酯。

工业上最重要的二异氰酸酯是甲苯二异氰酸酯，其有三种规格：纯的甲苯-2,4-二异氰酸酯（即 TDI100）、甲苯-2,4-二异氰酸（2,4 体）/甲苯-2,6 二异氰酸酯（2,6 体）=80：20（即 TDI80）和甲苯-2,4-二异氰酸（2,4 体）/甲苯-2,6 二异氰酸酯（2,6 体）=65：35（即 TDI65）。这三种规格的甲苯二异氰酸酯是由甲苯二胺通过不同制法分别制得的。

2. 多元醇化合物

聚氨酯有两类：聚醚型聚氨酯和聚酯型聚氨酯。以二异氰酸酯和聚醚多元醇为原料制备的聚氨酯称为聚醚型聚氨酯；以二异氰酸酯和聚酯多元醇为原料制备的聚氨酯称为聚酯型聚氨酯。

多元醇化合物是合成聚氨酯的另一个主要原料，分子中含有两个或两个以上羟基。它们可以是一般的低分子多元醇，但更常用的是分子量为数百至数千、含有羟基的脂肪族聚醚（或聚酯）多元醇。

（1）聚醚多元醇。

聚醚多元醇品种很多，常用的是由单体环氧乙烷、环氧丙烷或四氢呋喃开环聚合而成的。工业生产中是在碱性催化剂——氢氧化钾和醇（或胺）等引发下进行聚合反应的。例如：

$$(CH_2)_4 \begin{matrix} OH \\ \\ OH \end{matrix} + (n_1+n_2) H_2C \underset{O}{-} CH_2 \longrightarrow (CH_2)_4 \begin{matrix} [OCH_2CH_2]_{n_1}-OH \\ \\ [OCH_2CH_2]_{n_2}-OH \end{matrix}$$

反应中，聚醚多元醇分子中的端羟基数与起始剂醇分子中的羟基数（或胺分子中的活泼氢原子数）相等。此外，一个起始剂分子产生一个聚醚多元醇大分子。当消耗相同分子量的单体时，加入的起始剂越多，生成的聚醚多元醇大分子越多，获得的聚醚多元醇的分子量越低。所以只要选定起始剂的结构及用量，就可控制和调节聚醚多元醇的端羟基数及分子量。

常见聚醚多元醇中用量最大的是聚氧化丙烯三元醇（环氧化烷单体-三元醇合成的聚醚三元醇），分子量约为3000，羟值为56。若采用官能度较高的起始剂，可得到多官能度聚醚，从而可制成尺寸稳定性好、强度高、耐温性好、高负荷的泡沫塑料。

（2）聚酯多元醇。

含有端羟基的聚酯多元醇通常由二元酸与过量的多元醇反应得到，它们的分子量一般较低，为1000~3000；也可由内酯（如己内酯）开环聚合得到。线型结构的聚酯二醇由过量的二元醇与二酸反应得到；也可用混合二元醇与二元酸反应，以调节聚酯多元醇的链结构，改变与控制最终聚氨酯材料的性能。常用聚酯多元醇的组成与用途见表13-1。

表13-1 常用聚酯多元醇的组成与用途

组 成	用 途
己二酸，二元醇	软泡沫塑料、黏合剂、弹性体、纤维
己二酸，二元醇，三元醇	软泡沫塑料、弹性体、合成革
己二酸，苯二甲酸，三元醇	硬泡沫塑料、涂料
己二酸，苯二甲酸，二元醇、三元醇	硬泡沫塑料、软泡沫塑料、合成革
苯二甲酸，二元醇、三元醇	涂料
己内酯，二元醇	软泡沫塑料、合成革、弹性体
己内酯，季戊四醇	硬泡沫塑料

3. 聚醚多元醇与聚酯多元醇的比较

聚醚多元醇与聚酯多元醇的比较见表13-2。

表 13-2　聚醚多元醇与聚酯多元醇的比较

类　　型	聚醚多元醇	聚酯多元醇
发展特点	以石油化工为基础发展	在煤化学基础上发展
结构	含有—O—醚键，主链柔软	分子主链中含 $-\overset{\overset{\textstyle O}{\textstyle \|}}{C}-O-$ 基团，极性大
制得聚氨酯材料的性能	制品较柔软，水解性、回弹性及耐低温性较好，机械强度、氧化稳定性较差	耐温性、耐磨性及耐油性较好，机械强度较高，耐低温性、水解性差
合成工艺及原料	合成工艺复杂，原料来源丰富，成本低	合成工艺较复杂，原料不充分，价格高昂
应用范围	大量用于聚氨酯泡沫塑料	在聚氨酯合成革、橡胶及鞋类制品中应用较广

13.2.2　聚氨酯合成的有关化学反应

聚氨酯合成的化学反应包括初级反应和次级反应。

【聚氨酯合成的原料】

1. 初级反应

初级反应包括预聚反应和扩链反应。

（1）预聚反应。

预聚反应是指端羟基聚合物和过量的二元异氰酸酯通过逐步加成聚合生成含有异氰酸基端基（—NCO）的加成物（预聚体）的反应，反应简式如下。

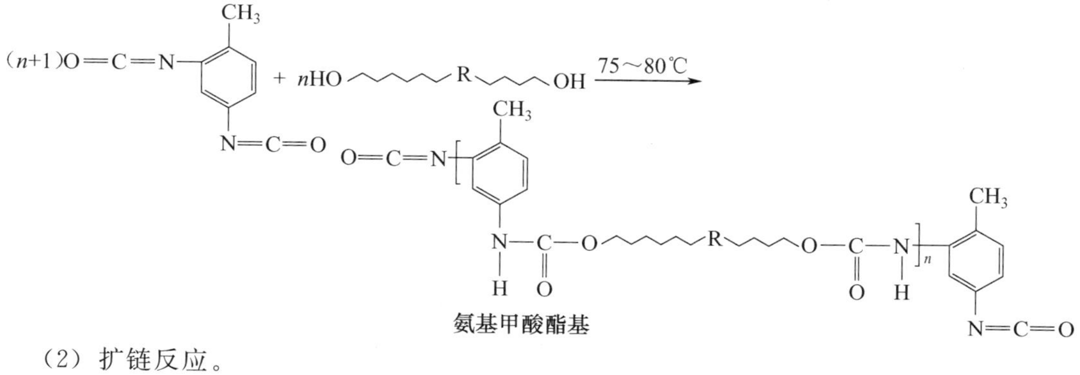

氨基甲酸酯基

（2）扩链反应。

预聚体与含有活泼氢的化合物（常用的有水、胺类、肼类和联苯胺类）反应生成取代脲基，使分子量增大。扩链反应只与预聚体的端基有关，反应简式如下。

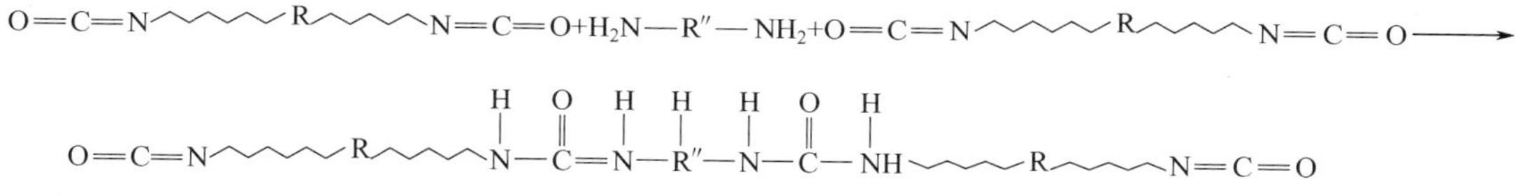

取代脲基

2. 次级反应

次级反应包括生成脲基甲酸酯基的反应和生成缩二脲基的反应。

(1) 生成脲基甲酸酯基的反应。

体系中存在的过量—NCO端基与主链上的氨基甲酸酯基—NHCOO—反应生成脲基甲酸酯基而交联，反应简式如下。

$$\text{（化学反应式）}$$

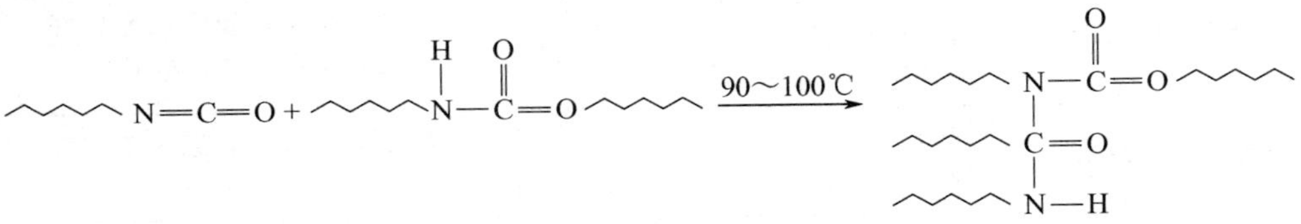

脲基甲酸酯基

(2) 生成缩二脲基的反应。

体系中存在的过量—NCO端基与扩链反应中生成的取代脲基反应生成缩二脲基而交联，反应简式如下。

$$\text{（化学反应式）}$$

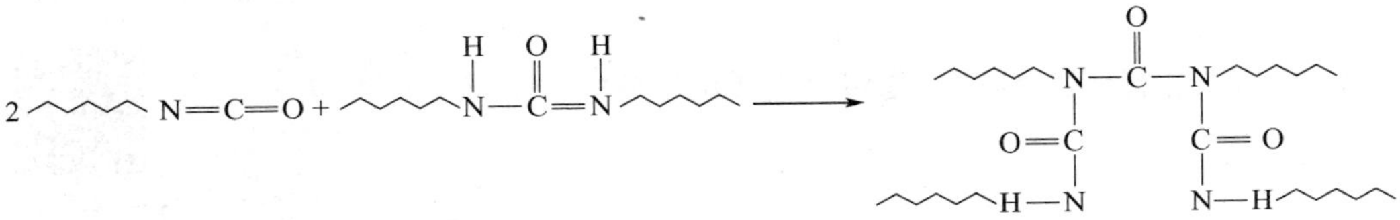

缩二脲基

通过次级反应，聚合物的分子结构由线型结构变为体型结构，因此次级反应就是固化反应。

由以上情况可知，合成聚氨酯的反应是比较复杂的。反应条件不同，二异氰酸酯的种类不同，二异氰酸酯与端羟基化合物的比例不同，端羟基化合物的种类及分子量不同，聚氨酯的结构就不同。因此，聚氨酯的结构很难用一个确切的结构式表示，但其大分子结构中必定有氨基甲酸酯基、酯基或醚键、异氰酸酯端基、取代脲基、脲基甲酸酯基和缩二脲基。由于聚氨酯大分子中含有的上述基团都是强极性基团，而且大分子中有聚醚链段或聚酯链段，因此聚氨酯具有较高的机械强度和较强的氧化稳定性，同时具有较强的柔曲性和回弹性，并且具有优良的耐油性、耐溶剂性和耐水性，因此用途广泛。

13.3 聚氨酯泡沫塑料的生产工艺

泡沫塑料是以合成树脂为基材制成的内部有无数微孔的塑料。聚氨酯泡沫塑料是聚氨酯树脂中的主要品种，占总量的80%左右。聚氨酯泡沫塑料密度小、强度较高、导热系数小、耐油、耐寒、防振、隔音，具有广泛的用途。

13.3.1 聚氨酯泡沫塑料简介

1. 聚氨酯泡沫塑料的种类

（1）软质泡沫塑料、半硬质泡沫塑料和硬质泡沫塑料。

聚氨酯泡沫塑料可分为软质泡沫塑料、半硬质泡沫塑料和硬质泡沫塑料三类。分子量的差别实际上反映了泡沫塑料体型结构大分子中交联点间分子量 M_c 值。M_c 值越小，交联密度越大，则泡沫塑料制品的硬度及机械强度等越高，但柔顺性、回弹性及伸长率也就越差。M_c 值为 2000～4000 甚至 4500～6000 时，软链段所占的比率大，其性能柔软，回弹性优良，这种泡沫塑料为软质泡沫塑料。若端羟基聚合物（聚酯或聚醚）的分子量中等，如为 700～2500，同时加有交联剂多元醇，其质地较硬，则这种泡沫塑料为半硬质泡沫塑料。若端羟基聚合物（聚酯或聚醚）的分子量较低，如为 400～700，其质地很硬，则这种泡沫塑料为硬质泡沫塑料。

（2）开孔泡沫塑料和闭孔泡沫塑料。

根据孔结构的不同，聚氨酯泡沫塑料可分为开孔泡沫塑料和闭孔泡沫塑料。若泡沫塑料中的微孔是互相连通的，则称为开孔泡沫塑料；若泡沫塑料中的微孔不是互相连通的，则称为闭孔泡沫塑料。前者具有良好的吸音性能和缓冲性能，后者具有较低的导热性能和吸水性能。

软质泡沫塑料、半硬质泡沫塑料的模塑制品中，若闭孔结构过多，则会引起收缩。为此，需添加适量的直链烃或脂环烃，如聚丙烯、聚丁二烯、液体石蜡等，以增加开孔结构。这类添加物称为开孔剂。

2. 聚氨酯泡沫塑料的性能和应用

硬质泡沫塑料硬度高、机械强度高，隔热性能和隔音性能优良，但柔性、回弹性及伸长率低，密度超过 0.03g/cm^3，主要用作绝热、隔音和保温材料，用玻璃纤维作为聚氨酯泡沫塑料的增强材料可制成一种理想的合成木材。软质泡沫塑料的性能与硬质泡沫塑料的相反，其密度为 $0.03\sim0.04\text{g/cm}^3$，主要用于制作衬垫、地毯及汽车、火车、飞机的坐垫等。半硬质泡沫塑料的性能介于硬质泡沫塑料和软质泡沫塑料之间，具有吸收冲击能的作用，主要用作减振材料，大量用于汽车、飞机等方面，也可用作密封材料和能量吸收材料。

13.3.2 聚氨酯泡沫塑料的组分及其作用

1. 二异氰酸酯

常用的二异氰酸酯有甲苯二异氰酸酯、异氰酸酯、二苯基甲烷二异氰酸酯和多苯基多亚甲基多异氰酸酯（PAPI）。甲苯二异氰酸酯的三种规格（TDI 100、TDI 80、TDI 65）中，TDI 100、TDI 80 的发泡速度和固化反应较快，泡沫塑料趋于闭孔结构。

2. 端羟基聚合物（聚酯或聚醚）

制造软质泡沫塑料时宜采用分子量较高，即羟值较低（54～55mg/g）的聚酯或聚醚，其为线型结构或略带支链结构的低聚体。制造硬质的泡沫塑料宜采用分子量较低，即羟值较高（350～780mg/g）的聚酯或聚醚，其为线型结构的低聚体。

3. 扩链剂

扩链剂是聚氨酯树脂生产中仅次于异氰酸酯和多元醇的重要原料之一。它们与预聚体反应，使分子链扩展，并在聚氨酯大分子链中成为硬段。常见的扩链剂是含活泼氢的化合物，可分为两大类：二元醇类和二元胺类。

二元醇类一般为低分子量的脂肪族和芳香族的二元醇，如乙二醇、1,4-丁二醇、三羟甲基丙烷、对苯二酚二羟乙基醚等。还有一些含叔氮原子的芳香二醇，如N,N-双羟乙基苯胺。常用的二元胺类是芳香族胺类，如联苯胺、3,3′-二氯联苯-4,4′二胺、3,3′-二氯-4,4′-二氨基二苯基甲烷（MOCA）等。其中3,3′-二氯-4,4′-二氨基二苯基甲烷是合成聚氨酯橡胶时的重要扩链剂；也有使用混合胺类的，如间苯二胺和异丙基苯二胺混合物。如今认为3,3′-二氯-4,4′-二氨基二苯基甲烷有致癌作用，已研究合成出许多新型无毒的二胺类扩链剂。

4. 催化剂

常用的催化剂有脂肪族及芳香族叔胺类化合物和有机锡类化合物。这两类化合物均能提高异氰酸酯基与羟基或异氰酸酯基与水反应生成CO_2的速度。但胺类催化剂主要是加快异氰酸酯基与水反应生成CO_2的速度；而有机锡类化合物主要是提高异氰酸酯基与羟基的预聚反应速率，以及提高链增长反应速率。在生产中常常同时使用多种催化剂，以得到协同效应，其用量为端羟基化合物质量的0.1%～0.5%。

常用的胺类催化剂有N,N-二甲基苯胺、N-甲基吗啉、三乙胺、三乙烯四胺等。常用的有机锡类催化剂有二月桂酸二丁基锡、辛酸亚锡等。

5. 发泡剂

常用的发泡剂有水和低沸点的卤代烃。

（1）水的发泡机理。

水的发泡机理如下：水与—NCO端基反应生成取代脲基而使大分子链增加，在进行扩链反应的同时生成CO_2。生成的CO_2使体积膨胀，而扩链反应使聚合物分子量增大，体系的黏度增大，生成的CO_2来不及溢出而被包裹在体系中，从而产生气泡。反应简式如下。

$$\sim\!\!\sim\!\!N\!=\!C\!=\!O + H\!-\!O\!-\!H + O\!=\!C\!=\!N\!\sim\!\!\sim \longrightarrow \sim\!\!\sim\!\!\underset{H}{N}\!-\!\underset{O}{C}\!-\!\underset{H}{N}\!\sim\!\!\sim + CO_2\!\uparrow$$

（2）低沸点的卤代烃的发泡机理。

低沸点的卤代烃发泡是一种物理方法。在聚合过程中，低沸点的卤代烃吸收热量变为气体，从而使聚合物发泡，在生产绝缘的硬质泡沫塑料过程中常采用这种发泡剂。常用的低沸点的卤代烃有三氟氯甲烷（沸点为23.8℃）、二氟二氯甲烷（沸点为−28℃）等，其用量为端羟基化合物质量的35%～45%。

6. 泡沫稳定剂

泡沫稳定剂的作用是减小表面张力，使发泡过程稳定，调整微孔的尺寸，提高孔壁的强度，防止泡沫崩塌，有利于得到均匀的微孔泡沫塑料。聚氨酯工业发展初期采用长链脂肪酸盐、磺酸盐及一些非离子型表面活性剂；1958 年合成了效果极佳的有机硅泡沫稳定剂，可分为 Si—O—C 型和 Si—C 型，其用量为端羟基化合物质量的 1%～3%。

7. 其他辅助原料

软质泡沫塑料、半硬质泡沫塑料的模塑制品中，若闭孔结构过多，则会引起收缩。为此，需添加适量的开孔剂。为了改善泡沫塑料的耐老化性能，需加入防老剂，如 2,6 - 二叔丁基对甲酚。为了使泡沫塑料具有所需的色泽，需加入着色剂。为了使泡沫塑料有自熄性，需加入阻燃剂（磷酸酯或含磷的聚醚树脂等）。

13.3.3　聚氨酯泡沫塑料的生产工艺

聚氨酯泡沫塑料的生产工艺常按化学反应的程序或产品形状、用途及操作方式来区分。

1. 根据化学反应的程序区分

根据化学反应的程序，聚氨酯泡沫塑料生产工艺可分为一步法和二步法。

（1）一步法。

一步法是按适当的配方把原料（二异氰酸酯）、端羟基化合物、发泡剂、催化剂、泡沫稳定剂等组分一次加入发泡机混合头进行发泡，经辊压、熟化和切片后成为成品。

（2）二步法。

通常二步法又分为预聚法和半预聚法。半预聚法多适用于生产硬质泡沫塑料。预聚法和半预聚法生产聚氨酯泡沫塑料的工艺流程分别如图 13.2 和图 13.3 所示。

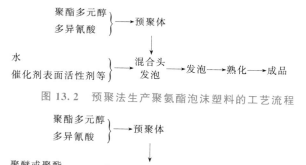

图 13.2　预聚法生产聚氨酯泡沫塑料的工艺流程

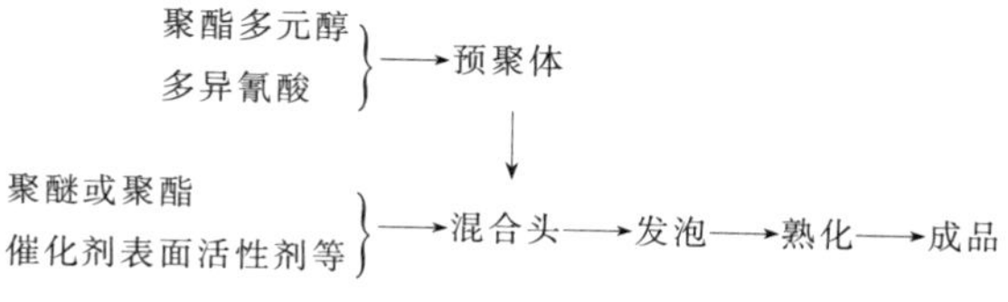

图 13.3　半预聚法生产聚氨酯泡沫塑料的工艺流程

（3）一步法与二步法的比较。

一步法的优点是工序少，能量消耗少，生产效率高，设备简单；缺点是需要高效的泡沫稳定剂及催化剂、精密的计量设备，工艺难度大，不易控制。二步法与一步法相比，其

主要优点是由于生成预聚体时已放出一部分反应热，因此后面阶段反应时放热少，温度低，反应过程较易控制，泡沫稳定，成品率高，而且使异氰酸酯逸出造成公害的程度降低；缺点是所用设备比一步法的多，生产周期较长，此外，预聚体黏度大，连续操作时不如一步法便利。一步法一般用于软质泡沫塑料的生产；二步法主要用于半硬质泡沫塑料和硬质泡沫塑料的生产。

2. 根据产品形状、用途及操作方式区分

根据产品形状、用途及操作方式，聚氨酯泡沫塑料生产工艺可分为块状法、喷涂法、浇注法及反应注射模塑（reaction injection moulding，RIM）。

（1）块状法。

将各种原料和助剂用计量泵按比例分别送到具有高速搅拌的、不断往复移动的发泡机混合器中，经剧烈搅拌后的混合物不断从混合器的底部排出并被传送带接收，传送带衬有纸张，排出物即在传送带上发泡，经过烘道时发泡逐渐完全，最后形成大块的泡沫体。剥去纸张，对其进行辊压和熟化，所得块状体用切片机切成所需的规格。块状法的关键是计量泵和混合头，计量泵要能长时间稳定、准确地输送物料；混合头要能在很短时间内使所有物料均匀混合。

（2）喷涂法。

喷涂法是借压力在喷枪内混合各种物料，并喷涂于制品表面而发泡的方法。这种方法的特点是适合现场发泡，由于聚氨酯的黏结力强、绝缘性能好，因此广泛用于建筑、化工、设备、汽车等的绝缘、保温和隔音材料。

（3）浇注法。

浇注法是将混合好的物料定量地注入涂有脱模剂（如硅油）的各种金属模具内进行发泡。物料在模具内一定温度下（120～140℃）预熟化一定时间（20～30min），然后脱模，最后经过熟化得到产品。

（4）反应注射模塑。

反应注射模塑适用于各种泡沫塑料以及非泡沫塑料的成型。

反应注射模塑技术中，原料在氮气压力下贮藏，在 10～20Pa 压力下用计量泵喷射物料并瞬时混合，注入模具反应和固化，模具温度为 50～75℃，从注入到脱模共需 30～120s。

原料（二异氰酸酯）常为甲苯二异氰酸酯或二苯基甲烷二异氰酸酯，而使用的聚醚多元醇是高活性的，即伯羟基含量较高，分子量为 3000～6000。还需加入低分子量的二元醇或三元醇作为扩链剂。为了加速反应，需用高效混合催化剂。如今又发展出玻璃纤维、碳素纤维等作为增强剂的增强反应注射模塑（reinforced reaction injection moulding，RRIM），由此制得的产品的强度可与钢板的强度相媲美。

总之，反应注射模塑的优点是反应快速，模具压力小，不需要加热熟化，生产周期短，制品形状可为复杂、薄壁和大型的。它适用于聚氨酯软质泡沫塑料、半硬质泡沫塑料和硬质泡沫塑料制品，如汽车的仪表板、缓冲护板；整皮模塑结构制品，如电子计算机、电视机等的材料。

13.4　聚氨酯涂料的生产工艺

聚氨酯涂料品种繁多，聚氨酯大分子含有许多强极性基团，其结构组成可以随意调节，又可利用化学方法引入油脂的不饱和双键，近年来在品种和数量上都有显著的增长。

1. 聚氨酯涂料的优点

（1）合成时大分子的化学组成、结构和使用时的配方均可调节，以获得所需涂膜的性能。

（2）耐腐蚀性优良，耐酸、耐碱、耐油、耐化学药品。

（3）耐磨性好，黏结性强，可耐低温（至−40℃）。

（4）可在室温、加热或0℃下固化，即施工的温度范围较广。

（5）电性能优良，装饰性和保护性好。

（6）与其他树脂的互溶性好，易配成性能不同的涂料。

2. 聚氨酯涂料生产中应注意的问题

（1）制备聚氨酯涂料时，所用的原料及预聚物中不能含水，否则将在涂料罐中产生CO_2而出现鼓泡现象，使涂膜产生小泡，严重时产生凝胶而不能使用。

（2）异氰酸酯—NCO端基中有两个非常活泼的双键，它与端羟基化合物的反应是放热反应，因此，制涂料时要注意加料速度并用夹套冷却。聚合温度控制在100℃以下，防止发生次级反应。

（3）包装聚氨酯时，根据使用时的固化反应条件分为单包装和双包装。由于聚氨酯涂料中的改性油涂料、吸湿固化型、封闭型聚氨酯涂料等在空气中或高温下即能固化，因此采用单包装。而羟基固化型聚氨酯涂料及预聚物催化固化型聚氨酯涂料采用双包装，使用时将两组分按比例混合均匀即可。

3. 聚氨酯涂料的生产

（1）封闭型聚氨酯涂料的生产（烘漆，单包装）。

封闭型聚氨酯涂料是指将二异氰酸酯或预聚物上的—NCO基团用某种含有活泼氢的化合物（如苯酚）暂时封闭起来，然后与端羟基聚酯或聚醚等配合，两组分在室温下不起反应，可以单包装。使用时将涂膜烘烤至150℃，苯酚（沸点为120～130℃）挥发逸出，重新释放出—NCO，便能与端羟基聚酯或聚醚的—OH反应，形成聚氨酯涂膜。

芳香族聚氨酯涂料中采用的封闭剂主要是苯酚和甲酚，脂肪族聚氨酯涂料中采用的封闭剂主要是乳酸乙酯，用得最多的是苯酚。封闭型聚氨酯涂料具有优良的电绝缘性能、耐水性能、耐溶剂性能和机械性能，主要用作电绝缘涂料。

实例：用3mol的甲苯二异氰酸酯与1mol的三羟甲基丙烷反应，再以3mol的苯酚或甲酚做封闭剂，制成封闭型聚氨酯涂料。该产物是固体，软化点为120～130℃，含有12%～13%的有效的—NCO，有关反应如下。

（2）聚氨酯改性油涂料的生产（单包装）。

聚氨酯改性油涂料简称氨酯油。常见的干性油（如大豆油、亚麻油等）与多元醇（如甘油）进行酯交换反应，生成羟基化合物（如甘油二酸酯），加入钴、锰等催化剂，与二元异氰酸酯反应制得氨酯油。

干性油与甘油按 0.48∶1（物质的量的比）进行酯交换后，得到干性油单甘油酯和干性油双甘油酯，R 为不饱和双键油脂。

以干性油双甘油酯与二异氰酸酯的反应为例，合成聚氨酯改性油涂料的有关化学反应如下。

生产聚氨酯改性油涂料时，要求 $n(\text{—NCO}) : n(\text{—OH}) < 1$，通常为 0.9 或略高一些，即—NCO 不能过量，这样产物中便不含游离的—NCO，贮存稳定性好。聚氨酯改性油涂料的固化原理是其中含有 R'，且含有共轭双键和次甲基—CH$_2$—，次甲基—CH$_2$—上的氢原子受共轭双键的影响非常活泼，受到空气中氧的作用而固化。固化反应如下。

通过上述反应生成各种链自由基，链自由基相互结合，发生支化与交联反应（①、②）。

聚氨酯改性油涂料的主要特点是干燥速度快，即固化速度快，又由于分子链中有氨基甲酸酯基，因此耐油性和耐磨性增强，适用于室内木材和水泥表面的涂覆，也可作为防腐涂料；但其流平性较差，涂膜易变黄，有色涂料易粉化。

（3）吸湿固化型聚氨酯涂料的生产（单包装）。

吸湿固化型聚氨酯涂料是一种含—NCO 端基的预聚物。合成时调节异氰酸指数 R，即 $n(\text{—NCO}) : n(\text{—OH}) = 1.2 \sim 1.8$，利用扩链反应制取两端带有—NCO 基团且分子量足够大的预聚体，再将预聚体混入溶剂及抗氧剂等。这种涂料涂膜后，利用预聚体含有的—NCO 基团吸收空气中的水分，生成脲键而固化。该预聚物在空气中吸收空气中的水而固化，其固化反应如下。

在固化的同时生成 CO_2，但因室温温度较低、反应速率小，生成的 CO_2 能从涂膜中逐渐扩散出去，不会产生气泡。吸湿固化型聚氨酯涂料的优点是性能良好、使用方便，它不像双组分涂料需现场调配；缺点是其固化速度受环境湿度及温度的影响很大。

（4）催化固化型聚氨酯涂料（双包装）。

催化固化型聚氨酯涂料的一个组分是端基为—NCO 的预聚体，另一个组分是催化剂，醇胺作催化剂，叔胺起催化作用，羟基结合进漆膜。这种涂料与吸湿固化型聚氨酯涂料相似，但采用双包装。甲组分为端羟基聚酯或聚醚与过量的二异氰酸酯形成的预聚物（合成时取异氰酸指数 $R=2$）；乙组分为催化剂，常用的催化剂为环烷酸铝、钴、二甲基乙醇胺等。使用时将两组分混合，在催化剂作用下，预聚物中的—NCO 与空气中的水反应。这种涂料比吸湿固化型聚氨酯涂料干燥速度快，施工时可不必考虑环境湿度，主要用于混凝土和木材表面，作为木质地板涂料。

（5）羟基固化型聚氨酯涂料。

羟基固化型聚氨酯涂料也有两个组分，工业品包装上称为甲组分和乙组分。甲组分为异氰酸酯化合物，乙组分为聚醚或聚酯多元醇。施工时按一定比例混合两组分后涂布，两种基团相互反应，形成聚氨酯漆膜。要求甲组分易与乙组分或其他树脂混溶，且不易挥发，所以不直接采用甲苯二异氰酸酯而采用甲苯二异氰酸酯与三羟甲基丙烷的加成物、甲苯二异氰酸酯的三聚体、二异氰酸酯缩二脲等。乙组分除了采用前面介绍的聚醚或聚酯多元醇外，还可采用环氧树脂、蓖麻油或丙烯酸树脂。

（6）聚氨酯弹性涂料。

聚氨酯弹性涂料是以长链低支化度聚酯（或长链预聚体）为原料而制成的。这种涂料在常温下具有高弹态伸长率（300%～600%），适合做纺织品的涂层。

4. 聚氨酯涂料的应用

聚氨酯清漆与色漆常用于涂装木材表面，如高级木器、乐器、运动器材等，还可用于汽车、飞机、建筑物等。聚氨酯沥青漆可用作船舶水下部分金属的底漆，也可用于水利工程、油罐等。聚氨酯弹性涂料特别适用于纺织品、皮革、泡沫塑料及橡胶的表面。

13.5　聚氨酯黏合剂的生产工艺

聚氨酯黏合剂的种类很多，按化学结构与组成可分为多异氰酸酯黏合剂、聚氨酯预聚体黏合剂和聚氨酯树脂黏合剂。

以多异氰酸酯黏合剂为例来说明聚氨酯黏合剂的生产工艺，其反应式如下。

$$R-NCO \xrightarrow{H_2O} R-NH-\overset{\overset{\displaystyle O}{\|}}{C}-NH-R \xrightarrow{2O=Me} O=C \begin{array}{c} N-H\cdots O=Me \\ \\ N-H\cdots O=Me \end{array}$$

聚氨酯黏合剂分子中含有许多强极性基团，黏结性强，几乎能黏合所有材料。聚氨酯黏合剂的组成、结构及使用配方较易调节，由此可方便地改变其性能，以适应不同材料黏合的需要。因聚氨酯黏合剂可在室温下固化，也可加热固化，故黏合工艺很方便。除了黏结强度较高外，还具有较好的耐油、耐臭氧、耐化学药品、耐低温等性能。

13.6 聚氨酯橡胶

聚氨酯橡胶也称聚氨酯弹性体，既有热塑性又有弹性，是介于塑料与橡胶之间的一种高分子材料。其除了具有弹性外，还具有良好的耐磨性、耐油性、耐高低温性及优异的耐老化性，是一种特种橡胶。其线型主链的分子量为 $3 \times 10^4 \sim 5 \times 10^4$，而交联点之间的分子量 Mc 为 $3000 \sim 8000$。

1. 聚氨酯橡胶的分类

聚氨酯橡胶的分类如图 13.4 所示。

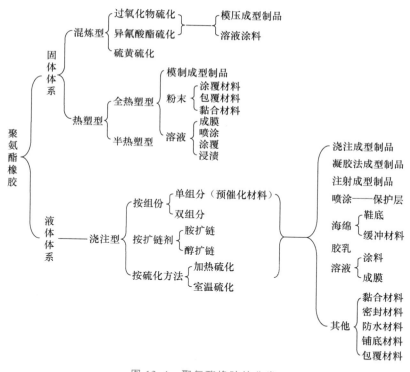

图 13.4　聚氨酯橡胶的分类

2. 聚氨酯橡胶的生产工艺

聚氨酯橡胶的生产工艺与聚氨酯泡沫塑料的相同，按化学反应操作过程分为一步法和两步法，按加工的方法分为混炼型、浇注型及热塑型。

（1）混炼型聚氨酯橡胶的生产工艺。

工业生产中混炼型聚氨酯橡胶主要采用两步法生产，聚醚（或聚酯）多元醇与过量的

异氰酸酯反应，生成两端皆带有—NCO基团的预聚体（生胶），然后加入扩链剂、硫化剂、增强剂及其他助剂，经炼胶机混炼，最后在高温下固化（即交联）。

（2）浇注型聚氨酯橡胶的生产工艺。

浇注型聚氨酯橡胶，俗称液体橡胶，是将液体状的原料混合物注入模具，经加热、熟化、交联后制得的。

浇注型聚氨酯橡胶的生产工艺可分为一步法和两步法，如图13.5所示。

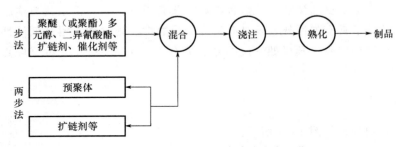

图 13.5　浇注型聚氨酯橡胶的生产工艺

（3）热塑型聚氨酯橡胶的生产工艺。

热塑型聚氨酯橡胶分为两类：一类是完全不含一级交联键的可溶性聚氨酯，称为全塑型橡胶；另一类是轻度交联而保持热塑性的聚氨酯，称为半热塑型橡胶。其生产工艺也分为一步法和两步法。

聚氨酯橡胶具有很好的抗拉强度、抗撕裂强度、耐冲击性、耐磨性、耐候性、耐水解性、耐油性等，主要用作涂覆材料（如软管、垫圈、轮带、辊筒、齿轮、管道等的涂层），绝缘体，鞋底，实心轮胎等。

13.7　其他聚氨酯材料

1. 聚氨酯弹性纤维

聚氨酯弹性纤维是由非结晶性、低熔点的聚合物软段与高结晶性、高熔点的聚合物硬段形成的嵌段共聚物，再经纺丝而制成的纤维。聚氨酯弹性纤维主要用于日常生活的织物中，如用于妇女内衣、袜类、运动服、装饰布及织带类生活用品；工业中可用于制造小型传送带、医药上的弹性绷带和手术缝线等。其具有耐磨、耐化学药品和耐溶剂的特性，也可用于制造劳保用纺织品及航天服。

2. 聚氨酯弹性体医用材料

聚氨酯弹性体具有优异的生物相容性和血不凝性，因此可用作人造假肢、人造牙齿、人造血管、人造肾、人造脑壳、人造心脏、人造尿道和避孕材料等。在医疗卫生器材方面，聚氨酯弹性体可用于制造目镜导管、心脏起搏器及皮下埋衬等。

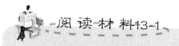

阅读材料13-1

防 水 涂 料

【聚氨酯防水涂料】

聚氨酯防水涂料是由异氰酸酯、聚醚等经加成聚合反应而成的含异氰酸酯基的预聚体，配以催化剂、无水助剂、无水填充剂、溶剂等，经混合等工序加工制成。这种涂料为反应固化（湿气固化）型涂料，具有强度高、延伸率大、耐水性能好、对基层变形的适应能力强等特点。聚氨酯防水涂料是一种液态施工的单组分环保型防水涂料，以进口聚氨酯预聚体为基本成分，不含焦油和沥青等添加剂。聚氨酯防水涂料施工现场如图13.6所示。

丙烯酸酯防水涂料是以纯丙烯酸酯共聚物或纯丙酸酯乳液，加入适量优质填料、助剂配置而成的，属合成树脂类单组分防水涂料。其具有优良的耐候性、耐热性和耐紫外线性，在－30～80℃性能基本无变化，延伸性好，能适应基面一定幅度的开裂变形。

图13.6 聚氨酯防水涂料施工现场

JS复合防水涂料是吸取了国外先进技术后，我国研发的新型防水涂料，是由有机液料和无机粉料复合而成的防水涂料，能在潮湿或干燥的多种材料基面上直接施工，低温下不龟裂，高温下不流淌，尤其适用于道路桥梁防水，是一种既具有有机材料弹性高又具有无机材料耐久性好等优点的防水涂料。

水泥基渗透结晶型防水涂料是由硅酸盐水泥、石英砂、特种活性化学物质等组成的防水涂料。其具有独特的呼吸、防腐、耐老化、保护钢筋能力，与其他材料的兼容性极好；也可在混凝土浇筑时加入，与水泥同步使用。在水的引导下，以水为载体，借助强有力的渗透性，在混凝土微孔及毛细管中进行传输、充盈、发生物化反应，形成不溶于水的枝蔓状结晶体。结晶体与混凝土结构结合成封闭式的防水层整体，堵截来自任何方向的水流及其他液体浸蚀。

习　题

1. 什么是逐步加成聚合？逐步加成聚合物有哪几种？
2. 什么是聚氨酯？合成聚氨酯的原料有哪些？
3. 聚氨酯泡沫塑料的生产工艺中，一步法与两步法有哪些差异？
4. 合成聚氨酯塑料的组分有哪些？各有什么作用？
5. 聚氨酯涂料有哪些优点？合成聚氨酯涂料时应注意哪些问题？
6. 聚氨酯黏合剂有哪些用途？
7. 聚氨酯橡胶有哪几种？各有什么应用？

参 考 文 献

贺英，2013. 高分子合成和成型加工工艺［M］. 北京：化学工业出版社.

焦书科，周彦豪，等，2008. 橡胶弹性物理及合成化学［M］. 北京：中国石化出版社.

解一军，杨宇婴，习峥辉，等，2016. 化工产品手册：溶剂［M］. 6 版. 北京：化学工业出版社.

李克友，张菊华，向福如，1999. 高分子合成原理及工艺学［M］. 北京：科学出版社.

李杨，2015. 聚苯乙烯树脂及其应用［M］. 北京：化学工业出版社.

李志松，王少青，2012. 聚氯乙烯生产技术［M］. 北京：化学工业出版社.

刘大华，龚光碧，刘吉平，2011. 乳液聚合丁苯橡胶（第 5 分册）［M］. 北京：中国石化出版社.

刘国杰，2015. 醇酸树脂涂料［M］. 北京：化学工业出版社.

娄春华，樊丽权，王雅珍，等，2013. 高分子科学导论［M］. 哈尔滨：哈尔滨工业大学出版社.

潘祖仁，翁志学，黄志明，2001. 悬浮聚合［M］. 北京：化学工业出版社.

盛茂桂，邓桂琴，2001. 新型聚氨酯树脂涂料生产技术与应用［M］. 广州：广东科技出版社.

田铁牛，2009. 有机合成单元过程［M］. 北京：化学工业出版社.

童忠良，陈海涛，欧玉春，2016. 化工产品手册：树脂与塑料［M］. 6 版. 北京：化学工业出版社.

王久芬，杜栓丽，2013. 高聚物合成工艺［M］. 2 版. 北京：国防工业出版社.

王澜，王佩璋，陆晓中，2009. 高分子材料［M］. 北京：中国轻工业出版社.

韦军，刘方，2011. 高分子合成工艺学［M］. 上海：华东理工大学出版社.

魏寿彭，丁巨元，2011. 石油化工概论［M］. 北京：化学工业出版社.

武冠英，吴一弦，2005. 控制阳离子聚合及其应用［M］. 北京：化学工业出版社.

项爱民，田华峰，康智勇，2015. 水溶性聚乙烯醇的制造与应用技术［M］. 北京：化学工业出版社.

闫福安，等，2008. 涂料树脂合成及应用［M］. 北京：化学工业出版社.

张爱民，姜连升，姜森，等，2017. 配位聚合二烯烃橡胶［M］. 北京：中国石化出版社.

张宝华，张剑秋，2005. 精细高分子合成与性能［M］. 北京：化学工业出版社.

张放台，任国强，俞玉芳，等，2014. 聚丙烯腈纤维［M］. 北京：化学工业出版社.

张师军，乔金樑，2011. 聚氯乙烯树脂及其应用［M］. 北京：化学工业出版社.

张世玲，龚晓莹，杨海燕，等，2016. 聚合物产品生产技术［M］. 北京：中国建材工业出版社.

张小舟，王宇威，贾宏葛，2015. 高分子化学［M］. 哈尔滨：哈尔滨工业大学出版社.

张兴英，程珏，赵京波，等，2013. 高分子化学［M］. 2 版. 北京：化学工业出版社.

张玉龙，李萍，2017. 塑料配方与制备手册［M］. 3 版. 北京：化学工业出版社.

赵德仁，张慰盛，2015. 高聚物合成工艺学［M］. 3 版. 北京：化学工业出版社.

左晓兵，宁春花，朱亚辉，2014. 聚合物合成工艺学［M］. 北京：化学工业出版社.

附　录

序号	AI 伴学内容	AI 提示词
23		自由基适用对象及自由基聚合反应的影响因素有哪些
24		自由基聚合反应的单体
25		自由基聚合引发剂有哪几种及应用
26		如何选择引发剂
27	第 4 章　自由基本体聚合原理及生产工艺	甲基丙烯酸甲酯自由基本体聚合反应的影响因素
28		聚乙烯生产方法（高压法、中压法、低压法）
29		聚乙烯自由基气相本体聚合反应的控制要点
30		乙烯高压聚合生产过程
31		苯乙烯熔融本体聚合和溶液-本体聚合
32		自动加速效应是怎样产生的，对聚合反应有哪些影响
33		悬浮聚合的成粒机理
34		悬浮剂的作用原理及悬浮剂的种类
35	第 5 章　自由基悬浮聚合原理及生产工艺	悬浮聚合的工艺控制因素有哪些
36		聚氯乙烯树脂的颗粒形态和粒度分布的影响因素
37		甲基丙烯酸甲酯的悬浮聚合配方及工艺条件
38		微悬浮聚合、反相微悬浮聚合
39		悬浮聚合的种类有哪些，与本体聚合相比优缺点是什么
40		自由基乳液聚合的特点及原理
41		乳液聚合体系的组成
42	第 6 章　自由基乳液聚合原理及生产工艺	乳化剂的分类，乳化剂的使用范围及对乳液体系的影响
43		乳化剂的亲油亲水平衡值的计算方法
44		乳化剂的临界胶束浓度，三相平衡点
45		乳化剂、引发剂、反应温度、加料方式等对丁苯橡胶聚合的影响
46		溶液聚合的原理
47		溶液聚合溶剂的选择与作用
48	第 7 章　自由基溶液聚合原理及生产工艺	溶剂对引发剂分解速率的影响
49		溶剂的链转移及对分子量的影响
50		乙酸乙烯酯溶液聚合的特点
51		聚乙烯醇（PVA）生产工艺
52		丙烯腈溶液聚合生产工艺及影响因素

续表

序号	AI 伴学内容	AI 提示词
53	第 8 章　阳离子聚合反应及其工业应用	阳离子聚合反应机理
54		阳离子聚合的单体及引发剂
55		丁基橡胶的生产工艺
56		丁基橡胶的生产控制因素
57		丁基橡胶的结构及性能，丁基橡胶聚合反应有什么特点
58	第 9 章　阴离子聚合	阴离子聚合反应机理
59		阴离子聚合的单体及引发剂
60		阴离子聚合的溶剂
61		三步加料法制备丁苯嵌段共聚物 SBS 的生产工艺
62		什么是热塑性弹性体，丁苯嵌段共聚物 SBS 有哪些应用
63	第 10 章　配位聚合	配位聚合的特点
64		聚合物的立体规整性及其性质
65		乙烯配位聚合的催化剂
66		配位聚合生产乙丙橡胶的生产工艺
67		影响配位聚合反应的主要因素
68		配位聚合中影响催化剂长效的因素有哪些
69	第 11 章　线型缩聚原理及生产工艺	线型缩聚的原理
70		线型缩聚物主要类别及其合成反应
71		熔融缩聚反应的影响因素
72		直接缩聚法（TPA 法）及酯交换法及环氧乙烷法生产涤纶树脂
73		溶液缩聚过程的主要影响因素
74		探讨涤纶树脂的熔融缩聚生产工艺
75	第 12 章　体型缩聚的原理及生产工艺	体型缩聚聚合原理
76		体型缩聚应用
77		影响环氧树脂低聚物合成反应的因素
78		双酚 A 型环氧树脂的固化
79		压塑粉、玻璃钢及层压塑料的生产工艺
80	第 13 章　逐步加成聚合原理及生产工艺	逐步加成聚合反应的类型
81		聚氨酯泡沫塑料的生产工艺
82		聚氨酯涂料有哪些优点？合成聚氨酯涂料应注意哪些问题